과학이 말해주는

신화의 진실

과학이 말해주는

신화의 진실

지은이 • 박영목
펴낸이 • 조승식
펴낸곳 • 도서출판 북스힐
등록 • 제22-457호
주소 • 01043 서울시 강북구 한천로 153길 17
www.bookshill.com
E-mail • bookswin@unitel.co.kr
전화 • 02-994-0071(代)
팩스 • 02-994-0073

2012년 10월 25일 1판 1쇄 발행
2014년 3월 5일 1판 2쇄 발행
2015년 9월 5일 2판 1쇄 발행

값 19,000원
ISBN 978-89-5526-329-9

과학이 말해주는

신화의 진실

박영목 지음

북스힐

서문

옛날 사람들이 만들어 입에서 입으로 혹은 기록으로 전해져 내려오는 이야기를 설화라고 한다. 설화는 신화, 전설, 민담 등으로 세분되기도 하지만 그 구분이 애매하여 어떤 것이 신화라고 말하기 어렵다. 그러나 대체로 민족과 같이 비교적 큰 인류 집단에서 잘 알려진 이야기로서 신적인 능력의 소유자가 주인공으로 등장하는 것을 신화라고 한다.

신은 초자연적인 존재이므로 신화에 나타나는 신들의 일상생활에서는 자연 법칙을 초월한 여러 가지 사건이 발생한다. 대부분의 그러한 사건들은 인간의 상상에 의한 것이지만 당시에 일어났던 사회 문제나 자연 현상을 표현한 것들도 있다. 그림, 음악, 문학 등의 작품이 작가가 말하고 싶은 내용을 그들의 방식대로 표현한 것처럼, 신화도 당시의 사람들이 나타내고자 하는 것을 신화라고 하는 독특한 형식으로 표현하고 있다. 물론 그 표현은 상징적이며 과장되거나 변질되기가 일쑤다. 그 때문에 신화로부터 사건의 본질을 규명해 내는 일은 쉬운 일이 아니며 어렵사리 해석된 것도 자의적이라고 하는 비판으로부터 자유로울 수가 없다. 그러나 이 점은 오히려 신화를 해석하려는 사람들에게는 융통성을 부여해 준다. 어차피 어느 누구도 신화의 진실에 대해서 자신 있게 말할 수 없다면 모든 사람이 그 나름대로 신화를 볼 수 있는 자유를 누릴 수 있기 때문이다.

신화 중에는 실제의 사건과는 전혀 관계없는 인간의 소망이 담긴 것도 있다. 고대인은 과학적 지식이 없었기 때문에 신들은 무슨 일이라도 할 수 있는 초자연적인 능력을 가진 존재라고 생각했다. 따라서 인간은 평소에 갈망하던 바를 이루기 위해 신에게 매달렸다. 결국 신화에서는 그러한 일이 일어나지만 오늘날의 우리는 아무도 그것을 믿지 않는다. 믿지 않는다는 것은 자연의 법칙에 근거한 판단이다. 따라서 과연 그것이 불가능한지 자연의 법칙으로 따져보는 것도 재미있는 일이다.

신화로 기록된 모든 일들이 신의 힘에 의해서만 일어난 것은 아니다. 어떤 것은 자연의 순리대로 일어나지만 자연의 법칙을 제대로 알지 못했던 고대인에게는 신의 섭리로밖에 해석될 수 없는 신비한 일로 비춰졌다. 즉 고대인의 시각에서는 신들만이 할 수 있는 일이 실제로는 자연 법칙을 만족하고 현대 과학으로 이해와 설명이 가능했던 것이다. 신화 속에서 그러한 진실을 밝혀내고 현대 과학의 용어로 그것을 재구성하는 것이 바로 나와 같은 과학자들의 몫이다.

2012년 저자

차례

제3장 150 경험과 상상

제4장 214 정복과 숭배의 대상

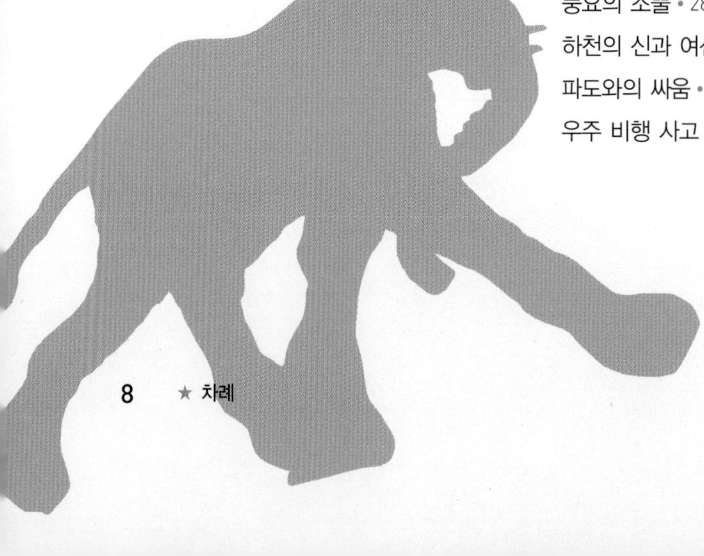

제5장 302 땅을 지배하는 하늘

제6장 356 삶과 죽음의 간격

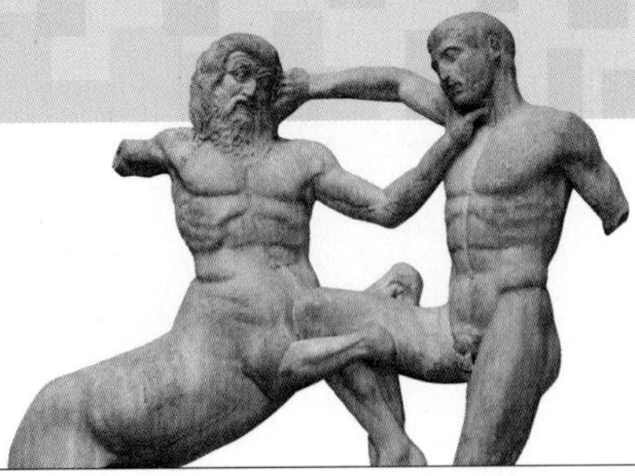

제1장

신화의 무대

인간이 전적으로 신의 힘에 의존하고 신의 활동으로 묘사된 허구적인 사실까지도 신뢰했던 때를 신화 시대라고 한다. 따라서 그러한 시대의 기록은 사실인지 허구인지 구분이 잘 되지 않는다. 반면에 대체로 사실에 입각하여 역사가 기록된 때는 역사 시대다.

신화 시대의 시작은 인간의 사고 능력이 상당한 수준에 도달했을 때로, 아마도 정착생활을 시작할 무렵이었을 것이다. 그러면 역사 시대는 언제부터 시작되었을까? 지역에 따라 다르고 관점에 따라서도 달라지므로 명확한 구분은 없다. 최첨단 시대로 불리는 현대에도 신의 능력에만 의존하는 사람들이 있지 않은가. 그러나 대부분의 신화가 기원 이전에 만들어졌다는 사실에 비추어 보면, 기원 이전을 신화 시대, 그 이후를 역사 시대로 보아도 큰 무리는 없을 것이다.

신화는 신들의 이야기이지만 인간에 의한 창작품이다. 따라서 사람들이 많이 모여 사는 곳에서 신화가 만들어진 것은 지극히 당연한 일이다. 그러한 장소가 바로 문명의 발상지다. 널리 알려진 신화의 대부분은 문명의 발상지와 멀지 않은 곳에서 신화 시대에 만들어졌다.

인류의 문명은 이집트, 중동, 인도, 중국에서 발생했다. 이러한 문명 발상지의 공통점은 모두 큰 강 유역이라는 것이다. 대체로 작은 강은 수량의 변동이 심해서 안정적으로 생활용수나 농업용수를 공급하기에는 적합하지 않다. 따라서 인류는 주로 큰 강의 중하류 지역에 정착하기 시작하였고 그곳을 중심으로 문명을 건설했던 것이다.

인간이 모인 곳에서는 지배자가 등장하고 각종 사회 제도가 만들어졌다. 또한 자연을 숭배하는 신앙이 발생하고 종교로까지 발전했다. 때로는 지배자가 신 그 자체가 되기도 했고 신의 힘을 요청하는 의식이 성립되었다. 이러한 종교 의식을 전문적으로 담당하는 사제라고 하는 특별한 직종이 생겨나 지배자 이상의 권력으로 군림하거나, 지배자가 겸직을 하는 경우도 있었다. 사제는 다른 사람들을 지배하기 위해 신의 존재를 역설했으며 그런 활동의 일부로서 과거로부터 전래된 신에 대한 이야기를 수집하거나 자신이 고안한 신화를 기록하고 다음 세대로 전해 주는 일도 했다. 이런 맥락에서 일부 신화의 저자가 바로 사제였다고 할 수 있다.

수메르

인류 최초의 문명

"즐거운 것은 맥주이고
괴로운 것은 여행길이다."

이것은 B.C. 3000년경 지금의 이라크 중남부에 살던 사람들이 점토판에 남긴 글귀다. 아주 오래전이지만 그 지역에는 맥주를 만들 만큼 보리가 충분히 생산되고 있었던 것이다. 농업 기술이 발전하지 않았던 그 옛날, 고대인은 어떻게 대량의 보리를 수확할 수 있었을까?

4대 문명 중에서도 가장 오래된 것으로 생각되는 것이 바로 메소포타미아 문명이다. 메소포타미아는 '강 사이'라는 뜻으로 유프라테스 강과 티그리스 강 사이의 지역을 말하며 그 대부분은 지금의 이라크 영토 내에 있다. 유프라테스 강은 터키 동부의 산악 지대에서 발원하여 시리아와 이라크를 거쳐 페르시아 만으로 빠져나가는 장장 2,800여 킬로미터에 이르는 긴 강이다. 티그리스 강 역시 터키 동부의 산악 지대에서 발원하지만 유프라테스 강의 북쪽에서 유프라테스 강과 거의 평행하게 흐르다가 하류에서 만나 늪과 수로를 형성한 뒤 같은 바다로 사라진다.

유프라테스 강과 티그리스 강 모두 범람한다. 특히 두 강의 발원지는 고산 지대이므로 봄철에 눈이 녹으면 수위가 상승하는데 이때 집중호우라도 내리면 강 주위의 도시와 농지는 물에 잠겼다. 그러나 강의 범람은 토지를 비옥하게 만들었다. 상류의 각종 유기물이 진흙과 함께 하류에 침적되었고 그 유기물이 천연 비료의 역할을 했기 때문이다. 여기에 정착한 사람들은 이렇게 형성된 옥토에 밀과 보리 등의 작물을 심었다. 이 지역은 여름에 비가 거의 오지 않았지만 사람들은 수로를

유기물과 무기물

이 세상에 존재하는 물질은 유기물과 무기물로 나뉜다. 유기물은 탄소를 포함하는 물질로서 플라스틱, 단백질, 탄수화물, 지질 등을 포함한다. 무기물은 탄소를 포함하지 않는 물질이다. 그러나 탄소를 포함하더라도 관례상 이산화탄소 등 몇 가지 물질은 무기물로 분류된다. 생물이 생성하는 물질은 모두 유기물이므로 유기물은 생물의 상징이라고 할 수 있다.

플라스틱과 자갈 | 탄소의 화합물은 유기물, 그렇지 않은 것은 무기물이라고 한다. 플라스틱과 자갈은 각각 대표적인 유기물과 무기물이다.

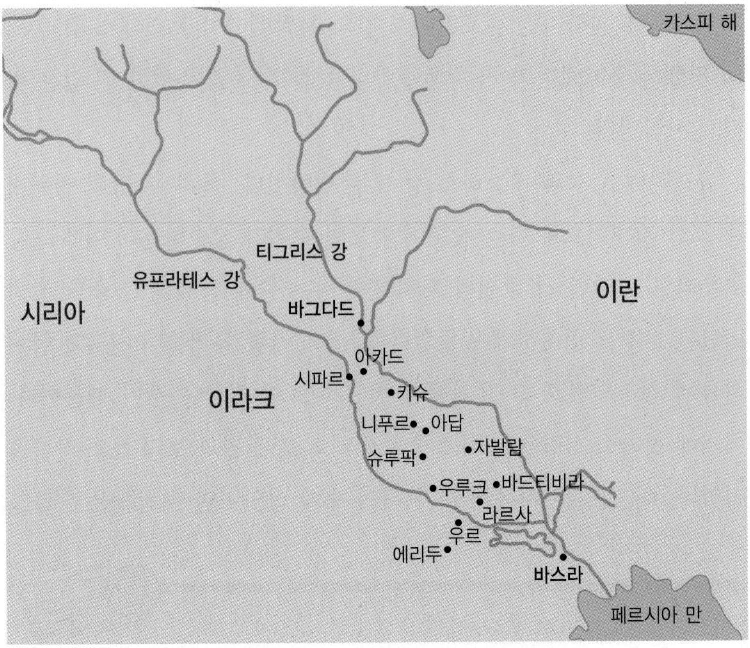

수메르 도시 국가 수메르는 메소포타미아에 형성된 여러 도시 국가들의 집합체였다.

만들고 강물을 끌어와 농경지에 물을 대어 대량의 곡물을 수확할 수 있었다. B.C. 2000년경 점토판의 기록에 의하면 파종량의 80배의 수확을 거두었다고 한다. 근대 유럽에서조차 파종량의 20배까지는 수확을 기대하지 못했던 것에 비하면 엄청난 수확량이다. 이것이 바로 메소포타미아 문명이 꽃피게 된 원동력이었던 것이다. 지금도 메소포타미아에서는 면화, 밀, 보리, 쌀 등이 재배되고, 양과 염소를 키우는 목축업도 성행하고 있다.

신석기 시대가 시작될 무렵인 B.C. 9500년경에 인류는 세계 곳곳의 큰 강가에 정착하여 농사를 지으며 촌락을 형성하기 시작했다. 메소포타미아에도 인류가 정착하여 수만 명이 거주하는 도시가 생겨났

유프라테스 강 터키의 산악 지대에서 발원하여 시리아를 지나 이라크를 통해 페르시아 만으로 흘러 들어가는 강이다. 메소포타미아 문명이 형성되는 데 결정적인 역할을 한 두 강 중 하나다.

으며, B.C. 5000년경에 형성된 에리두가 바로 그 최초의 도시였다. 그 외에도 바드티비라, 라르사, 시파르, 슈루팍 등과 같은 많은 도시들이 형성되었으며 이들 도시를 건설한 사람들을 수메르 인이라고 한다. 세계 최초의 문명이라고 일컬어지는 메소포타미아 문명의 주춧돌을 놓은 사람들이 바로 이 수메르 인이다.

수메르 인은 새로이 발명된 청동으로 각종 도구를 만들어 농경과 목축에 사용했다. 비옥한 토지와 비교적 손쉬운 관개로 농산물이 풍부하게 생산되었고, 이를 바탕으로 축적된 부는 지배자와 군대 및 사회 제도를 갖춘 도시 국가를 건설하는 원동력이 되었다. 청동기 문명을 기반으로 하는 최초의 도시 국가로는 B.C. 3000년경에 건설된 우루크를 들 수 있다.

수메르의 도시 국가들은 B.C. 2300년경 아카드와, B.C. 2000년경 바빌로니아, 아시리아 등에 차례로 정복되어 모두 사라졌으나 그 시대를 살았던 사람들의 모습은 점토판에 기록되어 남아 있다. 우리가 알고 있는 메소포타미아 지역의 신화도 대부분 이 점토판에 새겨진 것이다.

점토판과 쐐기 문자

점토판에 새겨진 문자는 대부분 쐐기처럼 생긴, 이른바 쐐기 문자다. 쐐기 문자는 마르지 않은 점토판에, 단면을 쐐기처럼 만든 갈대 펜으로 눌러 새겨졌다. 문자는 원래 사물을 형상화한 그림으로부터 시작해서 점점 단순화된 부호로 진화한다. 진화 결과, 글자 하나하나에 의미가 있는 뜻글자가 되거나 소리로만 기능을 하는 소리글자가 되기도 한다. 문자 체계에 따라 이러한 기능이 혼합되어 있는 것도 있다. B.C. 3100년경에 나타난 수메르의 쐐기 문자는 대체로 소리글자로 분류되며 인류 최초의 문자로 보는 의견이 많다. 지금은 완전히 사라지고 없지만 수메르가 사라진 뒤에도 한동안 수메르 어와 쐐기 문자는 마치 현대의 라틴 어와 같이 종교 문헌과 문학 작품에 사용되었으며, 아카드, 바빌로니아, 아시리아, 히타이트 문자와 같은 주변 여러 문자의 원조가 되었다.

점토판에 새겨진 쐐기 문자 도시 국가 우루크의 지배자인 길가메시의 행적을 기록한 〈길가메시 서사시〉의 일부로서 홍수 신화가 기록된 부분이다.

최초의 환경 오염

수메르 이후 메소포타미아에서는 많은 국가가 명멸했지만 문명의 중심에서는 점점 멀어졌다. 토양의 염화로 농업 생산성이 현저히 저하되었기 때문이다. 토양의 염화란 건조한 토양에 대량의 관개용수를 사용하여 지속적으로 농사를 지을 경우, 표층에 소금과 같은 수용성 염이 집적되는 현상을 말한다. 염의 근원은 두 가지다. 미량이지만 강물과 같은 담수에 녹아 있는 것과 토양 하층부에 포함되어 있는 것이다. 토양 상부에 관개용수로 뿌려진 강물이 증발하면 강물에 녹아 있던 염이 표면에 남게 된다. 그리고 건조한 기후로 인해 표면의 물이 심하게 증발하면 토양 하층부의 염을 포함한 물이 모세관 현상으로 표면에 올라와서 물이 증발하고 염만 남게 된다.

표층에 집적된 염의 농도가 높으면 식물 세포가 수분을 빼앗겨 말라 죽는다. 더 큰 문제는 염화가 진행된 토양의 질을 개선하는 데에는 많은 경비와 노력이 필요하기 때문에 더 이상 경작지로는 사용하기 어려워진다는 사실이다. 토양의 염화는 사막화가 진행되고 있는 대부분의 지역에서 흔히 일어나는 현상이다.

점토판의 기록에 의하면 B.C. 2000년경부터 메소포타미아 인은 밀 대신 보리를 더 많이 경작하기 시작했다고 한다. 토지에 염분이 많아

염

염은 금속의 양이온이 다른 음이온과 결합한 물질로서 흔히 산과 염기가 중화될 때 만들어진다. 이온은 전기를 띤 원자나 분자 수준의 입자다. 산과 염기는 수용액 속에 특정 이온의 포함 여부에 따라 분류되는 물질의 종류들이다. 산과 염기가 혼합되면 염 이외에도 물이 생성되면서 산과 염기로서의 성질을 잃는데 이를 '중화'라고 한다.

염은 그것을 구성하는 음이온의 종류에 따라 탄산염, 황산염, 질산염, 염화물 등으로 분류된다. 대표적인 염화물로는 소금으로 잘 알려진 염화나트륨과 간수의 주성분인 염화마그네슘 등이 있다.

염화 | 투르크메니스탄의 토지는 대부분 사막이다. 여기에 물을 대어 농업을 계속한 결과, 염화가 발생하였다.

밀의 성장이 어려워졌기 때문이다. 이미 그 이전 수메르 시대의 한 서기는 '흙이 하얗게 변했다.' 라고 기록했다. 유프라테스 강과 티그리스 강은 유역의 토지에 영양분뿐만 아니라 염분까지 공급한 것이다.

최초의 신의 계보

수메르 인의 대부분은 원래부터 그곳에 살던 원주민이 아니었다. 그들은 살던 곳을 떠나 메소포타미아 지역으로 이주하면서 신전을 짓고 이전부터 모셔 오던 신들의 제사를 계속 지내고 신봉했다. 그러한 예로 여신 인안나와 관련된 기록을 들 수 있다. 수메르의 도시 국가 우루크에는 인안나를 모신 에안나라고 하는 신전이 있었다. 그러나 인안나는 원래 이란의 북쪽 산악 지대에 있던 아라타라는 부족 국가의 수호신이었던 듯하다. 왜냐하면 B.C. 2900년경에 다른 부족의 공격을 받아 위기에 처한 우루크의 왕 엔메르카가 아라타로 사신을 보내 인안나의 도움을 청했다는 기록이 있기 때문이다. 이 기록으로 볼 때 우루크의 주민들은 멀리 떨어진 북쪽 산악 지대에서 이주해 왔음을 짐작할 수 있다.

이렇게 하여 수메르의 각 도시에는 고유한 수호신이 존재했다. 또한 두 강 사이에 정착한 사람들에게 자연스럽게 물이 생활의 중요한 무대가 되었고, 그 때문에 물과 관련된 새로운 신이 만들어지기도 했다. 결과적으로 수메르 신화에는 많은 신이 등장하게 되었다.

이렇게 등장한 신들의 지위는 처음에는 비슷했으나 국가 간 정복과 통합에 의해 신의 세계에서도 우월 관계가 성립되고 계보도 형성되었다. 그 계보에 따르면 수메르 최고의 신은 하늘 신 안이다. 안은 대지의 여신 키와의 사이에서 엔릴과 닌후르상을 낳았다. 엔릴은 대기의 신이고 닌후르상은 산과 언덕의 여신이다. 엔릴은 바람의 여신 닌릴을 겁탈하여 달의 신 난나 등 여러 자녀들을 낳았으며 누이 닌후르상과의 사이에서는 전쟁과 천둥의 신 닌우르타를 낳기도 했다. 난나와 '위대한 숙녀' 닌갈 사이에서는 태양의 신이자 정의와 진리의 신인 우투와 금성의 여신 인안나가 태어났다. 달이 태양과 금성의 조상이라고 본 것은 주목할 만한 점이다. 최초의 달력인 태음력이 달의 위상 변화 주기를 바탕으로 만들어진 것과 관련이 있다고 보는 사람도 있다.

한편 수메르 신들의 시조인 안은 심연의 여신 남무와의 사이에서 지하수의 신 엔키를 낳았다. 지하수는 바닷물과 구별되는 육지의 담수다. 엔키는 지혜의 신으로 불릴 만큼 영리했으며 인간에게 우호적인 신이었다. 엔키의 부인은 양의 수호여신 두투르였으며 이들 사이에서 목축의 신 두무지와 포도주의 여신 게쉬틴안나가 태어났다. 두무지는 인안나와 결혼한다.

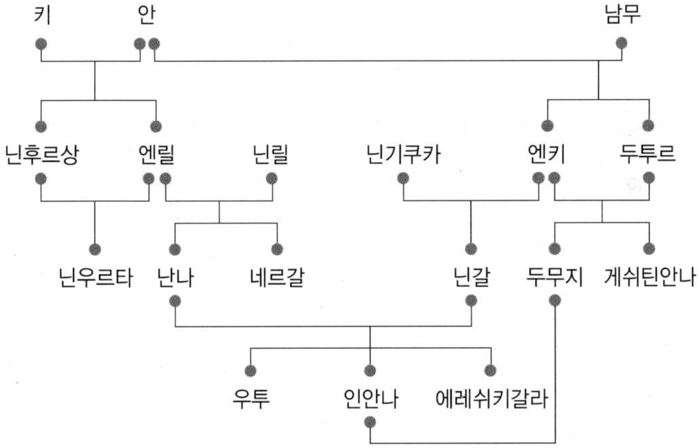

수메르 신들의 계보 수메르 최고의 신은 안이고 그로부터 여러 신이 태어났다. 그중에서 안을 포함한 일곱 신이 가장 중요한 역할을 했다.

수메르는 일종의 도시 국가 연합체를 형성하여 외적의 침입에 대비하고 대규모 관개사업을 일으켰다. 그리고 공동으로 50여 위의 수호신들을 모시기도 했으며 그러한 신들의 모임을 아눈나키라고 하였다. 아눈나키 내에서도 실질적으로 영향력을 발휘하는 일곱 신이 있었다. 그들은 우루크에 신전이 있는 안, 수메르 중앙 지역 니푸르의 수호신인 엔릴, 북쪽 키슈의 수호신인 닌후르상, 유프라테스 강 하류 에리두의 수호신인 엔키, 에리두의 위쪽에 위치한 우르의 수호신인 난나, 우르와 우루크 사이에 위치한 라르사의 수호신인 우투, 우루크의 수호신인 인안나[1)]이다. 이 일곱 신들이 세상의 운명을 결정했던 것이다.

수메르 신들의 시조인 하늘 신 안에 대한 사람들의 숭배는 계속되었다. 그러나 안은 자손 신들이 태어난 이후로는 자신의 지위를 장자 엔릴에게 물려주고 중앙 무대에서 사라졌다. 결국 수메르 신들의 우두머리는 엔릴이 된 셈이다. 엔릴이 신들의 왕으로 자리를 잡은 것은 B.C. 2500년경 니푸르에 그를 위한 신전이 만들어질 무렵으로 보인다. 엔릴은 인간의 멸종을 시도하는 등 인간에게는 잔인한 면을 보여주었다.

수메르 신화의 신들은 인간의 생활에 깊숙이 관여하여 신과 인간의 활동 영역이 구분되지 않을 정도로 인간 가까이에 있었다. 따라서 수메르 인은 일상생활에서 일어나는 중요한 사건을 신의 의지에 의해 일어나는 것으로 생각했다. 때로는 인간 사회에서 일어나는 역사적 사실을 마치 신의 이야기나 신의 의지에 의한 것처럼 서술한 장면도 있다. 이것은 과거 세대의 지도자나 영웅을 신으로 격상시키는 고대인의 일반적인 경향이다. 예를 들어 B.C. 2300년경 수메르의 도시 국가들을

1) 안과 인안나는 같은 도시인 우루크에서 숭배되었다.

통합하여 최초의 통일 왕국을 건설한 사르곤 대왕의 독백에서도 그러한 신의 역할을 볼 수 있다. 사르곤 대왕은

"내가 정원사였을 때
이시타르 여신이 나에게 사랑을 주셨느니라.
그리하여 나는 여러 해를 왕으로 군림하게 되었도다."

라고 말했다. 사르곤 대왕은 자신의 성공을 이시타르 여신의 가호로 보고 있었던 것이다. 이시타르는 바빌로니아로 전승된 수메르의 금성의 여신 인안나다. 이시타르는 별을 상징하는 라틴 어 'astro'의 어원이다.

왕의 무덤에서 부장품과 수십 명에 달하는 순장자들의 유골이 발견된 것으로 보아, 수메르 인은 사후 세계가 존재하고 그곳에서 사자의 생활이 계속된다고 믿었던 것 같다. 그러나 수메르 인은 사후 세계를 가고 싶지 않은 아주 불쾌한 곳으로 생각했다. 일부 신들이 그곳을 지배하지만 그곳에는 빛도 없고, 죽은 자들은 오수를 음료수로 마시고, 흙을 음식으로 먹고, 먼지투성이의 집에서 새의 깃털로 만든 옷을 입고 힘들게 살아가는 곳으로 여겼기 때문이다. 그래서 죽음을 피해 영생을 갈망하는 이도 있었다. 그 예로 우루크의 지배

이시타르 바빌로니아에서 숭배된 금성의 여신으로, 사랑과 전쟁을 상징했다. 수메르 신화의 인안나가 그 원형이다.

지구라트 사진은 B.C. 2100년경에 건설된 우르의 지구라트다. 이곳에서 달의 신 난나를 모신 것으로 추정된다.

자 길가메시를 들 수 있다. 그는 친구 엔키두가 죽어 몸이 썩어가는 것을 보고 자신도 죽음을 피할 수 없다는 사실을 깨닫고는 지위를 버리고 영생의 길을 찾아 나서지만 결국 실패하고 만다.

수메르 인의 신앙 활동의 중심지는, 지금도 흔적이 남아 있는 계단식 건축물인 지구라트로 추정된다. 지구라트는 사제의 주관하에 수호신에게 제사를 지내거나 도움을 청하는 각종 의식이 거행된 곳으로 신전이나 제단의 역할을 한 것으로 보인다.

천문학의 기원

수메르 인은 천문 현상에 남다른 관심을 보였다. 처음에는 단순한 호기심에서 출발했겠지만 천체 운행의 규칙성을 이용하여 역법을 제정하기까지 이르렀다. 고대인에게 있어 가장 중요한 것이 농사였고 파종과 수확 시기를 알기 위해서는 달력이 필수였다. 이에 따라 그들은 B.C. 3000년경에 태음력을 발명했으며 계절과 달력을 맞추기 위해 윤달을 삽입했다.

수메르 인은 별에 이름을 붙이고 별자리를 고안했다. 그들이 생각해 낸 별자리의 이름 중 황소, 사자, 전갈, 염소, 쌍둥이, 게 등과 같은 것은 아직까지 사용되고 있다.

바빌로니아와 아시리아

신화의 전승 수메르 신화는 수메르의 도시 국가들을 통일한 바빌로니아와 아시리아에 전승되었다. 예를 들어 수메르의 태양신 우투와 달의 신 난나는 각각 바빌로니아의 샤마시와 신으로 계승되었다. 또한 엔릴의 역할은 바빌로니아에서는 마르두크가, 아시리아에서는 아슈르가 대신했다. 인안나와 두무지는 바빌로니아에서 각각 이시타르와 탐무즈로 불렸다.

국가의 계승과 함께 일어나는 신화의 전승은 흔히 볼 수 있는 일이지만 수메르-바빌로니아의 경우는 단순한 전승이라기보다는 개작이라고 봐야 옳다. 즉 바빌로니아 인은 수메르 신화를 고쳐 써서 자신들의 우주관에 편입시켰던 것이다.

유명한 바빌로니아의 창조 신화인 〈에뉴마 엘리쉬(*enuma elish*)〉에는 수메르 신들의 역할이 바뀌거나 기존 수메르 신화에는 없던 새로운 신들이 나타났다. 그 예로 수메르 신화의 안에 해당하는 하늘 신 아누 이전에 최초의 신으로 등장한 바닷물의 여신 티아마트와 민물의 신 압수가 있다. 이들을 조상으로 하여 하늘을 상징하는 남성의 근원 신과 땅을 상징하는 여성의 근원 신이 태어났고 이들 두 근원 신으로부터 아누가 태어났다. 아누는 하늘 높은 곳에 거주하며 모든 신들의 수장 역할을 했다. 이와 같이 수메르 인이 하늘을 창조의 원점으로 보았던 것과는 달리 바빌로니아 인은 물을 창조의 원점으로 보았다. 그러한 차이점은 바빌로니아 인이 수메르 사람들보다 강에 더 가까이 살았기 때문으로 짐작된다.

아누의 아들인 에아가 바로 수메르 신화의 엔키에 해당하며 물의 신이다. 에아가 관장하는 물은 육지의 연못과 강에 있는 민물로서 인간에게 필요한 것이었다. 에아에게는 지혜와 예지 능력이 있었으며 그는 그것을 인간을 위해 사용했다.

수메르 신화에서 신들의 제왕이었으며 무소불위의 권력과 능력을 가진 엔릴은 바빌로니아 신화에서는 엘릴이라는 이름으로 등장한다. 엘릴 역시 인간을 없애려는 노력을 계속하지만 지혜로운 에아에 의해 성공하지는 못한다.

수메르 신화의 엔릴이 가졌던 지위는 에아와 여신 담키나 사이에서 태어난 마르두크에게 넘어갔다. 마르두크는 아누와 에아의 상속자로서 티아마트를 처치하고 신들의 제왕이 되었다. 에아에게는 벨이라는 아들도 있었는데 마르두크와 동일시되었던 것으로 보이며, 그는 가나안 지방의 바알 신으로 전승된 것 같다. 마르두크도 그리스 신화의 제우스로 전승되었다고 보는 사람들이 많다.

수메르 신화의 달의 신 난나는 바빌로니아에서는 '신'이라는 이름으로 바뀌었고 그와 '위대한 숙녀' 닌갈 사이에서 태양의 신 샤마시와 금성의 여신 이시타르가 태어났다. 정의의 신이기도 한 샤마시는 이륜 전차를 타고 하늘을 일주했다. 이 사실로 볼 때 그를 그리스 신화의 헬리오스나 아폴로[2]의 원형으로 생각해도 별 무리는 없을 것이다.

이시타르는 수메르 신화의 인안나와 마찬가지로 미모는 물론 힘까지 갖춘 여신이었고 아시리아에서는 전쟁의 여신으로 숭배되었다. 그녀의 남편은 탐무즈로, 수메르 신화의 두무지의 다른 이름이다.

물로부터의 창조

바빌로니아 신화에서는 바닷물의 여신 티아마트와 민물의 남신 압수가 신들의 창조주로 등장하였다. 특히 티아마트는 바다뱀이나 용으로 묘사되기도 했지만 원시의 혼돈으로서 우주의 근원이었다.

압수는 자신과 티아마트 사이에서 태어난 젊은 신들의 버릇이 나쁘다고 판단하고 그들을 죽이려고 계획했으나 오히려 에아에게 죽임을 당하고 말았다. 티아마트는 괴물 자손들을 생산하여 남편의 복수를 계획했으나 결국 에아의 아들인 마르두크가 이끄는 젊은 신들에게 죽임을 당했다.

티아마트의 시신은 우주를 창조하는 데 사용되었다. 즉 둘로 갈라진 그녀의 몸으로부터 땅과 하늘이 만들어졌고, 괴물 신들의 피와 진흙으로부터 인간이 창조되었다. 티아마트가 죽고 그로부터 우주가 만들어졌다고 하는 것은 원시 혼돈의 상태가 정리되어 모든 존재들이 제 모습을 갖춘 질서 있는 상태로 변했다는 것을 말한다.

---

2) 그리스 신화의 태양신은 헬리오스와 아폴로다. 헬리오스는 티탄 족의 아들이고 아폴로는 제우스의 아들이다. 따라서 헬리오스는 아폴로의 5촌 당숙이다. 헬리오스는 초기 신으로, 후대에 아폴로로 대체된 것으로 보인다.

고대 천문학의 발전

수메르 인의 천문학을 이어받은 고대 바빌로니아 인은 낮과 밤의 길이, 금성이나 달과 같은 천체의 출몰 시간 등에 관심을 갖고 관측 결과를 기록했음은 물론이고 그것을 계산하려는 노력도 하였다.

언제부터인지는 알 수 없지만 바빌로니아 인은 천체 중에서 조금씩 변칙적으로 운행하는 행성의 출몰이 인간 사회에서 일어나는 일과 관련이 있다는 생각을 하게 되었다. 행성뿐만 아니라 간혹 나타나는 초신성이나 혜성, 일식과 월식 같이 비교적 예측이 어려운 천문 현상도 여기에 추가되어, 하늘에서 일어나는 천체의 운동이 국가나 국가 지도자의 운명을 알려 준다는, 이른바 점성술이 성행했다. 점성술의 한 예언으로 '만일 화성이 탐무즈의 달에 나타나면 병사들의 잠자리가 없어질 것이고, 만일 수성이 북쪽에 나타나면 시체가 흩어질 것이다.'라는 기록이 남아 있다. 이는 탐무즈의 달, 즉 3월에 화성이 나타나면 군사 원정을 떠나게 될 것이고 수성이 북쪽에서 관측되면 전사자가 발생할 것이라는 뜻이다.

고대 바빌로니아 인의 천체 관측 수준은 상당히 높았던 것으로 보인다. 그들은 태양의 고도가 규칙적으로 변한다는 사실을 발견했고,

아시리아의 평면 천체도 아시리아의 아슈르바니팔 왕(B.C. 668~B.C. 627)의 도서관에서 발견된 점토판에 새겨진 별자리로서 점성술과 관계있는 것으로 보인다.

춘분, 하지, 동지 때 태양이 지나가는 경로를 각각 '에아의 길', '아누의 길', '엘릴의 길' 등으로 불렀다. 이러한 발견은 장기간에 걸친 관측의 결과이겠지만 이를 위해 해시계와 간단한 관측 도구도 사용했을 것으로 추정된다.

히타이트

소아시아의 강자

메소포타미아의 남부에서 바빌로니아 왕국이 번영하고 있을 때, 지금의 터키 중부에는 히타이트가, 터키의 동부와 메소포타미아의 북부에 걸쳐서는 후리 족의 미탄니 왕국이 있었다.

미탄니의 지배 계급은 북쪽으로부터 도래한 아리아 인이었던 것으로 보인다. 즉 중앙아시아에 있던 아리아 인의 일부가 후리 족을 중심으로 미탄니 왕국을 수립하고 나머지는 인도로 들어가 선주민을 지배했던 것이다. 미탄니는 B.C. 1450년경에 건국되어 불과 100여 년 동안만 존재했지만 당시에는 그 지역 최강 국가였다.

히타이트의 역사는 미탄니보다 더 오래되어, B.C. 18세기경에 하티 족을 중심으로 건국된 이후 B.C. 1178년까지 존재했다. 그러나 군소 국가로서의 역사는 그보다 훨씬 이전인 B.C. 3000년경이라고 한다. 히타이트는 주변의 어느 나라보다 먼저 철제 무기와 철제 전차로 무장하여 한때는 바빌론을 정복하고 이집트와 충돌하기도 했다. 카데시 전투로 잘 알려진 두 나라의 충돌은 승부 없이 우호 조약으로 끝났다. 양국의 조약 문서에는 하티 족의 1,000여 신과 이집트의 1,000여

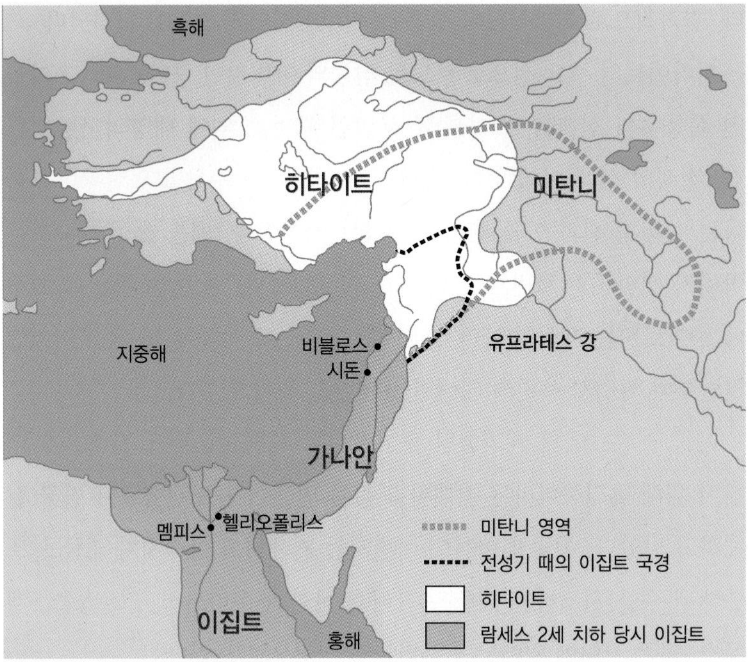

미탄니와 히타이트 B.C. 1400년경 소아시아와 메소포타미아의 북부 지방을 지배하던 나라들로는 히타이트와 미탄니가 있다.

신 들이 보증을 서고, 조약을 지키는 측은 축복을 받고 그렇지 않은 측은 저주를 받을 것이라는 내용이 기록되어 있다.

그리스와 인도 신화의 원류

메소포타미아로부터 약간 떨어진 곳에 위치한 히타이트의 신화는 시대적으로 앞선 수메르 신화의 영향을 받은 면도 있지만 독특한 모습도 보인다. 그것은 미탄니가 히타이트에 합병되어 미탄니의 주민인 후리 족의 신화가 히타이트의 신화로 편입되었고 서부 터키의 원주민인 하티 족의 신화도 혼합되었기 때문이다. 결과적으로 히타이트의 신화에는 여러 지역의 신들이 나타났다.

히타이트의 주요 신으로는 모든 신들의 아버지인 쿠마르비, 그 아들인 폭풍우의 신 테슈브(타룬)와 부인인 헤바트 외에 태양의 신, 달의 신, 전쟁의 신 들이 있었다. 히타이트 신화에서 주목할 만한 것 중 하나는 아버지 신과 아들 신이 싸웠다는 사실이다. 예를 들어 테슈브는 아버지 신인 쿠마르비와 싸워 그를 거세하였다. 뿐만 아니라 그 이전에 쿠마르비는 자신의 아버지인 아누와 싸웠고 아누는 또 그 아버지인 알랄루와 싸워서 우주의 지배권을 빼앗은 적이 있었다.

아들 테슈브에게 패퇴했던 쿠마르비는 테슈브로부터 지배권을 되찾기 위해 울리쿰미라는 거대한 괴물을 만들어 재도전했으나 결국 실패하고 말았다. 이렇게 아들이 아버지를 거세하고 아버지가 괴물을 조종해 복수를 시도하는 내용은 그리스 신화의 우라노스, 크로노스, 제우스, 티폰 사이에 일어났던 사건들의 원형으로 보인다.

히타이트의 신화에서 또 한 가지 주목할 점은 인도 신화와 공통점이 있다는 것이다. 예를 들면 히타이트의 문서 중 후리 족에 관한 기록에서 산스크리트 어와 같은 어원을 가지는 단어들이 존재한다. 뿐만 아니라 인근 나라들과 맺은 조약 문서에는 오리엔트의 여러 신들의 이름이 나오는데 그중에는 미트라, 바루나, 인드라, 나사티아와 같은 아리아 인의 신들도 있다. 그러한 이유는 북쪽 지방에 살던 아리아계 사람들이 나뉘어 현재의 터키와 인도로 이주했기 때문이다.

히타이트 사람들에게 내세는 없었던 것 같다. 그들은 사람이 죽으면 화장하여 매장하는 것으로 끝냈으며 부장품도 묻지 않았다.

이집트

나일 강의 선물 그리스의 역사학자 헤로도토스[3]는 '이집트는 나일 강의 선물이다.' 라고 말했다. 이처럼 이집트 문명의 원동력은 나일 강으로부터 나왔다고 해도 과언이 아니다. 나일 강 유역은 대부분 사막이지만 그러한 지역에 사람이 살 수 있는 환경을 만들어 주는 생명의 젖줄 역할을 나일 강이 단단히 해 왔던 것이다.

나일 강은 적도 부근에서 발원하여 6,000여 킬로미터의 여정 끝에 지중해로 흘러 들어가며, 세계에서 가장 길다. 이집트의 역사는 긴 나일 강변을 따라 이룩되었지만 실제적으로는 나일 강이 지중해로 흡수되는 강 하구와 그로부터 약 1,000킬로미터 거리에 있는 아스완 댐까지 1,000여 킬로미터 구간의 좁은 지역에 살던 사람들의 이야기라고 할 수 있다.

이집트에 사람이 거주하기 시작한 것은 꽤 오래전이었을 것이다. 지

---

3) Herodotus(B.C. 484~B.C. 425). 고대 그리스의 역사가로 '역사의 아버지' 라고 불린다. 《역사》라는 저서를 남겼다.

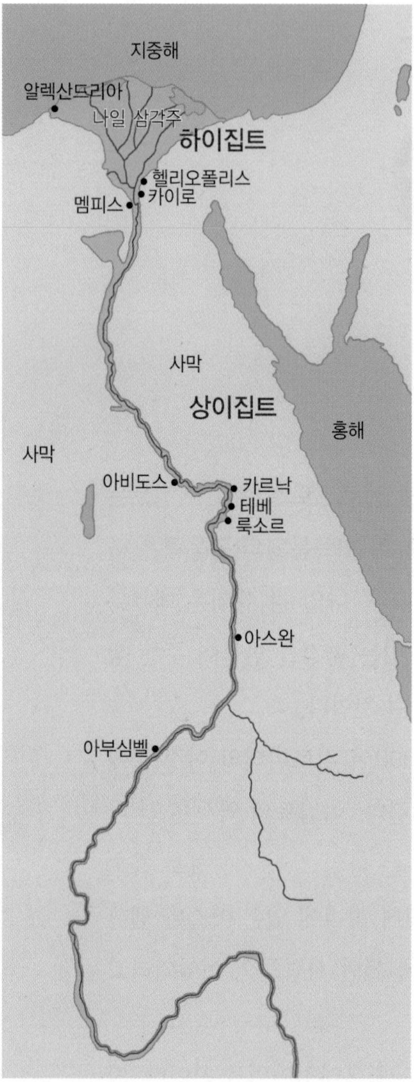

나일 강과 이집트 나일 강은 남북으로 6,000여 킬로미터 여정 끝에 지중해로 흘러 들어간다. 이집트는 나일 강의 하류에 위치하며 문명은 강 유역에서 발상했다.

금과는 달리 B.C. 10000년 이전의 북아프리카에는 비가 많이 왔다. 그래서 곳곳에 연못과 늪이 많아졌으며 물이 많은 곳에는 갈대와 파피루스 숲이 우거졌다. 그러나 간빙기가 도래하면서 기후가 건조해지기 시작했으며 초원 지대는 사막으로 변해 갔다. 그러자 사람들은 물이 있는 곳으로 모이기 시작했다. 나일 강 유역에도 피부색이 다른 몇몇 부족들이 모여 살기 시작했는데 그들이 현대 이집트 인의 조상이다. 그러나 이집트 문명을 건설한 사람들의 역사는 대체로 신석기 시대인 B.C. 5000년경까지만 거슬러 올라가는 것으로 본다. 그때부터 나일 강 유역에는 집단 거주지가 형성되기 시작했고 청동기를 사용한 B.C. 3000년경에는 국가의 형태로 발전했다. 이집트는 메소포타미아와는 달리 사막과 바다로 둘러싸여 지리적으로 외부로부터 고립되어 있었다. 그 결과 수천 년 동안 비교적 큰 변화 없이 고유한 문화를 유지할 수 있었다.

카이로 인근의 연 강수량이 30밀리미터 정도에 불과할 만큼 나일 강 유역에는 비가 충분히 오지 않는다. 그럼에도 불구하고 고대인은 왜 그곳으로 모여들었을까? 여기에는 두 가지 이유가 있었다. 나일 강 유역의 토지에 수로를 만들어 강으로부터 물을 대 주면 농사를 지을 수 있었고 주기적으로 범람하는 나일 강이 상류로부터 진흙과 함께 운반해 온 유기물이 천연 비료의 역할을 했기 때문이다. 두 가지 이유 중에서도 나일 강의 범람은 이집트 문명의 형성에 결정적인 역할을 했다. 무엇보다 먼저 범람은 주기적으로 일어났고 정착민들은 그 주기에 맞추어 농사를 지을 수 있었다.

나일 강의 수위는 6월부터 올라가기 시작하다가 결국에는 강 주변 수 킬로미터의 지역에 홍수가 일어난다. 이 홍수는 9월까지 지속된다. 물이 빠지는 10월부터 사람들은 밀, 보리와 같은 곡물 씨앗을 뿌렸고 이듬해 봄에 수확했다. 이러한 특성 때문에 이집트 인은 1년을 증수기(6~9월), 성장기(10~2월), 수확기(3~5월)의 세 계절로 구분했다.

그리고 나일 강의 범람을 예고해 주는 전령이 있었다. 바로 시리우스 별이다. 매년 6월, 한동안 보이지 않던 시리우스가 동틀 무렵 나타나면 강은 곧 범람을 시작했다.

나일 강의 수위가 올라가는 이유는 나일 강의 발원지 중 하나인 아프리카 중부 고원에 주기적으로 내리는 봄비 때문이다. 그 봄비는 몇 달 후 강 하류의 이집트에 도달한다. 그런데 다른 강과는 달리 나일 강의 범람은 상당히 규칙적으로 일어난다. 상류 지방에 우기가 비교적 규칙적으로 찾아오기 때문이다.

농경지를 넓혀 농업 생산력을 높이기 위해서는 인공적인 관개가 필요하다. 그러나 옛날과 같이 기계의 힘을 빌릴 수 없을 때는 많은 사람이 한꺼번에 협력하여 수로를 파고 둑을 쌓는 방법밖에 없다. 그렇게 많은 사람을 부리기 위해서는 지배력을 가진 권력자가 필요하다. 최초로 그러한 권력자로 기록된 영웅이 메네스였다. 메네스는 나일 강의 관개 사업에 성공하여 이집트 최초의 왕, 즉 파라오가 되었다. 물론 수천 년이 지난 후대에 기록된 것이다.

끊어지지 않은 역사

나일 강 유역은 아스완 댐에서 카이로까지 900여 킬로미터 길이의 상이집트와, 카이로부터 하구까지 100여 킬로미터의 삼각주 지역인 하이집트로 나뉜다. 이집트는 국토의 대부분이 사막일 뿐만 아니라 경작지의 대부분이 강 유역에 한정되어 있다. 그래서 나일 강 유역에 정착한 고대 이집트 인은 상과 하로 나뉘어 상당한 기간 동안 서로 싸운 것으로 보인다.

상하 이집트의 상징 왼쪽이 연꽃, 오른쪽이 파피루스다.

결국 고대 이집트는 상이집트 출신의 메네스에 의해 통일되어 그때부터 절대 권력을 가진 전제 군주 시대가 시작되었다. 비록 통일은 되었지만 내분은 오랫동안 계속되었다. 그러한 상하 이집트의 전쟁사는 결국 세트, 오시리스, 호루스가 등장하는 신화로 정착했다.

실제로 상하 두 이집트 사이에는 상당한 문화적 차이가 있었다. 예를 들어 상이집트의 상징적인 색, 식물, 동물은 각각 흰색, 연꽃, 독수리였지만 하이집트는 빨간색, 파피루스, 코브라였다. 상이집트는 사막, 하이집트는 나일 강의 삼각주가 주 무대였다. 이러한 자연환경의 차이가 문화 차이까지 만든 것 같다. 이 때문에 파라오의 왕관을 보면 상하 이집트의 왕인지 통일 이집트의 왕인지를 알 수 있다. 즉 흰색 왕관을 쓰고 있는 파라오는 상이집트만 지배했고 빨간색 왕관을 쓴 파라오는 하이집트만 지배했다. 통일 왕국을 지배한 파라오는 둘 모두를 쓰고 있는 모습으로 그려져 있다.

메네스에 의해 시작된 고대 이집트의 역사는 B.C. 2650~B.C. 1070년까지 왕조의 멸망, 기후 변화, 지배 영역의 범위에 따라 고왕국, 중왕국, 신왕국 시대와 왕국 시대의 전환기인 중간기로 나뉜다. 수도는 왕조의 정치·종교적 이유로 하류의 멤피스, 중류의 테베, 중하류의 아르마나 중에서 번갈아 선택되었다.

B.C. 2650~B.C. 2150년 사이의 고왕국 시대에 최초의 피라미드가 건설되기 시작했다. 지금도 카이로 부근의 기자에 남아 있는 쿠푸왕의 대피라미드 바로 옆에 위치한 카프라와 멘카우라의 피라미드가 그때 건설된 것이다. 부근에 다른 파라오의 피라미드도 유행처럼 건설되었다. 대피라미드의 높이는 147미터이고 사용된 돌의 총무게는 600만 톤으로 추정된다.

B.C. 2040~B.C. 1640년 사이의 중왕국 시절에는 파라오의 공동묘지인 '왕들의 계곡'이 만들어졌다. 당시에는 피라미드가 건설되지는 않았지만 미라 제작은 계속되었다. 이 시기 이집트 인은 최초로 중동 지역으로 진출하여 국토를 넓혔으나 내분이 일어나 서아시아 지역의 이민족(힉소스)에게 지배당하게 되었다. 이러한 중동 지역과의 교

류에 의해 이집트에는 새로운 기술과 곡물이 도입되었다.

이민족의 침입과 내분의 혼란기를 거쳐 마침내 독립을 쟁취한 이집트 인은 새로운 왕조를 세워, B.C. 1570~B.C. 1070년에 신왕국이 시작되었다. 이 시기 이집트 인은 국경이 유프라테스 강에 접할 정도로 영토를 넓혀 대제국을 건설했다. 하트셉수트, 투트모세 3세, 투탕카

고대 이집트의 역사 관례적으로 프톨레마이오스 왕조 시대의 역사학자 마네토의 제안에 따라 고왕국, 중왕국, 신왕국과 30왕조로 나뉜다.

주요 시대	기간	왕조	주요 사건
선사 시대	B.C. 5000~B.C. 3100	–	나일 강변에 정착. 도시 국가 형성 시작. 그림 문자 고안. 서아시아의 신앙 전래.
초기 왕조	B.C. 3100~B.C. 2650	1–2	메네스가 상하 이집트를 통일.
고왕국	B.C. 2650~B.C. 2150	3–6	피라미드 건설 유행.
제1중간기	B.C. 2150~B.C. 2040	7–11	보다 건조한 기후로 변화. 기아 발생.
중왕국	B.C. 2040~B.C. 1640	11–14	상하 이집트의 통일. 오시리스와 아문 숭배. 미라 제작 유행.
제2중간기	B.C. 1640~B.C. 1550	15–17	힉소스의 지배.
신왕국	B.C. 1550~B.C. 1070	18–20	누비아를 지배. 근동까지 영역 확장. 아케나텐의 종교 개혁. 사원 건축. 근동에서 히타이트와 충돌. 이스라엘 민족의 출애굽.
제3중간기	B.C. 1070~B.C. 664	21–24	상하 이집트로 분열. 화려한 관장식 유행.
후기	B.C. 664~B.C. 332	25–30	아시리아, 페르시아 등 침입.
프톨레마이오스 시대	B.C. 332~B.C. 30		알렉산더가 정복.

멘, 람세스 2세, 네페르티티 등 우리가 알고 있는 대부분의 파라오와 왕비, 공주 들은 바로 이 시기의 인물들이다. 이후 이집트는 외침과 내분으로 쇠퇴의 길로 접어들어 왕권이 몰락하고, 차례로 아시리아, 페르시아, 그리스, 로마의 지배를 받게 되었다. 유명한 클레오파트라는 로마 지배 시대의 파라오였다.

신성한 문자와 기록 | 흔히 고대 이집트 문자를 상형 문자라고 한다. 일반적으로 상형 문자는 물체의 모양을 상징적으로 나타낸 문자를 뜻한다. 그러나 상형 문자로 번역된 원어는 '신성한 문자'라는 뜻의 'hieroglyphics'이다. 실제로 고대 이집트 인은 지혜의 신 토드가 문자를 만들어 인간에게 주었다고 믿었을 정도로 자신들의 문자를 귀중하게 생각했다.

이집트의 상형 문자는 고왕국 시대 이전인 B.C. 3000년경에 출현하여 수메르의 쐐기 문자보다 약간 뒤지는 것으로 보인다. 그러나 중도에서 대가 끊긴 수메르의 쐐기 문자와는 달리 이집트 문자는 영어 알파벳 등 인도 및 유럽에서 사용되는 거의 모든 문자로 이어져 내려오고 있다.

문자는 긴 시간에 걸쳐 다양한 변화를 겪기 때문에 나중에는 원형과는 아주 딴판이 되는 경우가 대부분이다. 그러나 이집트 문자는 그대로 수천 년 이상 사용되었다. 아마도 이집트 인이 메소포타미아 사람들보다 보수적이었던 원인도 있겠지만 자신들의 문자를 신의 말씀으로 생각하여 소중하게 여긴 이유가 더 클 것이다.

이집트 인은 묘실의 관이나 벽화, 사원의 벽 등에 많은 기록을 남겼

파피루스와 파피루스에 기록된 고문서 파피루스는 나일 강 유역에서 흔히 볼 수 있는 식물이다. 고대 이집트 인은 파피루스의 줄기를 펴서 여러 개를 붙인 후, 그 위에 문자를 기록했다. 파피루스 사용의 역사는 초기 왕조 시절까지 거슬러 올라간다.

다. 그러나 초기 왕조 시대부터는 점토판 대신에 파피루스라고 하는 풀의 줄기를 기록 매체로 사용했다. 메소포타미아의 점토판과 달리 파피루스는 휴대와 보관이 용이한 진보된 형태의 기록 매체였지만 보존 기한이 짧다는 큰 단점이 있었다. 파피루스는 자연적으로 부패하거나 분해되어 사라져 버리기 때문이다. 메소포타미아 인은 파피루스를 모르고 우직하게도 점토판을 고집했다. 당시로는 아주 불편한 기록 매체였지만 분해되지 않고 영구히 보존되었기 때문에 지금 우리가 그들의 생활을 생생히 알 수 있는 것이다.

이집트 신화에 대한 최초의 기록은 고왕국 시대의 피라미드 내부 벽에 기록된, 이른바 '피라미드 문서'에서 찾을 수 있다. 피라미드 문서는 죽은 파라오가 태양신의 영토에 안전하게 들어갈 수 있도록 기원하는 주술이 가득한 문서로서, 훨씬 이전부터 파피루스나 질그릇 조각에 기록된 문서 또는 구전으로 전해지는 것들을 사제가 편집하여 기록한 것으로 추정된다. 피라미드 문서 이외에도 죽은 자가 사후 세계에서 심판을 받을 때를 대비하여 시신과 함께 부장한 파피루스 문서인 '사자의 서'와, 구전되어 오는 이야기, 시, 기도문, 주문 그리고 플루타르크[4]와 같은 후대의 그리스 작가들의 책에서도 이집트 신화를 찾을 수 있다. 그러나 이집트 신화는 시대와 지역에 따라 서로 다른 여러 버전이 존재하여 일차원적으로 해석하기에 어려운 측면이 있다.

다신 숭배 | 수메르 인처럼 고대 이집트 인도 도시마다 서로 다른 신을 모셨다. 국가의 통일과 함께 신들이 통합되기도 했으나 그 수는 2,000위에 달할 정도로 많았다. 그 결과 일부 신들은 이름은 같아도 역할이 다른 현상이 발생하기도 했다. 신들 중에서도 태양신 라(혹은 레)는 처음부터 끝까지 숭배되었으나 때로는 다른 신과 동일시되기도 했다.

한때 이러한 고대 이집트의 다신교 체제가 청산되고 역사상 최초로 유일신의 종교가 도입된 적이 있었다. 신왕조 시기의 아멘호텝 4세가 바로 그러한 종교 개혁을 단행한 파라오였다. 그는 둥근 태양 그 자체인 아텐만을 숭배하여 자신의 이름까지도 '아텐을 숭배하는 자'라는 뜻의 아케나톤으로 바꾸면서까지 유일신 종교를 강요했다. 그러나 그러한 변화는 그의 당대에 그치고 말았다. 그가 죽자 이집트는 원래의 다신교로 돌아갔을 뿐만 아니라 아멘호텝 4세는 자신의 무덤에서 이름이 지워지는 수모까지 당했다. 그리하여 이집트의 신화는 계속되었다.

고대 이집트 인이 고안한 신들 중에는 자연신도 많았다. 그들은 개, 고양이, 소, 양, 사자, 원숭이, 하마, 뱀, 악어, 매 등 주위에서 볼 수 있

4) Plutarch(A.D. 46~120). 로마의 작가이자 철학자다. 《영웅전》, 《윤리론집》 등을 남겼다.

는 거의 모든 동물과 하늘, 대기, 별, 물, 공기, 태양과 같은 자연을 신으로 생각했다. 심지어는 경작, 직조와 같이 일상생활의 모습을 상징하는 신들도 있었다. 결과적으로 이집트 신화에는 2,000여 위의 많은 신이 등장하며 그들 대부분은 동물의 머리를 가진 모습으로 그려졌다.

신들은 고유한 성질과 모습에 따라 일정한 지역에서 숭배를 받았다. 그러다가 지역의 흥망성쇠에 따라 사라지기도 하고 다른 신의 속성으로 흡수되기도 하는 등 신들의 위상도 꾸준히 변화했다. 나중에는 신을 사람의 모습으로 표현하는 의인화 과정과 신의 계보도 생겨나게 되었다. 그 결과 신들 사이의 관계가 아주 복잡해졌으나, 고대 이집트 인은 그러한 관계를 체계적으로 정리하지는 않았다.

고대 이집트 인에게는 마치 자연이 그들 가까이에 있듯이 신들도 생활의 일부로서 항상 가까이 있었다. 예를 들어 사회생활에서 정의는 마아트가, 법과 질서는 토드가 담당하는 것으로 생각했다.

신들 중에서 가장 특별한 역할을 하는 것이 태양신 라였다. 매일 규칙적으로 뜨고 지는 일을 반복하면서 생명을 유지시켜 주는 태양은 나일 강만큼이나 중요한 존재였다. 따라서 고대 이집트 인이 그러한 존재를 신으로 모시는 것은 당연한 일이었다. 태양신 숭배 사상은 나중에 파라오를 태양신인 라의 아들로 신격화하기까지 이르렀다. 태양신의 성격도 불변한 것이 아니라 정치 사회적 변동에 따라 다른 신들과 융합했다. 예를 들어 우주 창조의 주역인 아툼과 결합하여 아툼-라가 되었고 심지어는 태양을 상징하는 원반을 머리에 단 매, 원숭이, 딱정벌레도 나타났다.

물과 언덕으로부터의 창조 | 이집트 창조 신화에서는 물이 창조의 원점으로 나타났다. 즉 고대 이집트 인은 우주가 존재하기 이전의 어둠 속에 끝이 없는 '혼돈의 물'이 존재했다고 믿고 이를 눈(Nun)이라고 불렀다. 눈으로부터 '원시 언덕'을 상징하는 아툼이 나와 모든 것의 창조주가 되었다.

아툼은 눈의 어둠으로부터 나온 빛이며 우주의 기본 원소로서 최고의 권위와 힘을 소유했다. 아툼은 '완전한' 혹은 '전부'라는 뜻을 갖는 '툼'으로부터 유래했으며, 앞으로 태어날 모든 것을 보유하고 있음을 나타낸다. 즉 아툼은, 신들은 물론 인간과 동식물 그리고 태양, 달, 별과 같은 천체의 창조주인 것이다.

아툼이 낳은 주요 신들은 분명한 계보를 가지고 있었다. 아툼은 자신의 정액으로 공기의 신 슈와 습기(물)의 신 테프누트를 창조했고, 이 둘은 하늘의 여신 누트와 대지의 신 게브를 낳았다. 누트와 게브는 남신인 오시리스와 세트, 여신인 이시스와 네프티스를 낳았다. 오시리스와 이시스는 호루스를 낳았고 세트와 네프티스는 아누비스를 낳았다.

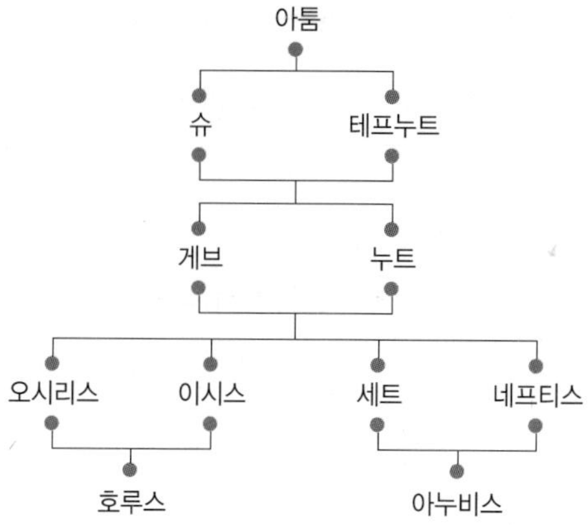

이집트 신의 계보 이집트 신의 시조는 눈이지만 실질적인 창조주는 아툼이다. 아툼과 그 자손 8위가 이집트 신화의 구신군을 형성한다.

이집트 신화에서 가장 중요한 신들은 아툼, 슈, 테프누트, 게브, 누트, 오시리스, 이시스, 세트, 네프티스 등 아홉 신의 집단이고 그중에서도 아툼이 최고의 신이다. 이들을 구신군이라고 한다. 이들 중에서 처음 5위의 신들은 주로 창세 과정에 등장하고 나머지 오시리스, 이시스, 세트, 네프티스는 현세의 일과 관련되어 있다.

후대로 와서 아툼이 라와 동일시되어 아툼-라로 불리기 시작하자 라는 인간 파라오로서 이집트를 직접 통치하게 된다. 라는 보통 새의 머리를 하고 있으며 그 위에 태양을 상징하는 원판이 있다.

태양력의 사용 | 고대 이집트에서도 처음에는 태음력을 사용했다. 그 도입 시기는 대략 B.C. 2770년경이다. 그들이 채용한 달력에는 30일로 고정된 12달이 있었다. 그러나 윤달이 필요하다는 것을 몰랐기 때문에 계절과 날짜가 점점 어긋나기 시작했다.

후대에 와서는 시리우스의 출몰을 기준으로 한, 태양력과 비슷한 달력을 만들었다. 즉 시리우스가 해 뜨기 직전 동쪽 하늘에 나타날 때를 새해의 출발로 삼고 1년을 365일로 하였던 것이다. 1년은 30일의 12달과 신들의 이름을 딴 별도의 5일을 추가하여 구성되었다.

홍수와 부활 신앙 | 여느 고대인처럼 고대 이집트 인도 태양을 숭배했다. 그들은 씨앗이 싹트고 성장하는 과정에는 흙뿐만 아니라 빛을 내려 주는 태양의 힘도 중요하다는 것을 알았다. 아무리 좋은 토양에 심어도 응달에서는 식물이 잘 자라지 못한다는 것을 경험했기 때문이

태양신 라 B.C. 1200년경에 그려진 무덤 벽화의 일부다. 라가 배를 타고 하늘을 건너가고 있다. 라는 구신군에 속하지는 않지만 고대 이집트 인이 널리 숭배한 신이며 창조주 아툼과 동일시되었다.

다. 그러한 태양은 매일 동에서 떠서 서로 지고, 태양이 지면 대지에는 어둠이 내려 사람들은 공포에 휩싸였다. 그러나 태양은 어김없이 다음 날 다시 나타나서 대지를 밝게 비춰 주었다. 고대 이집트 인은 태양의 이러한 반복적인 출현을 태양신 라의 지극히 예측 가능한 행동에 의해 일어나는 것으로 생각했다. 즉 이집트 신화에 의하면 라는 매일 새벽 동쪽에서 황금색의 배를 타는 것으로 일과를 시작한다. 그는 낮 동안 하늘을 건너가면서 대지에 빛과 온기를 주고 석양이 깔리면 생자와 사자가 사는 두 왕국의 경계를 통과한다. 밤이 되면 서쪽의 죽은 자의 세계에서 거대한 뱀 아포피스와 싸운다. 간신히 이긴 라가 밤의 여행을 끝내면 어제와 같은 새로운 아침이 시작된다. 이와 같은 라의 일과는 매일 똑같이 되풀이되기 때문에 사람들은 낮과 밤이 지극히 주기적으로 일어나는 것이라고 생각했다.

아침에 뜨는 태양은 케프리라는 쇠똥구리로 표현되기도 했다. 그것은 고대 이집트 인이, 쇠똥구리가 쇠똥을 공처럼 만들어 굴리는 것을 보고 태양이 동쪽 언덕 위로 솟아 나오는 모습을 연상했고, 또 쇠똥구리가 공에 알을 낳고 모래 속에 묻어 두면 그곳에서 알이 부화하여 새끼들이 나오는 것이 태양이 저녁에 지하 세계로 갔다가 아침에 부활하는 것과 같다고 생각했기 때문이다. 고대 이집트 인에게 아침에 뜨는 해는 새로운 생명의 탄생을 의미했던 것이다. '케프리' 에는 '무엇이 된다.' 라는 뜻이 있으며 재생을 상징한다.

고대 이집트 인에게 중요한 자연 현상 중에는 나일 강의 범람이 있었다. 범람은 강 유역에 정착한 인간들에게 집과 작물을 쓸어가는 고통을 주지만 비옥한 토양을 제공하는 방법으로 보상도 해 준다. 나일 강물에 실려 수천 킬로미터를 떠내려 온 아프리카 내륙의 부엽토가 강 유역에 퇴적되어 최상의 천연 거름이 되었다. 다행히도 이 과정은 매년, 그것도 주기적으로 되풀이되므로 강 유역의 땅은 비옥한 토지로 유지된다. 그러한 토지에 뿌려진 씨앗은 수십 배로 증폭되어 돌아오기 때문에 농부들은 범람이 준 고통을 잊어버린다. 아니, 그들은 범람을 기다리게 된다. 다만 범람이 언제 시작되는지 그 시기만 제대로 알고 대비하면 되는 것이다. 그 때문에 고대 이집트 인은 천문 관측을 했다. 그 결과 시리우스가 해 뜨기 직전에 동쪽 하늘에 나타나면 범람이 임박했다는 사실을 발견했다. 그때가 바로 6월이며 그때부터 사람들은 일손을 멈추고 쉬었다. 농한기인 셈이다. 몇 달이 지나 수위가 내려가면 농부들은 씨앗을 뿌리고 영양분이 듬뿍 든 토양에서 힘차게 자라는 작물을 보고 흐뭇한 미소를 지었다. 수확 때까지는 강이 범람하지도 않고 물이 항상 가까이 있어, 노력만 하면 작물에 충분한 물을 댈 수 있었다. 풍년은 이미 범람과 함께 신이 약속한 자연 주기의 일부였다. 이렇게 매년 어김없이 범람하여 풍성한 수확을 약속해 주는 나일 강은 고대 이집트의 농부들에게는 희망의 원천으로 보였을 것이다. 피라미드 문서에도 다음과 같은 주문이 적혀 있다.

> “초목은 웃고 강기슭은 초목으로 덮이게 된다.
> 신들이 주는 선물이 하늘에서 내려오고 있다.
> 사람들의 얼굴은 반짝이고 신들은 기뻐 날뛴다.”

이와 같이 고대 이집트 인은 나일 강의 범람을 신이 주는 선물로 생각했다.

고대 이집트 인은 이러한 반복적인 자연 현상을 보고 죽음은 끝이 아니라 새로운 삶이 태어나는 중간 단계라고 믿게 되었다. 그리하여 그들은 죽음 이후 영혼이 머무는 내세를 믿었다. 왕들의 무덤에서 발굴된 수백 명에 달하는 순장자들의 유골이 그 증거 중 하나다. 왕들은 죽어서도 왕으로서의 역할을 하기 때문에 계속해서 신하와 종이 필요했던 것이다. 실제로 후대에 발견된 왕의 무덤에는 사후 세계의 왕들의 여행 과정이 부조에 나타나 있다. 왕들은 태양신으로 묘사되어 있고, 배를 타고 이승과 저승을 가르는 강을 건너 자신을 기다리고 있는 다른 신들의 영접을 받는 장면이 그려져 있다.

결국 고대 이집트 인에게 사후 세계는 그리 나쁜 곳이 아니었다. 그들은 부활을 믿었기 때문에 죽음을 그렇게 경원시한 것 같지는 않다. 오히려 사후 세계에서 일어날 일들을 미리 예측하고 사자들이 사후 세계에서 잘 적응할 수 있도록 철저히 준비까지 했다. 고대 이집트 인은 오시리스 신이 사후 세계를 지배하고 있으며 죽은 자들은 모두 오시리스가 주관하는 재판정에서 심문을 받고 죄의 경중을 심판받는다고 생각했다. 따라서 죽은 자의 묘실에는 벽화의 형태로 사후 세계에서 일어나는 일이 그려졌고, 사자의 서에는 사후 세계를 다스리는 오시리스를 찬양하는 내용과 심지어 심문에 대비한 답안까지 미리 마련해 놓았

사후 세계의 심판 죽은 자의 심장은 마아트의 저울에서 '진실의 깃털'과 비교된다. 그림에서, 아누비스가 무게를 측정하고 있으며 서기인 토드가 기록을 하고 있다. 심장이 진실의 깃털보다 무거우면 웅크리고 있는 아미트에게 잡아먹힌다. 이것은 B.C. 1375년경의 파피루스 문서다.

을 정도였다. 벽화와 문서 내용에 따르면, 죽은 자가 사후 세계에 도착하면 자칼 머리의 아누비스 신이 죽은 자의 심장과 '진실의 깃털'을 마아트의 저울에 올려놓고 비교한다. 또한 죽은 자는 신들의 면전에서 42개 종목의 죄악에 대해 하나하나 결백을 선언해야 한다. 그 내용 중 일부는 다음과 같다.

"나는 부모님께 효도했습니다.
나는 이웃에게 해를 끼치지 않았습니다.
나는 거짓말을 하지 않았습니다.
나는 도둑질을 하지 않았습니다.
나는 사람을 죽이지 않았습니다."

재판의 결과 죽은 자가 결백하다면 오시리스의 왕국에 들어가 영원한 삶을 누리게 되지만, 그렇지 않으면 악어의 머리와 사자의 갈기, 하마의 다리를 하고 있는 아미트가 그의 영혼을 갈기갈기 찢어 버린다.

이와 같이 이집트 신화의 특징은 죽음 이후의 부활이다. 태양 숭배, 영혼과 내세의 존재에 대한 믿음은 고대인에게 공통적인 것이지만, 나일 강의 주기적인 범람과 그 이후 비옥해진 토지에 새싹이 돋고 새로운 동물이 나타나는 일련의 규칙적인 자연 현상은 고대 이집트 인의 부활 신념에 대한 확고한 근거가 되었다. 이에 따라 고대 이집트 인은 죽은 자를 미라로 만들어 부활에 대비하기도 했다.

그리스

서양 문명의 기원

서양 문명의 기원은 그리스 문명이라고 한다. 고도로 발달한 현재의 서양 문명이 고대 그리스 문명으로부터 발원했다고 보는 것이다. 실제로 서양의 문학, 예술, 철학, 과학은 물론 정치, 사회 제도에 고대 그리스의 흔적이 남아 있음을 부인하기 어렵다. 그러나 헤로도토스가 《역사》에서 언급한 것처럼, 그리스 문명이 독립적으로 형성된 것이라기보다는 그보다 오래된 오리엔트 문명(이집트 문명과 메소포타미아 문명)의 혼합과 발전으로 이루어진 것으로 보는 견해도 있다.

일반적으로 그리스 문명은 B.C. 800년경부터 현재의 그리스 본토와 주변의 크고 작은 섬들, 소아시아, 흑해 연안, 이탈리아 반도, 프랑스 남해안, 아프리카의 북부 등 지중해 연안의 광범위한 지역에 형성된 문명을 말한다. 그러나 그리스 문명 이전 이미 B.C. 7000년경부터 그리스 본토와 크레타 섬을 중심으로 하는 지중해 연안에는 신석기 시대와 청동기 시대에 걸친 선주 문명인 에게 문명이 존재했다. 에게 문명은 남방계의 크레타 문명과 그를 이은 북방계의 미케네 문명을 통칭

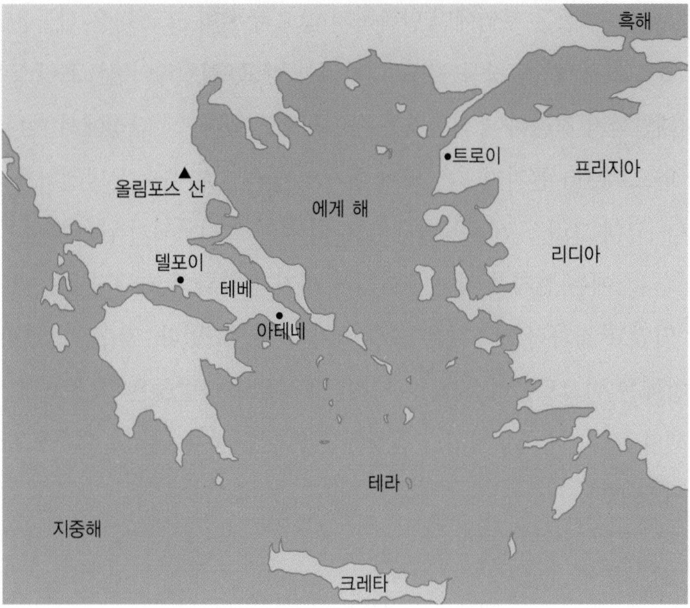

그리스 문명의 중심 영역 그리스 문명은 그리스 본토와 부속 섬들은 물론 크레타 섬과 멀리 소아시아와 아프리카 일부까지 포함한 넓은 지역에서 형성되었다.

한다. 이들 문명이 보다 진보한 오리엔트 문명과 육해상을 통해 교류하고 있었음은 쉽게 추정할 수 있다. 에게 문명은 B.C. 1200년경 도리아 인의 침입을 전후해서 사라지며, 수백 년간의 암흑기 끝에 마침내 도시 국가를 기반으로 하는 그리스 문명이 나타나게 되었다.

그리스가 위치한 지중해 연안은 여름에는 덥고 건조하며 겨울에는 비가 약간 오는, 이른바 지중해성 기후다. 이러한 지역에는 포도와 올리브 등을 제외한 다른 작물들은 재배하기가 어렵다. 뿐만 아니라 그리스는 산지가 넓어 농업에는 더욱 불리하다. 이러한 조건은 고대 그리스 인으로 하여금 바다로 진출하게 만들었다. 그리하여 고대 그리스 인은 포도주와 올리브를 수출하고 다른 물자를 수입하는 해상 무역에 종사했다. 그들은 무역에만 만족하지 않고 주변의 크고 작은 섬들은 물론 멀리 흑해 연안, 중동 지방, 이탈리아 반도, 시칠리아 섬, 프랑스 남부 해안까지 진출하여 식민지를 개척하기도 했다. 그 과정에서 페니키아 인으로부터 문자가 수입되어 현재의 영어 알파벳으로 발전하게 되었다. 고대 그리스 인의 생활은 바로 이 문자로 기록되어 남아 있다.

그리스에는 산지가 많아 골짜기나 평지가 하나의 거주 단위를 이루게 되었고 결과적으로 작은 도시 국가가 형성되었다. 각 도시 국가의 중앙에는 아크로폴리스라는 신전이 세워졌고 사람들은 그 주변에 거주했다. 도시 국가는 그리스 전역에 세워져 전성기에는 그 수가 300여 개에 달했다.

인간적인 신

고대 그리스는 신화의 나라라고 할 수 있을 정도로 다양한 신이 존재했다. 그리고 그들이 엮어 내는 이야기는 한 권의 책처럼 짜임새가 있다. 그리스 신화의 신들에게서 일면 자연신의 면모를 엿볼 수도 있으나, 그들은 인간처럼 생각하고 활동하는 인격신에 훨씬 가깝다. 즉 인간 위주의 사고방식에 의해 그리스 신화에 등장하는 신들은 모두 의인화되어 있는 것이다. 따라서 신들은 인간 세계에서 흔히 일어나는 인간적인 갈등을 그대로 표출하고 또 인간적인 방법으로 해결했다.

우리가 잘 알고 있는 그리스 신화는 주로 미케네 인이 만든 것이지만 그 원형은 메소포타미아와 아나톨리아(터키의 고원 지방) 지방의 신화와 크레타 신화에서 찾을 수 있다. 즉 그리스 신들 중 일부는 원래 다양한 부족이나 종족 고유의 수호신이었으나 그리스 신화로 편입된

켄타우루스와 라피테스의 싸움 아테네의 아크로폴리스에 위치한 파르테논 신전은 B.C. 5세기경 아테나 여신을 모시기 위해 건축된 것이다. 사진은 벽면의 일부로서 켄타우루스와 라피테스의 싸우는 장면이 새겨진 부조이며 '엘진 대리석'이라고 한다.

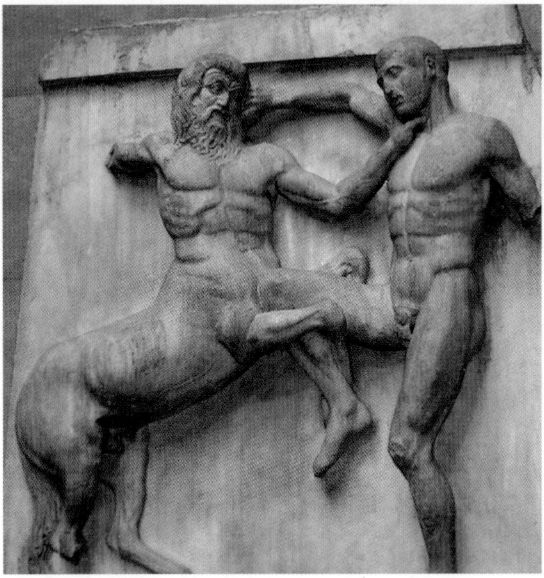

뒤 모두 계보와 족보를 얻게 되었고 그에 따라 여러 가지 사건에 휘말리게 되었던 것이다.

그리스 신화는 문서, 조각, 도자기 등에 기록되어 전해졌다. 문서로 전해진 것은 상당 기간 구전되어 오다가 B.C. 8세기경 호머[5]의 《일리아드》와 《오디세이》, 헤시오도스[6]의 《신통기》 등으로 정착된 것을 말한다. 조각의 예로는 아테네의 파르테논 신전에 있던 '엘진 대리석'을 들 수 있다. 여기에는 신화에 등장하는 켄타우루스와 라피테스가 싸우는 장면이 조각되어 있다.

---

5) Homer(~B.C. 850). 고대 그리스의 전설적인 시인.

6) Hesiod(B.C. 750). 고대 그리스의 작가.

신들의 일가 그리스의 창조 신화에서는 신의 창조 과정과 세상의 창조 과정을 구별하기가 어렵다. 신이 사물을 상징하기 때문에 신의 창조가 바로 자연의 창조를 의미하기 때문이다. 그리스의 창조 신화에는 몇 가지 버전이 있는데 그중에서 헤시오도스에 따르면, 형태가 없는 혼돈 상태의 공간인 카오스가 오랫동안 존재했으며 이 카오스로부터 모든 것이 창조되었다고 한다. 즉 카오스로부터 대지인 가이아와 지하 세계인 타르타로스, 사랑을 의미하는 에로스, 지하의 어둠을 상징하는 이레부스, 지상의 밤을 상징하는 닉스가 태어났다.

가이아는 신들의 어머니 역할을 하지만 그녀의 출산 이력은 상당히 복잡하다. 그녀는 타르타로스와 결합하여 괴물 티폰을 낳았을 뿐만 아니라 단독으로 바다, 산, 하늘을 상징하는 신들을 낳았다. 이들 중에서 하늘을 상징하는 신이 우라노스다. 가이아는 자식인 우라노스와 결합하여 크로노스 외에 12명의 티탄 족 신들을 낳았다.

하늘의 신 우라노스는 그리스 신화에서 초창기 시대의 신이다. 그는 대지의 여신인 가이아로부터 태어나 그녀의 남편이 되었으며, 그들 사이에서 태어난 최초의 신화 속 종족인 티탄 족의 아버지였다. 그는 자식들을 두려워하여 모두 타르타로스에 가두어 버렸다. 이에 가이아와 아들인 크로노스가 합세하여 우라노스를 거세하고 쫓아냈다. 그 이후로 우라노스는 신화에 거의 나타나지 않는다. 고대 그리스 인과 로마인은 우라노스와 가이아의 결별이 하늘과 땅의 분리를 상징한다고 생각했다. 하늘과 땅의 분리라는 아픔에 대한 보상은 아름다움의 대명사인 아프로디테였다. 그녀는 우라노스의 거세 과정에서 흘린 피가 바다에 떨어져 태어났다고 한다.

쫓겨 가던 우라노스는 크로노스도 자신과 같이 아들에게 박해를 받을 것이라고 저주했다. 자신의 누이인 레아와 결혼한 크로노스는 아버지의 저주를 두려워한 나머지, 자식들인 헤스티아, 데메테르, 헤라, 하데스, 포세이돈을 모두 삼켜 버렸다. 레아는 6번째 자식인 제우스를 임신하고는 멀리 도망가서 출산하였기 때문에 제우스만은 먹히지 않았다. 성장한 제우스는 아버지를 속이고 약물을 마시게 하여 이전에 삼킨 자식들을 모두 토하게 했다. 크로노스의 배 안에 있었지만 자식들은 모두 성장해 있었다. 그들은 제우스와 함께, 티탄 족의 신들과 합세한 크로노스와 싸웠다. 크로노스와 티탄 족은 패했고 아틀라스를 포함한 몇몇 신들을 제외하고는 모두 타르타로스에 감금되었다. 제우스 등에 패한 크로노스와 다른 티탄 족들은 이전 부족의 신들로 추정된다.

제우스가 티탄 족을 타르타로스에 감금하자 그것을 못마땅하게 여긴 가이아가 제우스에 대항하여 싸우게 할 목적으로 타르타로스와 결합하여 괴물을 낳았는데 그가 바로 티폰이다. 그러나 티폰은 제우스와의 싸움에서 지고 만다. 이후 제우스는 올림포스 산에서 다른 모든 신을 지배하는 주신이 되었으며 형제인 포세이돈은 바다를, 하데스는 지하 세계를 지배하게 되었다.

제우스와 신들이 지배하는 세상에는 처음에는 인간과 동물이 없었다. 인간과 동물은 제우스의 명령에 따라 그의 사촌뻘인 프로메테우스와 에피메테우스 형제가 만들었다. 프로메테우스는 인간을 매우 좋아한 신이었을 뿐만 아니라 압제와 부정에 대해 반기를 들 수 있는 존재로 부각되어 왔다. 그는 인간에게 불을 선물하고 그것을 사용하여 요리를 만들고 그릇을 굽는 법도 가르쳤다.

그러나 제우스는 인간에게 비교적 냉혹했다. 그러한 면은 인간 여성을 창조하는 과정에서 볼 수 있다. 그는 자신의 아들이자 기술의 신인 헤파이스토스로 하여금 여자를 만들도록 했다. 이렇게 태어난 최초의 여성이 아프로디테의 미모에 버금가는 판도라였다. 판도라는 신들로부터 많은 선물을 받았다. 제우스도 상자 하나를 주면서 절대로 열어 보지 말라고 명령했다. 동시에 그는 판도라에게 호기심이라는 선물도 주었다. 에피메테우스의 아내가 된 판도라의 호기심은 결국 그 상자를 열게 했고 열려진 상자에서 노화, 노동, 질병 등이 나와 인간을 괴롭히게 되었다. 그리고 그 상자에서 마지막으로 나온 것이 희망이었다. 인간은 일생 동안 질병과 공포와 같은 여러 가지 어려움을 겪게 되지만 그러한 것으로부터 해방될 것이라는 희망으로 스스로를 죽이지 않고 생존할 수 있게 되었다.

인간에 대한 제우스의 냉혹함은 그가 포세이돈에게 명하여 세상을 홍수로 파괴해 버리면서 절정에 달했다. 그 재앙으로 남녀 한 쌍만이 남고 나머지는 멸종해 버렸다. 제우스가 보여준 인간 냉대의 원형은 수메르 신화의 엔릴에게서 찾아볼 수 있다. 그도 대홍수를 일으켜 인간을 멸종시키려 한 바 있다.

그리스 신화에도 수많은 신과 신적 존재 들이 등장하지만 신들의 회의와 같이 의결 과정에 참여하는 중요한 신들은, 신군에 속하는 이른바 올림포스 12신이다. 12신군에는 제우스가 왕좌를 차지하고 그의 형제자매들인 헤스티아, 데메테르, 헤라, 하데스, 포세이돈과 아들딸인 아폴로, 아르테미스, 아테나, 헤르메스, 헤파이스토스, 아레스, 디오니소스 등이 포함되어 있다. 이들이 바로 그리스 신화의 주역인 셈이다.

그리스 신화는 신들의 이름만 바꾸어 대부분 원형 그대로 로마 신화로 흡수되었다. 예를 들어 제우스는 주피터로, 아프로디테는 비너

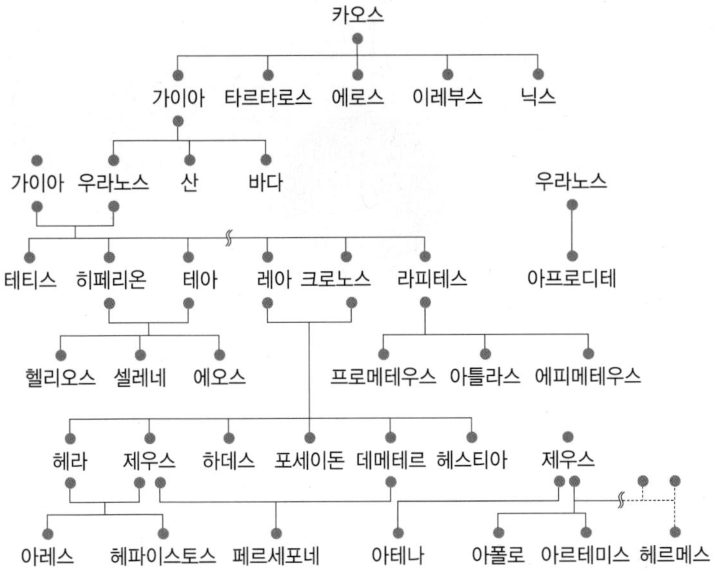

그리스 신들의 계보 모든 그리스 신들은 카오스로부터 태어났다. 카오스는 신뿐만 아니라 세상도 창조했다. 그리스 신화의 최고 신은 제우스로서, 그는 절대적인 권력을 소유했으며, 그의 엽색 행각으로 인해 계보가 복잡해졌다.

스로 이름이 바뀌었으나 역할은 동일하다. 그 결과 행성의 이름도 모두 로마식으로 되어 있다. 그러나 우라노스는 로마 신화에는 없기 때문에 7번째 행성의 이름인 천왕성은 그리스식 이름을 가지게 되었다.[7] 물론 그 이름은 별의 특징과는 무관하다. 다만 태양으로부터 먼 거리에 있는 만큼 차가운 행성이고, 그것이 마치 우라노스의 불행한 운명을 연상시키는 듯함은 어쩔 수 없다.

---

7) 원래 천왕성은 발견자 허셸(Frederick William Herschel, 1738~1822)이 왕의 이름을 따서 조지(Gorge)라고 명명했었다. 그러나 나중에 독일의 천문학자 보데(Johann Elert Bode, 1747~1826)가, 토성 다음의 행성인 만큼 그 위 세대인 우라노스로 하는 것이 좋겠다고 제안함에 따라 바뀌었다.

인도

아리아 인의 이주

인더스 강은 눈과 얼음으로 덮인 해발 4,900여 미터의 티베트 고원에서 발원하여 북서 방향으로 1,100여 킬로미터를 흐르다가 카슈미르 지방을 지난 뒤 남서로 방향을 바꾸어 파키스탄 본토를 관통하여 카라치 남동쪽에서 아라비아 해로 흘러들어가는 총길이 2,900여 킬로미터의 긴 강이다. 중간에서 판지나드 강이 합류하는데 이 강은 펀자브 지방의 5대 강이 합쳐진 인더스 강의 최대 지류다. 합류 지점부터 강폭이 확대되고 유속이 느려지며 그에 따라 엄청난 양의 진흙이 퇴적된다. 인더스 강의 퇴적과 홍수에 의해 인더스 강의 중류인 펀자브 평원과 하류의 신드 지방은 비옥한 충적토로 덮여 있다. 그러나 잦은 홍수로 인해 B.C. 3세기경에는 강 하구가 현재보다 130여 킬로미터나 동쪽에 있었다고 한다. 히말라야의 만년설이 주요 수원인 인더스 강은 겨울에 연중 수위가 가장 낮고 봄부터 증가하다가 여름의 몬순 기간에 가장 높아서 홍수가 일어나게 된다.

현재 유역 대부분의 지역은 연강수량이 500여 밀리미터 이하인 아열대 건조 기후에 속해서 관개 시설이 없으면 농사가 어렵다. 그러나

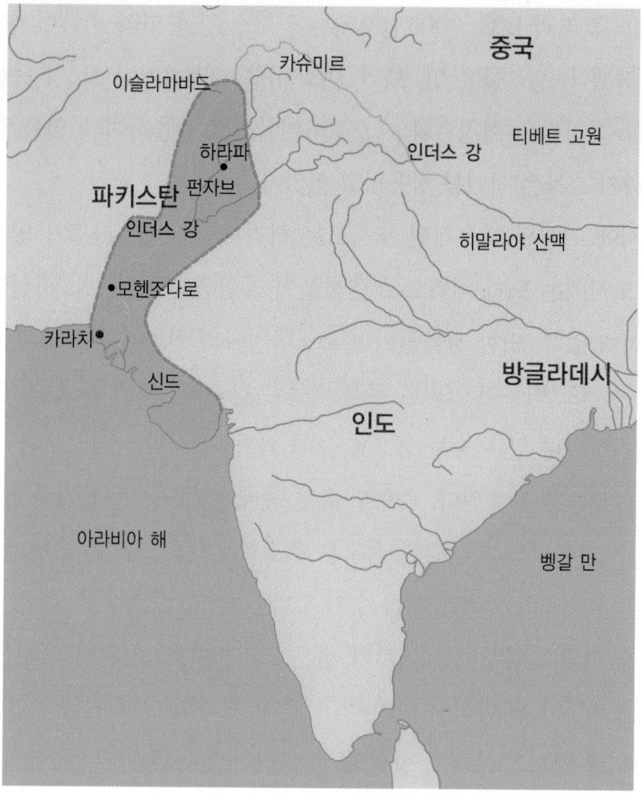

인더스 문명의 발상지 인더스 문명은 인더스 강 중하류의 하라파와 모헨조다로를 중심으로 발생했다. 인더스 강은 히말라야 산맥의 남쪽에서 발원하여 긴 여정 끝에 오늘날의 파키스탄을 거쳐 아라비아 해로 들어간다.

과거에 인더스 강 유역의 기후는 습윤했고 넓은 충적토는 농지로서 최적의 조건이었다. 이렇게 하여 인도 반도의 북서부, 현재는 파키스탄 영내인 인더스 강 유역에 인더스 문명이 형성될 수 있었다.

인더스 문명을 건설한 사람들은 중앙아시아로부터 몇 개의 경로로 이주해 온 유목민으로 추정된다. 그들은 메소포타미아나 이집트보다는 수천 년 늦게 편자브 지방의 산악 지대에 정착하여 농사를 짓기 시작했고 그 결과 B.C. 3000년경에는 인더스 강을 따라 촌락이 형성되기 시작했다. 농부들은 밀, 보리, 면화 등을 재배하거나 소, 양 등을 사육했고 상인들은 이집트와 메소포타미아까지 진출하여 무역을 했다. 그때까지 그들은 석기를 사용하고 있었다.

당시에 건설된 대표적인 도시로는 하라파와 모헨조다로가 있으며, 이들 도시에는 도시 계획으로 건물들이 들어섰고 상하수도 시설이 완비되어 있었다. 또한 건물들이 메소포타미아의 건조 지대에서 흔히 볼 수 있는 건조 벽돌이 아니라 구운 벽돌로 건축되었으며 유물로 발굴된 인장에 나타나 있는 동물 등으로 보아 과거 이 지역은 지금보다 더 습윤했던 것으로 추측된다. 출토된 유물 중에는 과도하게 성징을 표현한 것들이 많아 다산을 기원한 정도는 추정할 수 있으나 그 외에 특별한 신앙이나 종교의 흔적은 찾을 수가 없다.

현재 인도의 남부에는 피부가 검은 드라비다 인과 문다 인이, 중북부에는 피부가 흰 아리아 인이 살고 있다. 드라비다 인과 문다 인이 인도 반도에 먼저 이주하여 살던 중에 아리아 인이 유입된 것으로 보아, 인더스 문명은 드라비다 인 또는 문다 인 등 토착민이 남긴 것이라고 보는 사람도 있다. 그러나 고대 인도인은 인장에 기록한 상형문자 약간 외에는 특별히 기록을 남기지 않았다. 고대 오리엔트에서 흔히 사용되던 점토판도 여기서는 발견되지 않는다. 그 결과 인더스 문명을 건설한 사람들의 정체는 오리무중인 채로 남아 있다.

인더스 문명에 대한 의문은 또 있다. 문명의 창시자가 왜 갑자기 사라졌는지 분명하지 않은 것이다. 홍수, 외적의 침입, 기후 변화 등 여러 가지 의견이 있으나 어느 것도 분명하지는 않다. 일부 학자들은 B.C. 1500년경에 청동기로 무장한 아리아 인이 침입하여 선주민들을

모헨조다로의 유적 인더스 문명의 중심 도시 모헨조다로는 도시 계획에 의해 건설되었다. 상하수도 시설 등은 고대인의 작품이라고 보기 힘들 정도로 완벽하다.

살해했다고도 하지만, 아리아 인의 유입 이전에 이미 인더스 문명 스스로 사양길로 접어들고 있었음을 나타내는 증거들이 있기 때문에 그것도 확정적인 견해는 아니다.

베다 신화 이렇듯 인더스 문명을 건설한 고대 인도인은 아무 기록도 남기지 않고 사라졌다. 고대 인도에 대한 기록은 그보다 수천 년 뒤에 아리아 인이 쓴 《리그베다》와 같은 경전에 신화처럼 남아 있을 뿐이다. 물론 그 경전도 고대 인도의 선주민이 아니라 아리아 인의 것이기 때문에 순수하게 인도의 선주민에 대한 이야기는 아닐 것이다. 그러나 인더스 문명을 건설한 고대 인도인이 완전히 사라진 것이 아니라 그들이 미개한 아리아 인을 가르치면서 기술을 전수한 흔적이 여기저기에 남아 있다.

따라서 아리아 인이 자신들의 경전이라고 부르는 《리그베다》에는 아리아 인뿐만 아니라 고대 인도 선주민의 생각과 사상도 담겨 있다고 볼 수 있다. 경전에 따르면 여섯 왕이 각각 400만 년 이상의 긴 시간 동안 인도를 통치했으며 일곱 번째 왕은 마누 바이바스바타였다고 한다. 거꾸로 계산해 보면 그때가 B.C. 3000년경에 해당된다. 이 시기는 아리아 인이 유입되기 이전이므로, 경전의 내용이 잘못되었든지 경전이 선주민의 역사까지도 포함하고 있든지, 둘 중 어느 한 가지일 것이다.

고대 인도인, 특히 아리아 인의 신앙생활은 그들이 남긴 종교 서적인 《베다》에서 읽을 수 있다. 《베다》는 원래 '지혜'를 뜻하며 아리아 인이 신을 찬양하거나, 신에게 드리는 제사의 의식과 규범, 주문 등을 노래와 시의 형태로 모은 것으로, 고대 인도의 종교와 신화, 문학, 철학은 물론 일반 생활상까지도 엿볼 수 있는 중요한 자료다.

《베다》는 입으로 전해지면서 네 종류로 편집되었는데 그중에서 《리그베다》가 가장 초기인 B.C. 1700년 이전에, 그 이후 차례로 《사마베다》, 《야주르베다》, 《아타르바베다》가 편집되었다. 후대로 오면 《베다》의 신화적인 내용은 철학적인 성격으로 변해서 인도에서 발생한 불교, 힌두교 등 많은 종교에 큰 영향을 주었다. 특히 《베다》는 힌두교의 경전으로 불릴 정도로 그 영향이 절대적이다.

인도의 신화는 크게 베다 신화와 힌두교 신화로 구분된다. 북쪽으로부터 인도로 이주한 아리아 인과 선주민의 신화가 결합하여 《베다》에 기록되었으며 이를 베다 신화라고 한다. 반면에 《베다》의 다신교적 신앙을 바탕으로 하여 성립되었지만 《마하바라타》와 같은 새로운 경전이 추가되고 《베다》의 신이 새로운 신으로 대체되거나 역할과 성격이 합쳐지거나 분리되어 새로운 신들이 등장하여 성립한 것이 힌두교 신화다. 이에 따라 베다 신화의 신들은 일부 신을 제외하고는 계보가 정립되어 있지 않지만 힌두교 신화의 신들은 후대에 고안된 것으로 대체로 계보가 분명하다.

고대인에게 가장 중요한 것은 아무래도 물질적 풍요였을 것이다. 이에 따라 자연을 신으로 섬기는 신앙은 고대인의 공통점이었다. 네 종류의 《베다》 중에서 가장 중요하고 방대한 《리그베다》에도 그러한 흔적이 있다. 실제로 《리그베다》에는 자연 현상을 인격화한 인드라, 아그니, 소마, 바루나, 수리아, 미트라 등의 신들을 찬양하며 노래하는 내용이 가장 중요한 부분을 차지하고 있다.

인드라는 베다 신화의 신들 중에서 가장 많이 찬양받는 신으로, 어떤 자연물이나 현상을 의미하는지는 분명하지 않으나 흔히 천둥의 신으로 불린다.

아그니는 불의 신이다. 아그니의 불은 태양광, 번개, 제사의 성화 등을 의미하며 악마를 태워 죽이거나 제물을 태워서 정화시키는 역할을 했다. 《리그베다》가 신에게 제물을 바치고 찬양하는 예식을 기록한 것이니만큼 아그니의 역할도 중요했다.

소마는 원래 어떤 식물 줄기의 즙에 우유 등을 섞은 환각성 음료로서, 신들에게 바치는 거룩한 제삿술이던 것이 신으로 숭배된 것으로 보인다.

《리그베다》에서 바루나를 독립적으로 찬양하는 경우는 많지 않으나 미트라와 함께 찬양하는 경우는 많이 보인다. 바루나는 우주의 질서와 인륜의 법도를 지배하는 사법신으로, 규칙을 위반하는 자를 벌했다. 그리고 하늘과 물의 신으로도 숭배되었던 것 같다.

수리아는 《리그베다》에서 여러 번 찬양되는 태양신이다. 그는 일곱 마리의 말이 끄는 황금 전차를 타고 하늘을 질주하며 빛을 내뿜는 모습으로 그려졌다.

미트라는 계약 또는 친구를 의미하며 B.C. 14세기에 히타이트와 미탄니 사이의 평화 조약에서 조약을 증거하고 유지하는 신으로 등장했다. 미트라는 이란 인, 조로아스터교도, 페르시아 인, 로마 인에게도 숭배의 대상이 되었다.

아리아 인이 인도 전역으로 퍼져 나가면서 사상도 변했다. 즉 베다 신화에서 물질적 풍요를 기원하는 목적으로 자연 현상을 인격화한 신들이 퇴조하고, 힌두교의 브라흐마, 시바, 비슈누의 삼신 체제가 확립되었다. 또 의례적인 제사 중심의 종교로 바뀌고 인간 내면의 성찰로 관심이 바뀌게 되었다. 그러한 정신적 활동은 인도에서 발생한 여러 종교에 깊은 흔적을 남기게 되었다.

중국

누런 물의 나라 B.C. 5000년경부터 황허 강 중하류 유역에서는 황토 퇴적 지역을 중심으로 사람들이 정착하기 시작했다. 그들은 조, 수수, 기장 등을 재배하고 돼지와 같은 가축을 기르기 시작했으며, 신석기를 사용했다. 이렇게 형성된 문명이 황허 문명이다.

황허 강 유역의 연평균 강수량은 400~800밀리미터로 비교적 적고, 토질은 물이 잘 스며들지 않는 황토다. 농사에는 그리 좋지 않은 조건임에도 불구하고 중국의 문명이 양쯔 강이 아닌 황허 강 유역에서 일어난 이유는 무엇일까? 양쯔 강 유역은 신석기 시대에는 현재보다 기온이 높고 강수량이 많아 크고 작은 호수와 늪지가 산재하고 삼림이 무성한 저습지였지만, 황허 강 유역은 대륙성 기후로 양쯔 강 유역보다는 건조한 데다가 비옥한 황토가 퇴적된 충적토 지대가 형성되어 있었다. 황허 강 유역에 퇴적된 황토는 천연 유기물을 함유하고 있어 농사에 유리했을 뿐만 아니라 굴을 파서 주거로 활용하기 쉬웠기 때문에 원시인들이 정착하여 부락을 만들 수 있는 또 다른 환경도 제공했다.

최근에 와서 황허 강 유역이 문명의 발상지 중 하나인가에 대해 의문이 제기되고 있지만, 적어도 문명의 중심에서 멀리 떨어져 있었던 곳은 아님이 분명하다. 따라서 중국의 신화에서 황허 강과 관련된 이야기가 많은 것은 자연스러운 일이다.

황허 강은 티베트 고원에서 발원하며, 맑고 깨끗한 상류의 물은 중국 중북부의 황토 고원을 지나면서 누렇게 변한다. 하류로 갈수록 황허 강의 물길은 변화무쌍하여 강가에 정착할 수밖에 없는 고대인을 괴롭혔다. 마치 거대한 용이나 이무기처럼 고대인이 힘들여 경작해 둔 조, 벼와 같은 농작물을 덮치고 목숨까지 빼앗아 가기 일쑤였다.

황허 문명은 황허 중류의 후난 성의 양사오를 중심으로 한 양사오 문화와 그 뒤를 이은 산둥 성의 룽산전을 중심으로 한 룽산 문화 두 가지로 나뉜다. 양사오 문화를 대표하는 것은 채색 토기이고 룽산 문화

황허 강과 유적지 황허 강은 티베트 고원에서 발원하여 중국을 동서로 가로질러 서해로 흘러 들어간다. 황허 강 유역에는 고대인이 남긴 유적과 유물이 많이 발견되어, 4대 문명 발상지 중 하나로 간주된다.

를 대표하는 것은 흑색 토기다.

B.C. 2000년경, 룽산 문화 시대에 도시 국가가 형성되기 시작했다. 이 시대에 삼황오제라고 하는 8명의 반신반인의 지도자들이 차례로 나타나 도구를 만들고 농사짓는 방법을 가르치고 치수 사업을 지휘했다. 삼황과 오제는 모두 신화 시대의 인물로 간주되며 실존 여부는 알 수 없다. 뿐만 아니라 삼황오제가 누구인가에 대해서도 문헌에 따라 견해가 일치하지 않는다. 《사기》[8)]에는 삼황에 대한 언급은 없이 황제, 전욱, 제곡, 요, 순이 오제라고 했지만, 《십팔사략》[9)]에서는 복희, 신농, 황제가 삼황이고 소호, 전욱, 제곡, 요, 순이 오제다. 그 외에 복희나 여와를 삼황에 포함시키는 경우도 있어 요와 순을 제외한 나머지 인물들은 삼황 혹은 오제 어느 쪽에 속하는지 분명히 알 수 없다.

삼황오제 중에서 가장 숭배를 받는 이는 황제로서, 신하를 시켜 문자를 발명하게 하고 의식주에 관여하는 모든 기술을 발명한 신적인 존재였다. 그는 천체 운동을 관측하여 역법도 제정했다고 한다.

삼황오제를 이은 지도자가 우다. 우는 수로에 물을 대고 홍수를 방제하는 등 황허 강의 치수에 성공하여 최초의 세습 왕조인 하 왕조를 개국했다고 한다. 그러나 중국인을 제외한 대부분의 사학자들은 하 왕조까지를 신화 시대로 본다.

기록의 나라

한자는 언제 어떻게 만들어졌을까? 신화에서는 황

8) 한나라 사마천(B.C. 145?~B.C. 86?)이 저술한 역사서로, 이후 저술된 동양 사서의 표준이 되었다.

9) 원나라 증선지의 역사서.

제의 사관인 창힐이 동물의 발자국을 본떠 한자를 창안했다고 하지만, 문자의 역사가 그렇게 한순간에 시작되었다고 보기는 어렵다. 처음에는 작은 집단 내에서 사용되는 문자가 만들어지고, 집단 사이의 교류와 함께 문자까지도 교류되어, 마침내는 민족 단위와 같은 비교적 규모가 큰 집단 내에서도 통용되는 문자 체계가 형성되었을 것이다.

이런 과정으로 만들어진 중국 문자는 중국 최초의 역사적 왕조인 상 왕조 초기에 등장하며 그 시기는 B.C. 1700년경이다. 당시의 문자는 거북의 등딱지나 소와 같은 동물의 뼈에 날카로운 도구로 긁힌 자국으로 남아 있으며, 그 내용으로는 일상적인 기사도 있지만 국가의 중대사에 대한 신의 말씀을 듣기 위해 신에게 보내는 질문도 있다. 신의 말씀을 듣기 위한 경우, 고대 중국인은 껍데기와 뼈에 질문 내용을 기록한 후 불에 구워서 갈라진 모습을 보고 점을 쳐서 해답을 구했다고 한다. 이렇게 귀갑이나 수골에 새겨진 문자를 '갑골문자'라고 하며, 현재까지 발견된 이들 문자의 수는 4,600여 자에 달한다. 그중에는 현재 사용되는 한자의 원형도 있지만 그렇지 않은 것도 있다. 그런데 갑골문자는 갓 고안된 것이 아니고 이미 상당히 정제된 형태이므로 최초의 문자는 그보다 훨씬 이전에 고안되었음이 분명하다.

중국인은 마치 기록을 위해 태어난 것처럼 어느 민족보다도 많은 기록을 남겼다. 역사, 문학, 철학, 사상, 잡학 등 여러 분야에 걸쳐 그들이 남긴 문서는 셀 수 없을 정도로 많다. 처음에는 갑골, 청동기, 돌 등을 기록 매체로 사용했으나 나중에는 휴대와 보관이 편리한 목간이라고 하는 대나무 쪽을 사용했다. 그런데 중국인의 기록이 현재까지 많이 전해질 수 있었던 것은 그들이 많은 기록을 남기기도 한 이유도 있지만, 종이의 발명이 크게 기여했다. 종이는 한나라 시대인 105년경

채륜이 나무껍질과 천 조각을 사용하여 만들었다고 한다. 신화를 포함한 중국인의 수많은 기록은 이 종이에 필사되어 후대로 전해졌다.

갑골문자 B.C. 1700년경에 거북의 등딱지에 새겨진 초기의 한자다. 고대인은 주문을 새긴 귀갑을 불에 구워, 갈라진 형태로부터 국가의 중대사에 대한 하늘의 대답을 얻었다.

중국의 신화는 역사서, 철학서, 문학 작품, 지리지 등의 다양한 형식의 기록에 포함되어 전해 내려왔다. 그러한 서적 중에서 많은 신화가 기록된 것으로는 《산해경》, 《회남자》[10] 등이 있다. 그중 《산해경》은, 언제 누가 저술했는지 분명하지는 않으나 지리, 사회, 역사, 종교, 철학 등의 광범위한 내용을 포함한 신화의 보고라고 할 수 있다. 이들 서적 이외에도 중국의 신화는 많은 곳에 산재되어 있다.

다민족 신화

중국은 여러 종족과 민족으로 구성된 다민족 국가로서 신화에도 그러한 영향이 보인다. 즉 다양한 근원의 신화가 합쳐져 중국의 신화가 된 것이다.

그러나 중국에는 그리스의 호머와 같은 신화의 편집자가 없었다. 그 때문에 단편적으로 존재하던 신화들이 용융되어 짜임새 있는 형태가 되지 못한 채 어수선한 모습으로 전해지고 말았다.

중국의 신화에서는 복희가 중국인의 시조로 등장한다. 그는 고대 동이족, 즉 중국의 동방에 있는 부족들의 우두머리였으며, 지금의 간쑤

10) 한나라의 회남왕 유안(B.C. 179~B.C. 122)이 저술한 일종의 백과사전.

성에서 태어나 150년간 재위하다가 후난 성에서 죽었다고 한다. 실존 여부가 확인되지 않음에도 장지는 후난 성에 있다고 한다. 그는 사람의 머리에 뱀 혹은 용의 몸을 가진 것으로 그려지는데, 아마도 그의 부족이 가진 토템 신앙과 관계가 있을 것이다.

복희는 음양의 변화 원리에 근거를 둔 팔괘, 즉 8종의 부호를 창제하여 만물의 변화를 설명하거나 예측했다고 한다. 건, 곤, 감, 이, 간, 진, 손, 태의 여덟 부호들은 각각 하늘, 땅, 물, 불, 산, 천둥, 바람, 늪을 나타낸다. 복희는 이 팔괘를 이용하여 길흉화복을 점치고 그 결과를 하늘의 뜻으로 이해했다. 팔괘에 깃들어 있는 음양의 조화와 그에 따른 세상의 변화는 주역의 기초가 되었고, 중국 철학, 나아가 동양 철학의 모태가 되었다.

현실 생활에서도 복희는 중국인이 원시 상태에서 문명 시대로 진입할 수 있도록 길을 열어 준 개척자다. 예를 들어 그는 거미줄에서 힌트를 얻어 그물을 만들어 사람들에게 고기 잡는 법을 가르쳤고 가축을 기르는 방법도 가르쳤다. 그는 또한 악기를 만들고 작곡도 한 만능 영웅이었다.

복희 중국인의 시조로 생각되는 반신반인의 인물이다. 머리는 사람이지만 몸은 뱀 혹은 용으로 그려졌다.

복희의 신하로는 나무의 신 구망이 있었는데 그는 손에 컴퍼스를 들고 복희와 함께 봄을 주관했다. 구망은 사람의 얼굴에 새의 몸을 하고 있었는데, 그의 이름은 봄에 나는 새순이 꼬부라져 까끄라기가 돋아 있는 모습에서 비롯되었다. 따라서 복희와 구망은 봄과 생명의 소생을 상징한다고 할 수 있다. 구망이 가진 컴퍼스는 그가 여러 가지 기술을 가진 장인이었음을 상징한다. 실제로 그는 사람들에게 복희의 어망을 활용하여 새 잡는 방법을 가르쳤다고 한다.

여와는 출신을 알 수 없는 여신이었으나 후대에 복희의 누이가 되어 결혼까지 한다. 결국 이들이 중국인의 시조가 된 셈이다. 그녀는 인간을 창조하고 무너진 하늘을 바로 세우는 등 인간에게 이로운 일을 하여 그리스 신화의 프로메테우스를 연상시킨다.

복희와 여와는 실존 여부가 의문시되어 《사기》에 기록되지 않은 반면, 오제는 실존 인물로 취급되어 기록되었다.

오제 중의 첫 번째 임금인 황제는 의식주에 관련된 대부분의 근본 기술을 발명했다. 즉 불을 일으키는 기술과 의복을 만드는 기술, 샘을 파고 집을 짓고 배와 수레를 만드는 기술을 고안해서 백성에게 가르쳤다. 중국인 대부분이 스스로를 황제의 자손이라고 믿고 있을 정도로 황제는 실존에 가까운 존재였다. 기술적인 측면 이외에 황제는 사관을 시켜 문자를 창제하도록 했다고 한다. 복희의 팔괘도 황제가 고안한 것이라는 설도 있다. 황제의 '황'은 누렇다는 뜻을 지니며 황허 강과 같은 주변 환경의 색상과 무관하지 않다고 보는 견해도 있다.

소의 머리를 한 반인반수의 신 염제는 황제와 동시대의 인물로서 농업 기술과 약제로 질병을 치료하는 의술을 가르쳐 때로는 신농으로 불리기도 했다. 염제는 불의 신으로 숭배되었는데, 이는 화전에 의한 농업 기술을 도입했기 때문으로 추정된다. 결국 염제는 농업과 의술의 신인 셈이다. 오늘날까지 전해지는 동양 의학은 바로 염제로부터 시작한 것이다. 신화에서는 염제가 황제로 대체되는 것으로 묘사되는데, 고구려 분묘[11)]의 벽화에서 염제가 소머리를 한 채 벼와 약초를 쥐고 있는 것으로 보아 그는 동방의 농업과 약제의 신이었으나 중앙의 황제

세력에게 밀려난 것으로 추정된다.

신화에서 황제는 염제뿐만 아니라 치우라는 악신을 몰아내거나 죽이는데, 이는 정치적인 통일의 의미도 있지만 묵은 해가 가고 새해에 새로운 생명이 태어나는 자연의 순환 과정을 의미하는 것일 수도 있다. 즉 황제가 치우를 죽이는 것은 그 해의 마지막인 겨울에 식물이 시들어 죽고 새해에 새싹으로 태어난다는, 인류가 알게 된 자연의 순환 과정을 의미한다는 것이다.

---

11) 중국 지안에서 발굴된 5회분 5호묘.

한반도와 주변 지역

잃어버린 신화

우리 조상의 활동 무대는 한반도와 만주 지역이다. 북쪽에서 이주해 온 우리의 조상은 만주 지역을 무대로 활동하기 시작했으나 정주민의 규모가 크지는 않았던 것 같다. 결과적으로 4대 문명과 같은 위대한 문명은 이룩하지 못했으나 주변 문물을 받아들여 인근의 문명 중심지 역할을 했다. 최근에는 요동 지방에서 중국의 본토보다 오히려 더 이른 시기에 형성된 것으로 보이는 청동기 문명의 흔적이 발견됨에 따라 고대 요동인이 아시아 문명을 주도했다고 보는 견해도 제기되어 우리 민족의 역할을 무시할 수는 없게 되었다. 그러나 우리 민족 최초의 역사 시대 국가인 고구려가 사라졌을 뿐만 아니라 그를 계승한 나라도 없어져서 전해지는 자료도 상당히 제한적이다.

비슷한 시기에 한반도에는 삼한이 존재했으며 그들을 이어 신라와 백제가 건국되었다. 이들 국가가 남긴 신화도 있으나, 난생 신화 등과 같은 대륙의 남방 신앙이 전해진 흔적이 있다.

그러나 고대 한반도는 문명의 중심지도 아니고 사람이 많이 산 곳도 아니었기 때문에 우리 신화를 서양 신화에 비교하는 것은 무리일 것이다. 일부 존재하고 있는 것은 구전 형식으로 내려온 전설이나 민담 수준에 불과하다. 그나마도 체계가 없을 뿐만 아니라 후대의 위작 및 첨작의 느낌이 들고, 불교적인 이적 행위를 중심으로 한 내용들이 많다.

중국 문헌의 영향 | 우리의 고대 역사를 제대로 말해 주는 가장 오래된 기록은 불과 730여 년 전에 쓰인 《삼국유사》[12]다. 《삼국유사》에는 환인의 아들 환웅이 인간 세계로 하강하여 풍백, 운사, 우사 등의 신하를 거느리고 인간 세상을 다스리다가, 사람으로 변신한 곰과 혼인하여 단군을 낳았고, 이렇게 태어난 단군이 우리 민족의 조상이 되었다고 기록되어 있다.

환인을 하늘로 해석하면 단군 신화는, 아시아 북방 유목민에게 흔한 천손 신화 중의 하나로 볼 수도 있다. 그러나 신화에 나타난, 저자 일연의 직업관에 의한 불교적인 색채가 내용의 진위를 판단하기 어렵게 만든다. 설상가상으로 단군 신화에는 중국의 영향을 짐작케 하는 대목들이 눈에 띈다. 먼저, 환웅이 거느렸다는 풍백, 운사, 우사 등은 중국의 황제와 치우의 신화에 등장하는 관직 이름들이다. 또한 《사기》 등의 기록에 의하면 황제가 유웅씨 부락 출신이라고 했고, 《진서》[13]에 의하면 만주의 선비족도 자신의 조상이 유웅씨라고 했다. 단군 신화에서 환웅이 곰을 사람으로 변신시킨 뒤 혼인했다는 대목도 이와 유사하다고 보는 것이 옳을 듯하다. 이와 같이 여러 민족이 곰을 조상이라고

12) 고려 충렬왕 때의 승려 일연(A.D. 1206~1289)이 저술한 사서.

13) 당나라 방현령(A.D. 578~648)이 편찬한 사서.

생각했다는 기록은 힘이 센 곰을 숭배한 고대 동북아 부족들의 공통적인 토템이즘의 산물이라고 하는 것이 가장 합리적인 설명일 것이다. 게다가 《사기》에는 황제가 치우와 싸울 때 호랑이와 곰 등을 훈련시켜 전투에 이용했다는 기사도 있다. 이런 점들을 모두 고려하면 단군 신화를 우리만의 고유한 신화로 보기에는 무리가 있다.

《삼국유사》에는 고구려의 시조인 주몽의 탄생 신화도 자세히 기록되어 있다. 이를 요약하면 다음과 같다. 동부여의 왕 금와가 유화라는 여자를 발견했는데, 유화는 자신이 하백의 딸이지만 천제의 아들 해모수와 통정하는 바람에 집에서 쫓겨났다고 했다. 금와는 유화를 방에 가두었다. 그러나 햇빛이 그녀를 따라가면서 비추었고, 그 결과 그녀는 큰 알을 낳았다. 그 알에서 아들이 태어나니 그가 바로 주몽이다. 그러나 주몽의 출중한 능력을 시기한 금와의 아들이 주몽을 죽이려 했기 때문에 주몽은 도망해야만 했다. 도망가던 주몽이 엄수에 이르러 길이 막혔으나 자신의 출생 신분을 고하자 고기와 자라 들이 다리를 만들어 강을 건널 수 있게 해 주었다. 주몽은 졸본에 자리를 잡고 고구려를 세웠다.

주몽 신화도 중국 자료의 영향과 관련한 논란으로부터 자유롭지 못하다. 《삼국유사》에 금와가 해부루의 양아들이며 해부루는 해모수의 아들이라는 기사가 있다. 그러면 유화는 금와의 조모 항렬이며 주몽은 아버지 항렬이 되는 셈이다. 촌수가 부자연스럽긴 하지만 주몽이 부여계라고 보는 데에는 별 문제가 없을 것 같다. 따라서 고구려가 북부여와 동부여 등 부여의 건국 신화를 이어받는 것은 충분히 예견되는 일이다. 실제로 《삼국유사》보다 1,200여 년이 앞서 저술된 《논형》[14]에 의하면, 주몽의 탄생 및 건국 신화가 부여를 건국한 동명의 신화와 매우 유사하다. 일연이 어떤 자료를 근거로 주몽 신화를 《삼국유사》에 기록했는지는 잘 알 수 없으나, 우리 고유의 자료가 남아 있지 않은 반면 《논형》과 같은 오래된 중국 측 자료에 우리 신화와 유사한 것이 있는 점은 매우 불행한 일이다. 우리 신화의 독창성을 주장할 수 있는 근거가 약해지기 때문이다.

이와 같이 우리의 대표적인 신화인 단군 신화와 주몽 신화조차 중국 문헌의 용어, 형식, 내용과 무관하다고 할 수 없다. 아무래도 본격적인 신화는 문명의 중심지에서 탄생한다는 일반적인 틀을 벗어나기가 어려운 것으로 보인다. 그러므로 우리 신화로부터 서양 신화와 같은, 다양하고 짜임새 있는 내용을 기대하는 것은 과욕이라고 생각된다.

---

14) 후한 왕충(A.D. 27~97)이 '사물을 논하고 그 가치를 판단한다'는 뜻으로 저술한 사상서.

제2장

부활

삶에는 고통이 따른다. 현대인에게도 그러한데 먹을 것과 입을 것까지 매일 걱정하며 살았던 고대인에게는 삶 자체가 고통이었을 것이다. 그럼에도 불구하고 그들은 살아남았다. 그들을 지켜 준 힘은 무엇이었을까?

고대인을 지켜 준 힘은 오늘보다는 내일이 낫고 내일보다는 모레가 나을 것이라는 희망이었다. 그렇기 때문에 고대인은 오늘의 삶이 아무리 고통스러워도 참고 기다렸다.

고통 속에서도 인간을 지켜 주는 힘, 그 희망은 어디에 뿌리를 두고 있는 것일까? 만일 평생을 두고 생활 환경이 나빠져만 간다면 인간은 더 이상 희망을 가지지 않을 것이다. 그러나 사람들이 체험한 것은 자연 현상이 비교적 주기적으로 반복된다는 사실이다. 즉 어둠이 가면 광명이 오고, 추운 겨울이 가면 따뜻한 봄이 오고, 메마른 시절이 가면 비가 내리는 계절이 온다는 것을 배웠다. 만일 빛이 사라져 다시는 오지 않거나, 한번 언 땅이 다시는 풀리지 않거나, 가뭄으로 땅이 갈라진 후 다시는 비가 오지 않는다면 인간들은 더 이상 희망을 가지지 않았을 것이다. 그러나 인간이 배운 것은 자연 현상이 어느 정도는 규칙성을 가지고 반복된다는 것이다.

고대인은 이렇게 반복되는 자연 현상을 신의 죽음과 부활에 의한 것으로 보았다. 특히 고대인의 가장 큰 관심거리인 농업을 관장하는 농경의 신이 인간과 함께 지상에 있을 때는 풍요가 있고 그가 사라지면 기아에 허덕이게 된다고 생각했다. 그러나 계절과 같은 농경의 조건은 반복적으로 일어나기 때문에 고대인은 이를 농경의 신이 죽었다가 부활하는 것으로 해석하고 그의 부활을 손꼽아 기다렸을 뿐만 아니라 적극적으로 부활을 기원하는 축제와 제사를 지내기도 했다. 그러한 의식의 흔적은 여러 문서에 남아 고대인의 자연관을 엿볼 수 있게 해 준다.

지하 세계로 납치된 여신

전형적인 지중해성 기후에 속하는 그리스에는 여름에 비가 거의 오지 않는다. 6월부터 9월까지 거의 넉 달에 걸쳐 바다 건너 아프리카 사막에서 뜨겁고 메마른 바람만 불어와, 산과 들에 있는 식물들은 말라 비틀어져 간다. 열기는 10월이 되면 식는데, 그 달의 중순 3일 동안 고대 그리스의 여러 도시에서는 '테스모포리아' 라고 하는 축제가 열렸다. 특이한 것은 축제에 참여한 사람이 모두 여성, 그것도 기혼 여성이었다는 점이다. 농사는 물론 아이를 돌보고 음식을 만들고 베를 짜는 등 먹고 사는 일에 여념이 없었던 여인들이 가사를 제쳐 두고 모두 축제에 참석한 것은 그것이 신성한 종교적인 의무였기 때문이다. 이에 따라 남편은 아내를 테스모포리아에 반드시 보내야 할 뿐만 아니라 필요한 경비도 부담해야 했다.

축제에서 가장 중요한 행사는 여인들이 구덩이를 둘러싸고 손뼉을 치며 노래를 부르는 가운데 구덩이에서 이미 죽어서 부패한 새끼 돼지와 뱀, 남성의 고환 등을 건져 내어 농작물의 씨앗과 함께 땅에 묻는 일이었다.

그리스의 모든 기혼 여성을 불러 모을 만큼 중요한 이 축제의 목적과 기원은 어디에 있을까? 언제부터인지는 알 수 없으나 고대 그리스 인은, 비가 잘 내리지 않는 메마른 여름은 대모신[15]이 사랑하는 딸을 지하 세계로 보내고 슬퍼하는 시기이고, 비가 내려 작물이 자라는 가을, 겨울, 봄은 지하 세계로부터 딸을 되찾아 기뻐하는 시기라고 생각했다.

여인들이 구덩이에서 건져 올린 것들을 씨앗과 함께 땅에 묻는 것은 다산을 기원하는 행위였다. 고대 그리스 인은 습기를 머금은 바람이 불어오는 10월이 되면 밀을 파종해야 할 때가 왔음을 알았다. 그리고 다가오는 겨울과 봄에는 메마른 땅을 적시고 작물이 자랄 수 있게 비가 온다는 사실도 알았다. 그들은 주기적인 계절의 변화가 신비했고 혹시라도 비가 적게 내려 농사를 망쳐 굶주리지 않을까 두려워했다. 그러한 염려가 바로 테스모포리아라는 축제로 승화되었다. 즉 파종 시기인 10월이면 기혼 여성들이 신성한 장소에 모여 딸을 잃고 슬퍼하다가 다시 되찾아 즐거워하는 여신을 흉내 내어, 자연 현상의 주기가 어김없이 되풀이될 것을 기원했던 것이다. 고대 그리스 인이 숭배한 대모신과 딸이 바로 데메테르와 코레이고, 테스모포리아의 여인들은 두 여신의 이별과 상봉 과정을 흉내 냄으로써 농산물과 자손의 다산을 기원했다.

그리스 신화의 데메테르는 제우스의 누이다. 이들 남매 사이에 코레라는 딸이 있었는데 제우스는 자신의 딸인 코레를 임신시켜 아들까지 낳았다. 그 때문에 제우스는 코레를 볼 면목이 없었다. 그래서 어디론가 보내 버리고 싶던 차에 지하 세계의 왕인 하데스가 코레를 탐내고

15) 모든 신들의 어머니.

있다는 것을 알았다. 하데스는 데메테르의 동생이자 제우스의 형이었다. 제우스는 코레를 하데스에게 주어 지하 세계로 보내 버리기로 작정했다. 그러나 코레의 어머니인 데메테르가 장애물이었다. 데메테르는 코레를 끔찍이 사랑하여 한시도 떨어지지 않으려고 했다. 그러자 제우스가 하데스에게 코레를 납치할 방법을 가르쳐 주었다. 제우스의 계략에 따라 어느 날 코레가 들에서 꽃을 따려고 허리를 굽히는 순간, 갑자기 땅이 열리고 전차를 탄 하데스가 나타나서 코레를 납치해 사라져 버렸다. 워낙 순식간에 일어난 일이라 아무도 그 광경을 목격하지 못한 것 같았다. 비통해하던 데메테르는 아흐레 밤낮을 코레를 찾아다녔지만 아무도 코레의 행방을 알지 못했다. 마지막으로 하늘에서 모든 것을 내려다보는 태양신 헬리오스에게 물었다.

"코레는 하데스가 잡아갔어요. 그리고 제우스가 협조했고요."

헬리오스의 말을 듣고 데메테르는 지하 세계로 가서 하데스에게 코레를 돌려줄 것을 요구했다. 그러나 코레는 이미 하데스와 결혼하여 페르세포네라는 이름의 왕비가 되어 있었다. 데메테르는 간청했다.

"동생, 내 딸 코레를 돌려줘."

그러나 하데스는 누나의 부탁을 거절했다.

빈손으로 돌아온 데메테르는 제우스와 하데스의 행실을 괘씸하게 생각하고 자신의 업무를 중단, 즉 파업을 시작했다. 데메테르는 밀 농사를 관장하는 여신이었는데 데메테르가 파업을 하니 인간들은 주식인 밀이 생산되지 않아 아우성을 쳤다. 인간들의 원성을 접한 제우스는 코레를 돌려주는 길밖에 없다고 생각하고 하데스에게 의향을 물었다. 그러나 제우스의 말이 끝나기도 전에 하데스는 거절했다.

"무슨 소리야? 코레는 이미 내 왕비야. 안 돼, 돌려줄 수 없어. 뿐만 아니라 코레는 이미 지하 세계의 석류까지 먹었단 말이야!"

지하 세계에서 음식을 먹으면 그곳에 완전히 속하게 되어 영원히 나갈 수 없다는 규칙이 있었는데 그 사실을 알고 있었던 약삭빠른 하데스는 미리 석류 세 알을 코레에게 먹여 두었던 것이다. 제우스도 그 규칙까지는 어쩔 수 없어 궁리를 하다가 한 가지 제안을 했다.

데메테르 고대 그리스의 대모신으로 딸 코레와 함께 다산과 풍요를 상징한다. 사진은 작물과 뱀을 들고 있는 데메테르의 모습으로 B.C. 3세기경에 만들어진 테라코타다.

"형님, 그 애가 1년의 3분의 1 동안은 지하 세계에 있고 나머지 3분의 2 동안은 제 어미 곁에 있게 해 줍시다."

하데스는 코레를 독점하고 싶었지만 신들의 왕인 제우스의 제안까지 무시할 수는 없어서 마지못해 승낙했다. 그래서 코레는 6월부터 9월까지 4개월은 지하 세계에 머무르다가 10월부터 다음 해 5월까지 8개월은 지상 세계에서 어머니 품에 있게 되었다. 그래도 데메테르는 화가 풀리지 않았고 부분 파업을 계속했다. 데메테르는 코레가 지하 세계에 있는 동안에는 아무 일도 하지 않았다.

코레의 주기적인 여행은 무엇을 상징할까? | 데메테르는 고대 그리스의 곡식, 특히 밀의 여신으로, 고대인은 그녀가 밀의 파종, 재배, 수확 등을 모두 주관한다고 믿었다. 따라서 그녀가 파업을 한다는 것은 바로 밀 경작이 제대로 되지 않는다는 것을 의미한다. 코레가 가을에 지상 세계로 나왔다가 여름에 다시 지하 세계로 들어간다는 것

은 밀 경작 과정의 주기를 말하는 것으로, 가을에 파종했다가 봄에 수확하는 것을 의미한다.

지중해 연안은 비교적 건조한 곳이다. 특히 코레가 지하 세계에 있는 여름의 4개월 동안 지중해 연안은 뜨거운 햇빛만 내리쬘 뿐 비가 내리지 않아 땅이 말라 갈라지고 식물이 죽어간다. 이렇게 건조하고 뜨거운 시기를 고대인은 코레가 지하 세계로 가고 데메테르가 아무 일도 하지 않는 시간으로 표현한 것이다.

신화에서 데메테르와 코레는 제우스와 혈연관계를 맺고 있지만 두 여신은 제우스와 같은 올림포스의 신들이 전래되기 훨씬 이전부터 그리스 선주민이 신봉한 것으로 보인다. 그러다가 그리스가 새로이 이주한 종족에 의해 지배를 받게 되었을 때 그들이 가지고 온 올림포스 신들의 계보 속으로 편입된 듯하다.

왜 하필 석류였을까?

석류는 이란 주변 지역이 원산지이며 일찍이 다른 지역으로 전래되어 지중해 근처에서도 옛날부터 재배되어 왔다. B.C. 2세기경에는 중국에 수입되었고 우리나라에는 중국을 통해 유입되었을 것으로 추측된다.

석류에는 포도당, 과당과 같은 단맛을 내는 당질과, 신맛을 내는 시트르산 외에 비타민 등이 들어 있다. 최근에 석류가 여성, 특히 중년 여성에게 인기가 있는 이유는 여성 호르몬인 에스트로겐과 구조가 비슷한 이소플라본이라는 식물성 호르몬이 많이 들어 있다는 것이 알려졌기 때문이다. 이 호르몬은 신체 내에서 유사 에스트로겐으로 변화해서 에스트로겐 분비량이 저하되는 폐경기 여성의 신체 내에서 에스트로겐을 보충해 준다.

에스트로겐은 자궁 내벽을 성장시켜 수정란의 착상이 쉽도록 해 준다. 따라서 임신에는 필수적인 호르몬이다. 그러나 폐경기에 접어들면 그 분비량이 감소하기 때문에 폐경기 여성들에게는 안면홍조, 우울증, 골다공증과 같은, 이른바 갱년기 증후군이 나타난다. 이런 증상을 치료하기 위해 인공적으로 합성한 에스트로겐을 복용하지만 유방암과 같은 부작용이 염려되고 있다. 이에 따라 합성 에스트로겐을 대체할 천연 에스트로겐이면 그러한 위험이 없을 것이라는 생각에서 석류는 매력적인 건강보조제로 여겨지고 있다.

석류에 많이 들어 있는 이소플라본은 체내에서 에스트로겐과 유사한 역할을 하는 유사 에스트로겐으로 변화한다. 350그램 정도의 석류 한 개 속에 들어 있는 이소플라본의 양은 약 6밀리그램으로, 다른 과일과 비교하면 많다고 할 수 있다. 그러나 흔히 접할 수 있는 대두(일반 콩) 1킬로그램에는 이소플라본이 1,000밀리그램 정도 들어 있어 무게 비로 따진다면 석류보다 60배나 많이 들어 있는 셈이다. 따라서 에스트로겐의 양으로만 따진다면 석류보다는 콩을 섭취하는 것이 훨씬 효율적이다. 폐경기 여성에게 필요한 에스트로겐을 석류에서만 섭취한다면 수십 개를, 그것도 씨째 먹어야 한다. 이소플라본이 씨 속에 집중적으로 들어 있기 때문이다.

일본 사람들은 외부에서 신체로 유입되는 호르몬을 환경 호르몬이라고 부른다. 환경 호르몬은 오염 물질과 같이 인체에 부정적인 영향을 끼친다는 의미를 내포하고 있다. 그러나 환경 호르몬의 정식 용어는 내분비계[16] 교란 물질이다. 내분비계 교란 물질은 체내로 유입되면 마치 호르몬처럼 행동하여 내분비계의 정상적인 기능을 방해한다.

석류 지하 세계로 납치된 코레는 석류 세 알을 먹었기 때문에 여름 동안에는 지상 세계로 돌아갈 수 없었다.

이 분류에 따르면 이소플라본도 그러한 내분비계 교란 물질 중 하나인 셈이다. 다만 그 작용을 긍정적인 측면으로만 본 것일 뿐이다. 그러나 천연이든 합성이든 에스트로겐은 발암작용을 하는 것으로 알려져 있기 때문에 폐경기 이후에도 계속 에스트로겐을 보충해 주어도 괜찮을지는 의문이다. 만일 갱년기 증후군으로 정상적인 생활이 어려울 정도라면 어떤 형태로든 에스트로겐을 보충해 주는 것이 낫겠지만 가벼운 증세에는 피하는 것이 좋다.

과학적으로만 보자면 코레에게 석류를 먹일 이유가 없다. 따라서 고대에는 석류에 어떤 특별한 의미가 있었을 것이다. 예를 들어 고대 페르시아 인은 석류를 생명의 과일, 지혜의 과일이라고 불렀다고 한다. 고대 그리스 인은 석류에 어떤 의미를 부여했을까?

하데스는 코레를 지하 세계에 붙잡아 두기 위해 석류 알을 먹였다. 코레가 먹은 석류 알의 수는 버전에 따라 다른데, 그 수가 코레가 지하 세계에 붙잡혀 있는 기간과 관련 있는 것으로 보인다. 즉 세 알이나 네 알을 먹은 것은 여름의 서너 달 동안 그녀가 지하 세계에 붙잡혀 있고 그 기간 동안 지상 세계는 뜨겁고 메말라 농경이 어려워짐을 뜻한다는 것이다. 따라서 고대 그리스에서는 석류가 여성, 다산, 풍요를 상징했

16) 호르몬을 분비하는 샘과 조직 들의 총칭.

던 것으로 보이며 그것을 먹는다는 것은 바로 지상에서 그러한 풍요로움이 사라진다는 것을 의미한 것으로 생각된다.

고대 그리스 인의 이러한 믿음도 세월이 흐름에 따라 변화했다. 언제부터인지는 알 수 없지만 그리스 인은 석류를 결혼과 관련짓게 되었다. 즉 현대 그리스 인에게는 결혼식에서 석류를 깨어 속을 보는 전통이 있는데 아이러니하게도 그것은 깨어지지 않는 결혼을 기원하기 위함이라고 한다.

여신들이 사랑한 미남 청년

식물의 생장과 죽음의 반복 과정을 상징하는 그리스 신화가 또 있다. 이번에는 아프로디테의 질투와 사랑에 관련된 신화다.

남신 중에서 제일의 난봉꾼이 제우스라면 여신 중에서는 아프로디테를 꼽을 수 있다. 아프로디테의 취향도 제우스만큼이나 광범위해서 신뿐만 아니라 인간 남성까지도 사랑했다. 그 대표적인 예가 아도니스다. 그런데 아도니스는 인간이지만 괴이한 과정으로 태어났다.

시리아의 왕 시니라스에게는 스미르나라고 하는 딸이 있었는데 왕은 스미르나가 아프로디테보다 예쁘다고 생각했다. 질투의 화신 아프로디테가 그 소식을 듣고 가만히 있을 리가 없었다. 아프로디테는 스미르나가 자신의 아버지를 사랑하도록 주술을 걸었다. 주술에 걸린 스미르나는 아버지인 왕을 속여 12일 동안이나 동침했다. 12일째 되는 날, 왕이 이를 알아채고 딸을 죽이려고 했다. 도망을 가던 스미르나는 신에게 빌었다.

"제발 살려 주세요."

아프로디테로 추정되는 그 신은 스미르나를 미르라(몰약) 나무로 변신시켜 죽음을 모면하게 해 주었다. 그리하여 스미르나는 영원히 나무로 살게 되었다. 그런데 열 달이 지나자 미르라 나무의 껍질이 벗겨지며 사내아이가 태어났다. 사람들은 그 아이를 아도니스라고 불렀다.

아프로디테의 부탁으로 지하 세계의 페르세포네가 아도니스를 키우게 되었다. 아기는 자라 아름다운 청년이 되었다. 그런데 청년이 된 아도니스의 모습에 페르세포네와 아프로디테 둘 다 반해 버리고 말았다. 아도니스를 돌려 달라는 아프로디테와 돌려주지 못하겠다는 페르세포네 사이에 시비가 붙었고, 결국에는 제우스가 중재하는 상황이 되었다. 중재안은 아도니스가 1년의 3분의 1은 아프로디테와 살고, 3분의 1은 페르세포네와 살고, 나머지 3분의 1은 아도니스 자신의 선택에 맡기기로 하는 것이었다. 그런데 아도니스는 아프로디테를 더 좋아해서 자신의 몫인 3분의 1도 아프로디테에게 주었다. 결국 1년의 3분의 2 동안 아프로디테가 아도니스를 차지하고, 나머지 3분의 1은 페르세포네의 몫이 된 셈이다.

여기까지는 아프로디테의 행운으로 보이지만 아프로디테의 연인인 아레스가 등장하면서 이야기는 반전된다. 아레스는 성질이 급하고 질투심이 강한 남신이다. 아프로디테가 아도니스를 사랑하는 것을 보자

아도니스의 출생 아도니스는 스미르나 공주가 변한 미르라 나무에서 태어나 비참한 최후를 맞았으나 해마다 많은 여인들의 기원으로 부활했다. 이 그림은 17세기 프란체스치니가 그린 유화다.

아레스는 화가 났다.

"신도 아닌 하찮은 인간이 나의 연적이라니!"

이런 경우 쌍방에게 복수를 하는 것이 일반적이지만 치사한 아레스는 연약한 인간인 아도니스만을 목표로 삼았다. 호시탐탐 아도니스를 죽일 기회를 노리다가 사냥 중이던 아도니스에게 멧돼지를 보냈다. 아도니스는 그 멧돼지에게 받혀서 붉은 피를 흘리면서 죽어 갔다. 아도니스가 죽어 가는 광경을 본 아프로디테는 몹시 놀라 급히 달려오다가 장미 가시에 발이 찔렸고 그때 흘린 피가 당시까지는 흰색이던 장미를 붉게 물들였다고 한다. 그리고 아도니스가 피를 흘린 곳에서는 아네모네가 피어났다.

아네모네로 부활하는 아도니스는 무엇을 상징할까? | 아도니스 신화는 계절에 따라 되풀이되는 식물의 성장과 죽음의 과정을 상징한다. 즉 봄에 태어난 식물은 여름까지 자라고 가을에 죽는다. 그리하여 추운 겨울에는 대지에 식물이 없게 된다. 이와 같이 1년의 3분의 2 동안 대지에 식물이 자라는 기간을 아도니스가 지상 세계에서 아프로디테와 함께 지내는 것으로, 나머지 3분의 1 동안은 지하 세계의 페르세포네와 함께 사는 것으로 표현한 것이다. 결국 아도니스는 봄, 여름, 가을에는 지상으로 나와 생활하고 겨울에는 땅속에 숨어 있는 초목의 영혼인 셈이다. 그리고 이러한 과정은 반복되기 때문에 결국 죽음과 부활의 양면성까지 가지고 있다.

아도니스 신화는 시리아에서 만들어졌으나 그리스 신화로 편입된 것이다. 아도니스의 어원인 '아돈'은 고유명사가 아니라 '주인님'이라는 뜻을 지닌 보통명사였다. 그러나 시리아의 신화를 받아들인 고대 그리스인이 잘못 해석하는 바람에 아도니스가 특별한 한 청년의 이름이 되었다. 시리아 원전은 전해지지 않지만 아마도 아도니스가 죽으면 생명이 사라지는 계절이 되고 아도니스가 부활하면 생명이 다시 태어나는 봄이 온다는 것이 그 주제일 것이다. 실제로 시리아에는 고대 도시 국가로 유명한 비블로스 부근에 지중해로 흘러 들어가는 아도니스 강이 있었다. 현재는 '나흐르 이브라힘'으로 불리는 강으로, 레바논의 산지에서 발원하여 매년 봄이면 산에 쌓여 있던 눈이 녹아 진흙탕 물이 흐른다. 고대인은 진흙으로 붉게 물든 강물을 아도니스가 흘린 피라고 생각했다. 이때 아네모네도 붉게 피는데 얼마 되지 않아 시들고 만다. 마치 바람이 불어서 꽃이 피고 또 바람에 의해서 지는 것처럼 보이기 때문에 사람들은 아네모네를 바람꽃이라고도 부른다.

아네모네 고대 시리아의 여인들은, 붉은 아네모네는 아도니스가 죽을 때 흘린 피로부터 태어난 꽃이라 생각하고 그의 죽음을 슬퍼했다.

고대 시리아 인은 매년 봄마다 아도니스를 기리는 축제를 열었다. 축제에서 여인들은 아네모네 구근을 심고 물을 주었으며, 피어난 아네모네가 시들면 아도니스가 죽은 것으로 생각해 슬퍼했다. 그러나 그들은 축제 다음 날 아도니스가 부활한다고 생각했다. 곧 봄이 무르익어 새로운 생명이 태어나기 때문이다.

이와 같이 시리아 지방, 특히 시리아의 산기슭에 살던 고대인은 계절 변화의 주기적인 자연 현상을 아도니스가 죽었다가 다시 살아오는 과정으로 생각했다. 아도니스가 없는 겨울 동안의 지상에는 사랑과 생장이 멈추고 살아 있는 생명까지도 위협을 받다가 그가 부활하면 봄이 오고 새로운 생명이 태어난다는 것이다.

그리스 신화의 코레와 아도니스에 관한 이야기는 그리스와 시리아 산기슭의 기후 차이에 의해 계절이 일치하지 않는 듯하지만 초목의 생장과 죽음이 반복되는 공통적인 현상을 나타내고 있다. 이와 같이 계절의 변화를 신 혹은 인간의 죽음 및 부활로 표현한 신화는 이보다 훨씬 더 오래전인 수메르 시대까지 거슬러 올라간다. 이야기는 금성의 여신 인안나의 결혼에서부터 시작한다.

사랑과 증오

수메르 사회에는 성혼식이라는 것이 있었다. 이것은 일반인의 결혼식이 아니라 신을 모시는 고귀한 신분의 여사제가 남자를 선택하여 신전에서 첫날밤을 보내는 의식이었다. 그리고 성혼식은 새해 첫날 열리는 축제 행사의 일부였다. 그렇게 해서 태어난 사람은 신전을 지키는 사제가 되어야 하는 운명을 가지게 되었다. 유명한 길가메시도 그렇게 해서 태어났으나 도시 국가 우루크의 지배자가 되었다. 그러나 성혼식은 후대로 오면서 지배자가 결혼을 앞둔 신부와 첫날밤을 보내는 특권의식으로 변질되었다.

여신 인안나는 최고신 엔릴의 손녀이고 남신 두무지는 자비의 신 엔키의 아들이다. 그러나 그들은 인간으로 의인화되기도 했다. 인간으로서의 인안나는 신전인 에안나에서 성혼식을 관장하는 여사제였고 두무지는 목동이었다.

신전을 지키는 여사제 인안나를 본 두무지는 사랑에 빠지고 말았다. 두무지는 인안나를 따라다니며 결혼을 하자고 졸랐다. 인안나는 자신의 가문을 은근히 자랑하며 싫다고 했다. 그러나 집요한 두무지에게 인안나의 마음이 기울기 시작했다. 두무지와 인안나의 사랑 이야기는 마치 인안나의 일기처럼 기록되어 있다.

"나 인안나는 동틀 때까지 놀았다.
하늘 신의 귀한 친구인 그와 만났다.
그이는 다가와 내 손을 잡았다.
그는 내 목을 껴안았다."

그러자 인안나는 본능적으로 방어하는 태도를 보인다.

"황소여, 저를 놓아주세요.
집으로 가야 합니다.
어머니 닌갈에게 무슨 거짓말을 해야 합니까?"

두무지의 결혼 작전은 치밀했다. 두무지는 인안나의 오빠 우투를 매수해 자기편으로 만들었다. 우투는 여동생 인안나에게 두무지와 결혼할 것을 권유한다.

"나의 여동생, 양치기와 결혼해라."
그의 버터와 우유가 참 좋더라.
양치기가 가져오는 것은 우리를 즐겁게 해 준단다."

인안나는 투정을 부린다.

"나는 양치기와 결혼하지 않을 거예요.

거친 양털이 싫어요.
나는 보리와 아마를 가꾸는 농부와 결혼할래요."

이런 말을 전해들은 두무지가 인안나를 설득한다.

"나보다 농부가 나은 게 뭐지요?
개천에서 일하는 농부가 나을 게 무엇이 있다고.
농부가 당신에게 검은 옷을 준다면 나는 검은 양을 주겠소.
그가 당신에게 흰 옷을 준다면 나는 흰 양을 주겠소.
농부가 당신에게 맥주를 따라 준다면 나는 우유를 따르겠소.
그가 당신에게 빵과 콩을 준다면 나는 치즈와 버터를 주겠소.
그래도 농부가 나보다 낫단 말이오?"

마침내 둘은 결혼식을 올리게 된다. 각계각층의 많은 하객들은 버터와 우유, 포도주, 새, 잉어 등을 가져왔고, 인안나는 목욕재계한 뒤 기름을 바르고 우아한 예복 위에 청금석의 목걸이를 걸었다. 둘은 제단에서 혼인을 신고했다. 신랑은 신부를 고생시키지 않겠다고 맹세를 했다.

인안나 아카드 왕조 시대에 점토판에 새겨진 인안나는 날개를 달고 사자를 몰고 있다. 옆에 있는 팔각형의 별도 인안나의 상징이다.

인안나와 두무지의 결혼은 무엇을 상징할까? | 인안나는 도시 국가 우루크의 주신으로 에안나라고 하는 신전에 모셔져 숭배를 받았다. 우루크는 메소포타미아의 강 하류 평야에 위치한 농업 국가였다(14쪽 그림 참조). 양치기보다는 농부를 선호한다는 인안나의 말로 볼 때, 그녀에게는 목축업보다 농업이 보다 익숙한 일상생활이었음을 알 수 있다.

신화에서 나타나는 혼인은 두 부족 간의 결합이나 제휴를 의미하는 것으로 보는 것이 일반적인 견해다. 그러므로 인안나와 양치기로 표현된 두무지의 결혼은 농업 국가인 우루크와 주변 산악 지대에 있던 목축업 국가의 연합 혹은 제휴라고 볼 수 있다. 결과적으로 농사만 짓던 우루크 사람들이 목축업까지 겸업하기 시작한 것이다. 두무지라는 이름은 수메르 왕의 계보에도 두 번 등장하지만 어부로 표현되거나 어업을 주로 하는 국가의 왕으로 등장하므로 이 신화의 두무지는 실존 왕들과는 무관한 것 같다.

한편 과학자는 이 신화를 다른 시각으로 해석한다. 혼인은 인간 사회에서 새로운 생활의 출발을 나타내는 사건이다. 인안나와 두무지의 결혼은 특정한 두 인간이 아니라 당시의 모든 인간에게 공통적으로 중요한 어떤 시작을 말하는 것은 아닐까?

고대 농경사회에서 가장 중요한 사건은 바로 계절의 변화다. 특히 당시 사람들에게는 곡식의 씨앗을 뿌리는 파종이 가장 중요한 일이었다. 파종 시기를 놓치면 그해는 굶주림을 면하기 어려웠다. 그래서 농부들은 피부로 느끼기 전에 미리 파종 시기를 알아야 했기 때문에 천체 운동의 규칙성에 주목했다. B.C. 2000년경에 수메르 인은 오랜 세월의 경험으로 해가 진 직후의 서쪽 하늘이나 해가 뜨기 직전의 동쪽 하늘에 황소자리가 나타나면 파종을 해야 한다는 것을 알게 되었다.

만일 태양에 항상 가까이 머무는 별이 있다면 그 별이 태양의 역할을 할 수도 있다. 즉 그 별과 황소자리가 같은 방향에 있을 때가 파종 시기인 것이다. 수메르 인은 금성을 그 별로 선택했다. 금성은 태양으로부터 멀리 떨어지는 법이 없다. 그 이유는 금성이 진짜 별이 아니라 지구처럼 태양 주위를 도는 행성 중 하나이며 게다가 지구보다 안쪽의 궤도를 돌고 있기 때문이다. 실제로 금성-태양 사이의 거리는 지구-태양 사이 거리의 0.7배 정도이므로 지구에서 관측했을 때 금성은 태양으로부터 47.8도 이상 떨어지지 않는다. 따라서 해가 진 직후 서쪽 하늘에 보이거나 해 뜨기 직전 동쪽 하늘에만 나타난다.

수메르 사회에서 인안나는 금성의 모습으로 나타나는 하늘의 여신이었다. 금성의 밝기는 변화하지만 대체로 밤하늘의 어느 별보다 밝게 빛난다. 이러한 금성의 특별한 모습 때문에 수메르 인은 금성을 여신으로 숭배했던 것이다. 그리고 두무지는 양치기라는 특정 부류의 사람을 가리키는 것이 아니라 인안나가 그를 '황소'라고 부르는 대목에서 황소자리를 상징하는 것으로 볼 수 있다. 즉 인안나와 두무지의 결혼은 바로 금성이 황소자리에 나타나는 특별한 천문 현상을 말하며 바로 농부들에게 파종을 해야 하는 시기가 왔음을 알려 주는 자연 현상인 것이다.

인안나를 하늘의 여신이라고 하는 것은 그녀가 우주를 지배할 수 있는 능력을 가졌음을 의미한다. 우주의 지배는 인간의 운명뿐만 아니라 인간의 운명에 영향을 미치는 각종 자연 현상을 통제함으로써 가능하다. 두무지는 목축업을 통해 인간에게 고기, 우유, 치즈와 같은 양식을 제공하는 자연의 능력을 상징한다. 그러한 목축업의 풍요는 순조로운 계절의 변화로 이루어진다. 즉 봄이 오면 새로운 초목의 싹이 돋아나 따뜻한 햇살을 받고 자라며 양과 소는 이 풀을 먹고 성장한다. 뜨거운 여름이 지나고 가을이 오면 농부들은 추수를 하고 우유를 가공하여 치즈와 버터를 만들어 저장한다. 겨울 동안 그렇게 저장된 곡식과 유제품을 먹으면서 사람들은 살아간다. 마침내 얼었던 땅이 녹고 봄이 오면 새 생명이 솟아난다. 이러한 계절의 반복적 변화의 과정 중에서 수메르 인은 파종을 하는 봄이 새해의 출발점이라고 생각했다.

황소자리가 금성에 가까이 다가오면 보이지 않게 된다. 특히 황소자리가 태양의 뒤쪽에 위치하면 전혀 보이지 않는다. 이때를 '춘분' 이라고 한다. 대부분의 고대 농경사회가 그러하듯이 수메르 시대에도 춘분이 새해의 시작이었으며 이를 축하하는 축제와 성혼식이 열렸다.

황소자리는 왜 춘분과 관련 있었을까? | 별들은 서로 비슷하기 때문에 구별이 쉽지 않다. 따라서 고대인은 별자리라는 것을 고안해 냈다. 별자리는 다수의 별들로 사람, 동물, 물체의 형상을 나타낸 것이다. 수메르 인에게 중요한 별자리는 양, 황소, 쌍둥이, 게, 사자, 전갈, 염소 등이었다.

밤하늘의 별들을 몇 시간 동안 보고 있으면 그것들이 동에서 서로 이동한다는 것을 알 수 있다. 태양도 마찬가지다. 매일 동에서 서로 진다. 천체의 이러한 운동은 지구의 자전 때문에 나타나는 것으로, '일주 운동' 이라고 한다. 고대인은 이 운동이 온갖 별자리들이 새겨진 거대한 유리구가 지구를 중심으로 돌기 때문에 나타난다고 생각했다. 이 거대하고 가상적인 유리구를 '천구' 라고 한다. 즉 옛날 사람들은, 별

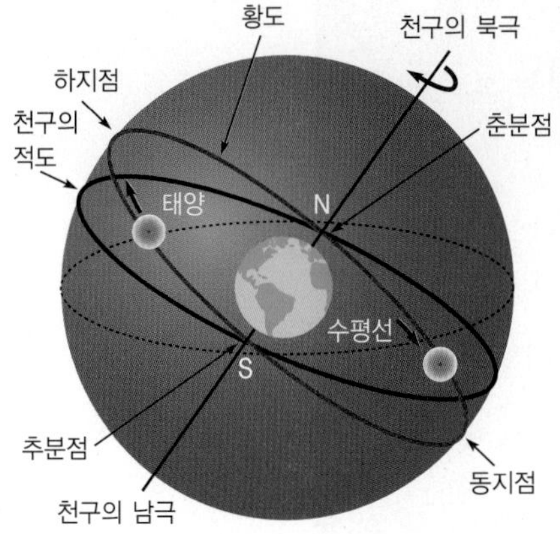

천구와 황도 천구는 지구를 중심에 둔 가상적인 거대한 구다. 고대인은 이 투명한 구에 별들이 고정되어 있고 천구가 돌기 때문에 별들이 매일 운동한다고 생각했다. 천구의 적도는 지구의 적도를 연장한 원이고 태양이 천구상을 지나가는 자취가 황도다. 지구의 자전축이 궤도 평면에 대해 23.5도만큼 기울어 있기 때문에 천구의 적도는 황도에 대해 같은 각도로 기울어 있다.

들은 천구에 고정되어 있고 매일 천구가 돈다고 생각했던 것이다. 천구라는 개념은 지구가 우주의 중심이라고 하는 케케묵은 지구 중심설의 산물이지만 현대 천문학에서도 지구를 기준으로 다른 천체의 위치와 운동을 설명할 때 유용하게 사용하고 있다.

지구는 팽이처럼 도는 자전뿐만 아니라 운동장의 트랙을 따라 돌고 있는 육상 선수처럼 태양 주위를 공전도 한다. 그 때문에 지구에서 관측한 태양과 별자리 사이의 상대적인 위치는 변하게 된다. 즉 천구에 고정된 별들을 배경으로 태양의 위치가 조금씩 서에서 동으로 이동하는 것이다. 물론 천구상의 태양의 경로를 추적해 보면 1년 후에는 제자리로 돌아오게 된다. 이렇게 지구의 공전 때문에 태양이 마치 천구상의 별들 사이를 지나가는 것처럼 보이는 것을 '연주 운동'이라고 한다. 태양의 연주 운동에 의해 천구상에 원이 하나 그려지며 이를 '황도'라고 한다. 즉 황도는 천구상에 태양이 1년 동안 그리는 경로다. 태양은 이 원을 따라 매일 조금씩 서에서 동으로 운동하는 것처럼 보인다.

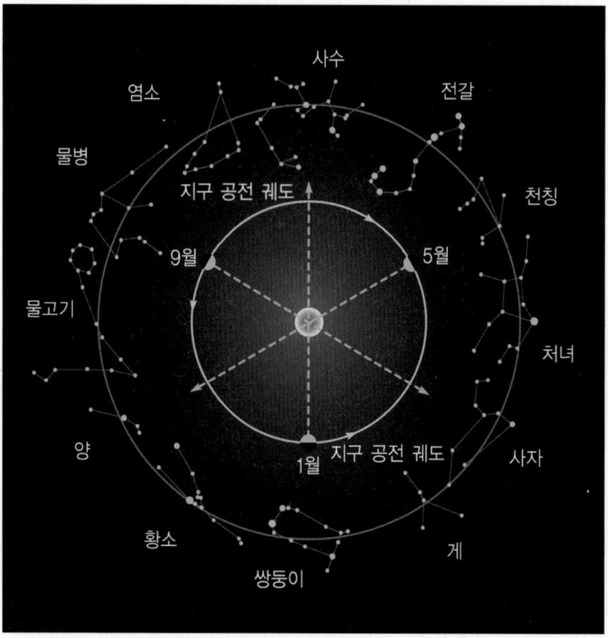

황도 12궁 황도를 따라 비슷한 간격으로 마치 병풍처럼 배열되어 있는 12개의 별자리다.

고대인은 황도상에 12개의 별자리를 고안하여 태양의 위치를 쉽게 표현할 수 있도록 했는데 그러한 별자리의 이름이 바로 양, 황소, 쌍둥이, 게, 사자, 처녀, 천칭, 전갈, 사수, 염소, 물병, 물고기 자리 등이며 이들을 황도 12궁이라고 한다. 이들 중 일부는 수메르 인이 고안했다.

계절은 지구가 공전 궤도상의 어느 곳에 있는가에 따라 결정되며, 황도는 지구의 공전으로 만들어진 것이다. 따라서 황도상의 태양의 위치는 공전 궤도상의 지구의 위치와 계절까지 결정한다. 옛날 사람들은 지구의 공전을 알지는 못했지만 오랜 경험으로 태양 가까이에 어떤 별자리가 있는지를 보고 계절은 판단할 수 있었을 것이다.

각 계절의 대표 일은 춘분, 하지, 추분, 동지다. 이 4일로 지구의 공전 궤도가 4등분된다. B.C. 2000년경에는 태양이 황소, 사자, 전갈,

지구의 공전과 계절

지구의 자전축은 궤도 평면에 대해 23.5도만큼 기울어 있다. 자전축의 방향은 공전과는 상관없이 항상 일정하다. 이렇게 자전축이 기운 채로 공전하면 지표면과 태양광 방향 사이의 각도가 변한다.

태양광의 입사 방향과 지표면 사이의 각도가 수직에 가까울 때 빛의 세기가 최대이므로 여름이 된다. 반면에 각도가 작아지면 빛은 지면을 비스듬히 비추므로 그 세기가 약해져서 겨울이 된다. 이 각도는 지구가 공전 궤도상의 어느 곳에 있는가에 따라 달라지기 때문에 궤도상의 위치가 바로 계절을 결정한다고 볼 수 있다.

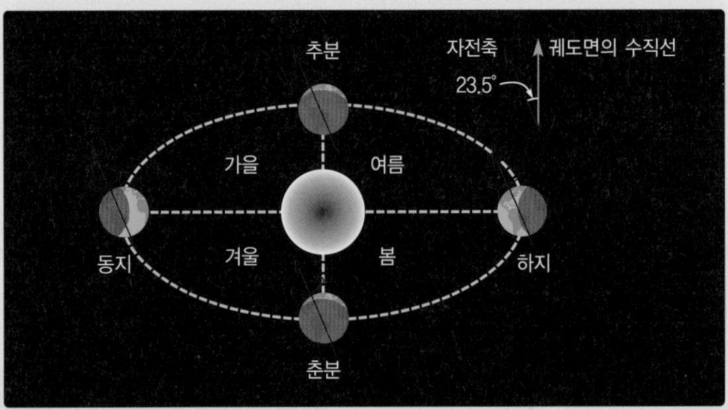

지구 자전축의 방향과 계절 | 지구의 자전축은 공전 궤도면에 대해 23.5도만큼 기울어 있기 때문에 계절의 변화가 일어난다.

물병 자리에 위치했을 때 각각 춘분, 하지, 추분, 동지였다.

수메르 인은 여름과 겨울만 고안했고 춘분과 추분이 바로 그 경계였다. 봄의 시작이 바로 춘분으로서 농부들은 그때 파종을 했다. 이러한 계절의 변화와 삶과 죽음의 반복 과정이 바로 두무지로 상징화되었고 인안나는 두무지를 통해 자신의 능력을 구현했던 것이다.

지금도 춘분점은 황소자리에 있을까?

서양에서는 아직도 점성술이 명맥을 이어가고 있다. 점성술은 인간의 운명이 태어날 때의 행성과 황도 12궁 사이의 상대적인 위치에 의해 결정된다는 미신에 근거한 운명 철학이다. 점성술에서는 봄의 시작을 알리는 춘분점이 위치한 별자리를 첫 번째로 취급한다. 그런데 현대의 점성술사들이 사용하고 있는 황도 12궁의 첫 번째는 양자리이므로 태양이 양자리에 왔을 때가 춘분이다. 그러나 실제 현재의 춘분점은 물고기자리에 있다.

무엇이 문제일까? 이 문제에 답하기 위해서는 지구의 운동 중 자전에 대해 자세하게 알아야 한다. '자전'이란 지구가 하루에 한 번씩 팽이처럼 도는 운동을 말한다. 이 때문에 북극성 방향으로 밤새 카메라의 셔터를 열어 두면 원으로 그려진, 별의 자취가 찍힌 사진을 얻을 수 있다. 이것은 지구가 자전을 하고 자전축, 즉 자전의 축이 북극성을 향하고 있다는 것을 말한다. 그런데 과연 자전축의 방향은 고정되어 있을까? 결론은 '아니다'이다. 현재 자전축은 북극성을 가리키며 꼼짝하지 않는 것처럼 보이지만 과거에는 딴 곳을 가리키고 있었으며 지금도 이동하고 있다. 다만 그 이동이 매우 느려서 잘 인식하지 못할 뿐이다.

별의 일주 운동 지구의 자전축은 북극성을 향하고 있으므로 모든 별들은 북극성 주위로 매일 한 바퀴씩 도는 것처럼 보인다. 이를 별의 일주 운동이라고 한다.

실제로 지구의 자전축은 1년에 50초(1초 = 1도/3,600), 1,000년에는 14도의 비율로 아주 천천히 회전하고 있다. 이는 약 2만 6,000년의 주기에 해당한다. 이 자전축 자체의 회전 운동을 '세차 운동'이라고 한다. 이 세차 운동 때문에 현재 자전축의 방향은 북극성에서 불과 약 1도만큼 떨어진 곳에 있으나 1만 3,000년 후에는 거문고자리의 직녀성 근처를 가리키게 된다. 그 때 북극성은 자전축의 방향으로부터 47도 정도 어긋나게 된다. 물론 자전축의 방향은 2만 6,000년 후에는 현재의 자리로 되돌아온다.

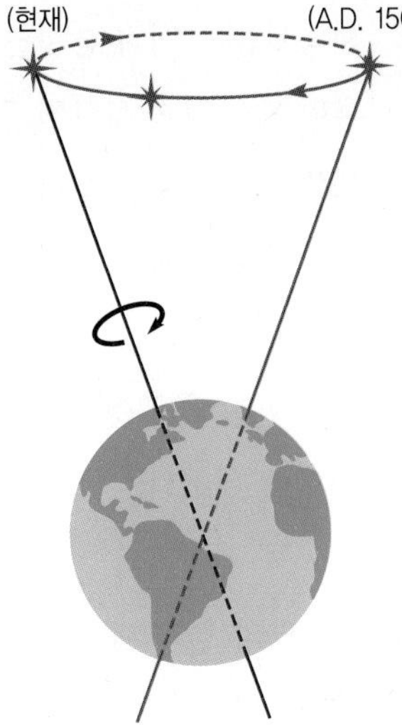

지구 자전축의 세차 자전축의 세차 운동으로 북극의 방향이 조금씩 바뀌고 있다.

자전축의 세차 운동 때문에 춘분점도 조금씩 서쪽으로 이동한다. 예를 들어 약 2,000년 전인 A.D. 0년에는 춘분점이 현재의 위치로부터 28도 동쪽인 양자리에 있었고 B.C. 2000년에는 황소자리에 있었다. 따라서 현재의 점성술사들이 사용하고 있는 황도 12궁의 순서는 기원 전후에 정해진 것이라고 볼 수 있다.

그러나 두무지와 인안나의 결혼 생활은 행복하지 않았다. 이유는 두무지의 바람 때문이었다. 두무지에게는 게쉬틴안나라고 하는 누이가 있었는데 두무지는 그녀와 부적절한 관계를 맺고 있었을 뿐만 아니라 인안나의 여종까지 범했다. 이를 눈치챈 인안나의 가슴에는 분노가 끓어올랐다. 인안나의 명령으로 여종은 도시로 끌려 나와 사람들에게 맞아 죽었다. 그래도 인안나의 분노는 진정되지 않았다.

"그녀의 마음은 슬펐다.
새색시는 밤에 한숨짓는다.
그녀는 밤에 탄식하며 한숨짓는다.
새색시는 눈물을 흘리고 탄식했다.
양치기 때문에 그녀는 근심했다."

인안나는 마침내 무엇인가를 결심했다. 그녀는 지하 세계를 여행하기로 결심했던 것이다.

"우루크의 신전 에안나를 버리고 지하 세계로 내려갔다.
바드티비라의 신전 에무쉬칼람마를 버리고
자발람의 신전 기구나를 버리고
아답의 신전 에샤라를 버리고
니푸르의 신전 에바라두르가라를 버리고
키슈의 신전 후르상칼람마를 버리고
아카드의 신전 에울마쉬를 버리고 지하 세계로 내려갔다."

그런데 지하 세계로 가는 인안나의 차림새는 너무 호화로웠다. 자신의 권위가 미치지 않을 뿐만 아니라 한번 가면 다시는 돌아올 수 없다는 지하 세계로 가면서 온갖 치장을 한 채 자신만만하게 간 것이다.

"일곱 가지 권한을 모두 손에 쥐고
머리띠를 두르고
가발을 쓰고

청금석 목걸이를 하고
달걀 모양 돌을 가슴에 달고
여왕의 복식을 갖추고
남자를 유혹하는 아이섀도를 바르고
남자를 유혹하는 가슴가리개를 입고
금반지를 끼고
청금석 측량 자와 노끈을 쥐고 있었다."

하늘의 여왕이지만 그래도 지하 세계는 자신의 권위가 미치지 않아 무슨 일이 일어날지 모르는 곳이었다. 인안나는 시종 닌슈부르에게 자신이 지하 세계로 간 뒤 3일 이내에 올라오지 못하면 니푸르에 있는 엔릴과 우르에 있는 난나, 에리두에 있는 엔키를 찾아가 도움을 청하도록 지시해 두었다.

우아하게 차려입은 인안나는 지하 세계의 입구에 도착한 후 자신만만하게 문을 밀었다.

"문을 열어라! 문상을 하러 왔다."

그러자 지하 세계의 문지기가 인안나에게 물었다.

"당신은 누구십니까?"

"나는 인안나다. 해가 뜨는 동쪽을 향해서 왔다."

"만일 당신이 인안나이고 해가 뜨는 동쪽을 향해서 왔다면 왜 돌아가지 못하는 지하 세계로 왔습니까?"

"나의 자매 가산키갈라의 남편 구갈안나의 장례식에 참석하러 왔다."

"그러면 잠시 기다려 주십시오. 내 주인님께 당신의 말을 전하고 오겠습니다."

문지기는 지하 세계의 여신 에레쉬키갈라에게 인안나가 찾아왔다고 말했다. 그리고 인안나의 화려한 옷차림에 대해서도 설명해 주었다. 문지기의 말을 들은 에레쉬키갈라는 화를 내면서 다음과 같이 지시했다.

"일곱 개의 문 모두를 닫아걸은 다음 하나씩 열면서 인안나가 지나가게 해라. 그리고 문을 통과할 때마다 옷과 장식품을 하나씩 벗겨라."

그리하여 인안나는 몸에 두른 머리띠, 목걸이, 장식 돌, 가슴가리개, 금반지, 측량 자와 노끈, 제위복을 하나씩 빼앗겨서 마지막 일곱 번째 관문을 통과할 때는 아무것도 걸친 것이 없는 벌거숭이가 되었다. 지하 세계의 재판관들은 그런 인안나에게 사형 선고를 내렸고 인안나는 두들겨 맞아 죽었다. 그리고 인안나의 시신은 고리에 걸렸다.

3일이 지나도록 지하 세계로 간 인안나에게서 소식이 없자 시종 닌슈부르는 엔릴과 난나를 차례로 찾아가서 도움을 청했다. 그러나 그들은 인안나가 과욕을 부려 그렇게 된 것이니 도울 수 없다고 거절했다. 마지막으로 엔키에게 호소했더니 그는 자비의 신답게 손톱 밑의 때를 조금 떼어 내 대곡꾼 둘을 만들어 생명초와 생명수를 주고 인안나를 구하는 방법까지 일러 주었다.

지하 세계로 간 대곡꾼은 에레쉬키갈라가 아플 때 그녀 앞에 나타나 동정하는 척 아부하여 원하는 것을 가져가도 좋다는 허락을 받아 냈다. 물론 대곡꾼은 두들겨 맞아 죽은 인안나의 시신을 선택했고, 가지고 간 생명초와 생명수를 시신에 뿌렸다. 그러자 인안나는 다시 살아나 그 자리에서 지상 세계로 올라갔다. 그때까지 지하 세계에서 살아서 나간 자가 한 명도 없었던 터라 지하 세계의 신들은 그 광경을 보고 모두 당황했다.

"지하 세계에서 살아 나가는 저자가 누구냐? 어떻게 산 채로 올라갈 수 있지? 만일 저자가 지하 세계에서 올라간다면 다른 머리 하나를 주어야 한다!"

그들의 말은, 신들의 법에 의해 인안나가 지하 세계로부터 살아서 나가려면 그녀를 대신할 다른 생명 하나를 희생해야 한다는 것이었다. 그리하여 저승사자들이 무기를 들고 인안나를 따라 지상 세계로 올라갔다. 그들은 인정사정없이 남편에게서 아내를, 부모에게서 자식을 빼앗아 가는 무서운 자들이었다.

일곱 개의 신전은 무엇을 의미할까? | 인안나가 버린 일곱 개의 도시들인 우루크, 바드티비라, 자발람, 아답, 니푸르, 키슈, 아카드를 순서대로 따라가 보면 지하 세계로 떠난 인안나가 유프라테스 강의 하류로부터 대체로 상류 방향, 즉 서북 방향으로 갔음을 알 수 있다(14쪽 그림 참조). 이들 도시에는 인안나의 신전이 있었고 사람들은 인안나를 숭배했을 것이다. 인안나가 지나간 일곱 도시 외에 그녀가 가진 일곱 가지의 권한, 지하 세계에 있는 일곱 개의 대문 등으로부터 알 수 있듯이 수메르 인은 7이라는 숫자에 집착했음이 분명하다. 왜 수메르 인은 7에 중요한 의미를 부여했을까?

밤하늘을 오랫동안 관측한 고대인은 별의 운동 양식에서 두 가지를 발견했다. 대부분의 별들은 아주 규칙적인 운동을 한다. 즉 매일 동쪽에서 떠서 서쪽으로 진다. 그러나 매일 같은 시각에 같은 위치에 있는 것은 아니며 조금씩 서쪽으로 이동해서 1년이 지나면 제자리로 되돌아온다. 이 별들은 진짜 별들로서 현대 천문학에서는 '항성' 이라고 한다. 이들은 스스로 빛을 내지만 우리로부터 너무나 멀리 떨어져 있다.

다른 한 부류도 동쪽에서 떠서 서쪽으로 지지만, 매일 조금씩 서쪽에서 동쪽으로 위치가 변화하다가 반대 방향으로 움직일 때도 있고 보이지 않을 때도 있다. 이런 식으로 운동을 하는 별은 육안으로 관측할 수 있는데 바로 수성, 금성, 화성, 목성, 토성이다. 이 별들을 천문학 용어로 '행성'이라고 한다. 행성의 어원은 원래 '떠돌이'다. 행성은 스스로 빛을 내는 것이 아니지만 고대인은 그런 사실을 알지 못했다. 다만 그들은 5개의 별들이 마치 어떤 의지를 가진 존재처럼 여기저기를 돌아다닌다는 사실에만 주목했다. 고대인은 그것들을 살아 있는 신으로 보았다. 태양과 달도 이 범주에 편입되었다. 결국 수메르 인은 7개의 별, 아니 일곱 신이 세상을 내려다보고 인간을 포함한 이 세상을 마음대로 지배하고 있는 것으로 보았던 것이다.

수메르 인이 '왜 하필 일곱인가?'라는 의문을 가졌었는지는 알 수 없지만 이들 일곱 신으로 전 우주의 지배가 가능하다고 믿었던 것 같다. 그들에게 7은 완전한 수였던 것이다. 이에 따라 수메르 인은 주일이라는 시간 단위를 만들어 하루하루를 태양, 달, 수성, 금성, 화성, 목성, 토성이라는 일곱 신의 이름으로 불렀다.

고대인에게 일곱 신의 지배는 마치 현대인에게 원리와 공리 같은 것이었다. 현대인이 자연 현상을 알 수 없는 원리의 틀 속에 넣으려고 하는 것처럼 고대인도 지상에서 일어나는 일들을 신들이 정한 규칙 속에 맞추려고 했다. 일곱 신이 세상을 지배한다면 인간 세상의 모든 것도 그에 따라야 한다고 생각했다. 그 때문에 인안나를 숭배하던 도시 국가가 일곱 개 건설되었고 지하 세계의 대문 수도 일곱 개였던 것이다.

지하 세계 여행은 무엇을 의미할까?

항성, 즉 하늘에 박혀 꼼짝하지 않는 별은 모두 태양과 같이 동쪽에서 떠서 서쪽으로 진다. 지구가 태양 주위를 돌기 때문에 보이는 시간과 위치는 조금씩 달라지지만 동쪽에서 뜨고 서쪽으로 지는 것은 변하지 않는다. 그와는 달리 행성은 자신도 태양 주위를 돌고 있기 때문에 지구에서 보면 반드시 동쪽에서 서쪽으로 운동하는 것처럼 보이지는 않는다. 예를 들어 해가 진 직후 금성은 서쪽 하늘에 이미 떠 있다가 밤이 깊어지면 서쪽으로 진다. 그러다가 한동안 자취를 감춘 뒤 어느새 해 뜨기 직전의 동쪽 하늘에 나타났다가 날이 밝아오면 보이지 않게 된다.

이러한 금성의 특이한 행동은 금성이 지구보다 태양 가까이에서 태양을 돌고 있다는 사실로부터 쉽게 이해될 수 있다. 실제로 금성-태양 사이의 거리는 지구-태양 사이 거리의 0.7배 정도이므로 지구에서 관측했을 때 금성은 태양으로부터 47.8도 이상 떨어지지 않는다. 즉 태양과 같은 방향에 있는 시간이 많다는 것이다. 따라서 금성을 관측할 수 있는 시간은 해 질 무렵과 해 뜰 무렵의 몇 시간 정도에 불과하다.

금성과 지구의 공전 주기가 서로 다르기 때문에 지구에서 관측하면 금성이 태양 앞쪽을 지나가는 경우가 있다. 그 현상을 '내합'이라고 하는데 584일을 주기로 반복해서 일어난다. 따라서 584일 중 절반 정도의 기간에는 금성이 태양의 서쪽에 있고 나머지 기간 동안에는 동쪽에 있게 된다. 태양의 서쪽에 있으면 해 뜰 무렵 동쪽 하늘에 보이게 되는데 그때의 금성을 샛별이라고 한다. 반면에 태양의 동쪽에 있으면 해 질 무렵 서쪽 하늘에 보이는데 그때의 금성을 개밥바라기라고 부른다.

이렇게 금성이 서쪽 하늘과 동쪽 하늘에 번갈아 나타나지만 어느 한쪽에 있다가 다른 쪽으로 갑자기 이동하는 것은 아니다. 서쪽 하늘에서 247일간 빛나는 금성은 보이는 시간이 점점 짧아지며 어두워지다가 결국에는 아예 보이지 않게 된다. 그것은 금성이 태양 정면으로 다가가기 때문이다. 그러다가 14일 후에는 새벽녘 동쪽 하늘에 아스라이 나타나서 머물러 있는 시간이 점점 길어지고 밝아진다. 그러나 그것도 영구히 지속되지는 않는다. 245일간 관측되지만 관측 가능한 시간은 매일 짧아지고 어두워지며 결국에는 사라진다. 그것은 금성이 태양의 뒤쪽으로 들어가는, 이른바 '외합'이 일어나기 때문이다. 그런 다음 78일이 지나면 다시 서쪽 하늘에 살그머니 나타나서 같은 행동을 반복한다.

인안나가 지하 세계에서 매 맞아 죽어 있던 시간이 3일이라고 했다. 이것을 내합이나 외합으로 금성이 관측되지 않는 기간으로 보는 사람이 많다. 후대의 기록이지만 아시리아 시대의 점토판에 적힌 '아라크샤마누(8월)의 28일에 금성이 (바빌론의) 서쪽으로 사라졌다. 사흘 동안 보이지 않는다. 키스림(9월)의 제1일에 다시 동쪽에 나타났다.'라고 하는 기사로 볼 때 금성이 실제로 보이지 않은 기간이 3일 정도였음을 알 수 있다. 이 기사는 현대 천문학 용어로 금성의 내합을 말하며 현대 천문학의 계산으로 B.C. 1972년에 일어났음을 알 수 있다.

금성이 태양의 앞쪽이나 뒤쪽에 위치해서 관측하기 어려운 시간은 일정하지 않다. 왜냐하면 금성의 궤도와 지구의 궤도가 기울어 있을 뿐만 아니라 공전 주기도 다르기 때문이다. 앞쪽에 있는 경우 관측 불가능한 시간은 3~14일 정도이고, 뒤쪽에 있는 경우는 15~78일 정도다.

어떤 이들은 인안나가 꼭 3일간만 지하 세계에 있었다고 하는 점을 들어 인안나의 근원이 달이었을 가능성도 제기하고 있다. 달은 그믐달

내합과 외합

내합은 지구와 태양 사이에 금성과 같은 내행성(지구 궤도 내부의 행성)이 놓이는 현상, 즉 태양-행성-지구의 순으로 정렬하여 행성이 태양의 앞쪽에 위치하는 현상이다. 반면에 내행성이 태양 뒤로 가는 현상, 즉 행성-태양-지구의 순으로 정렬하는 것이 외합이다.

내합과 외합이 일어나더라도 금성이 정확히 태양의 정면이나 후면에 위치하는 것은 아니다. 금성의 궤도와 지구의 궤도가 기울어져 있기 때문이다. 그런 일은 지구의 궤도와 금성의 궤도가 만나는 점에 두 행성이 위치할 때에만 일어나며 그때는 육안으로 금성을 관측하기가 힘들어진다.

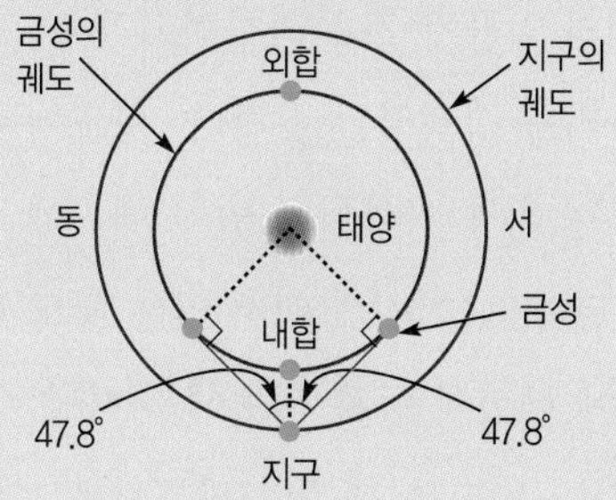

내합과 외합 | 지구 궤도 안쪽에서 돌고 있는 행성은 태양과 지구를 잇는 직선에 가까이 위치할 수 있다. 내합은 지구-행성-태양의 순으로, 외합은 지구-태양-행성의 순으로 정렬하는 경우다.

에서 초승달로 나타나기까지 3일 정도 걸리기 때문이다.

금성은 태양과 달을 제외한 천체 중에서 가장 밝다. 수메르 인은 빛나는 금성을 상징하는 인안나를 하늘의 여신으로 섬겼다. 보석으로 단장한 인안나의 호화스러운 옷차림은 금성이 태양과 달을 제외하고 다른 어느 천체보다 밝다는 것을 나타낸다. 그런데 금성은 다른 천체와는 달리 서쪽이나 동쪽에 잠시 나타날 뿐 하늘을 가로질러 가지는 않는다. 실제로는 태양과 같이 가기 때문에 관측이 되지 않을 뿐이다. 어꿨든 수메르 인은 서쪽에서 빛나던 금성이 동쪽 하늘에 나타나기까지의 며칠을 인안나가 지하 세계로 여행을 하는 것으로 생각했다.

인안나의 여행 목적은 정확히 알 수 없다. 아마도 그녀는 자매인 에레쉬키갈라가 지배하는 지하 세계까지 접수하려는 오만한 생각을 품었던 것 같다. 인안나가 엔키에게 '메'라고 하는 지혜와 기술을 빼앗은 후 온 세상이 자신의 것이라고 자만심을 가진 것이 분명하다.

인안나를 하늘의 여신으로 숭배하는 사원이 두 강 유역에 즐비했다. 그중에서 특히 우루크는 수메르 도시 국가 중에서 오래되었을 뿐만 아니라 인안나 숭배의 시발지가 된 곳이다. 인안나는 우루크의 신전을 포함한 일곱 개 도시에 있는 신전을 모두 포기하고 보석으로 단장한 호화스러운 옷차림으로 지하 세계의 일곱 문을 통과하려고 했다.

7개의 문은 황도상의 7개 별자리를 상징하는 듯하다. 황도에는 원래 12개의 별자리가 있으나 일부는 태양 가까이에 있기 때문에 보이지 않고 한 번에 5개 정도가 관측된다. 나머지 보이지 않는 황도 12궁 중의 일곱 별자리를 가로질러 가야 금성이 동쪽 하늘에 나타날 수 있다. 수메르 인은 그 7개의 별자리들을 지하 세계의 관문으로 보았던 것이다.

인안나의 지하 세계 여행은 끝이 나고 이제 현실 세계에서의 여행을 마무리할 차례다. 지하 세계에서 살아서 돌아온 인안나가 처음으로 해야 했던 일은 자신을 대신할 사람을 저승사자에게 넘겨주는 것이었다. 자신의 신전들을 돌아보았으나 모두 자신에게 봉사하는 사람들만 있었다. 인안나는 탄식했다.

"어떻게 너희를 그들 손에 넘겨줄 수 있겠느냐!"

인안나는 그들을 넘겨줄 수 없어 남편 두무지를 찾아갔다. 두무지는 들판의 석류나무 아래에서 화려한 옷을 입고 의자에 앉아 호식하고 있었다. 인안나의 가슴에 화가 치밀었다. 그녀는 두무지를 저승사자들에게 넘겨주기로 결심했다.

"두무지를 데려가시오."

깜짝 놀란 두무지는 태양신 우투에게 빌었다.

"우투, 당신은 나의 처남입니다. 당신에게 결혼 예물도 바쳤고 기름과 음식도 가져다 주었습니다. 그러니 제발 저를 도마뱀으로 변신시켜 도망갈 수 있도록 해 주십시오."

우투는 두무지를 도마뱀으로 변신시켜 포도주 양조장으로 도망갈 수 있도록 해 주었다. 누이 게쉬틴안나도 양조장에 와서 같이 숨었다. 그러나 파리가 인안나에게 두무지가 숨어 있는 곳을 가르쳐 주는 바람에 남매는 저승사자에게 잡혀가게 되었다. 저승사자에게 끌려가던 두무지가 탄식했다.

"내 누이도 이제 나와 같이 그들 손에 넘어가는구나. 이제 내 누이의 삶도 사라지는구나."

끌려가는 두무지를 보고 있던 인안나의 마음에 일순간 동정심이 솟았다. 그녀는 그들에게 다음과 같이 선언했다.

"네가 반년이고 네 누이도 반년이다. 네가 끌려가는 날 네 누이가 풀려나고 네 누이가 끌려가는 날 네가 풀려날 것이다."

두무지와 게쉬틴안나가 각각 반년씩 교대로 지하 세계에서 살도록 한다는 말이었다.

두무지 남매의 교차 여행은 무엇을 의미할까? | 두무지는 양치기로 등장하지만 실제로는 농사와 목축을, 게쉬틴안나는 이름 자체가 포도 넝쿨을 의미하듯이 포도주 양조를 상징한다. 두무지가 지상 세계에 머무는 춘분부터 추분까지의 기간은 초목이 자라고 가축을 키울 수 있다. 그러나 하지가 되면 뜨거운 햇살과 가뭄 때문에 초목이 마르고 추수가 시작된다. 그러면 두무지의 역할은 끝이 난다. 이를 두무지가 지하 세계로 가는 것으로 표현했다. 대신에 게쉬틴안나가 지상 세계로 나와, 빚은 포도주가 익을 때쯤인 다음 해 춘분까지 머문다. 남매가 교대로 지상 세계와 지하 세계에서 머문다는 것은 바로 계절의 반복과 함께 죽음과 부활의 과정을 상징적으로 표현한 것이다.

싸우는 신

중근동 지역에서 살던 고대인 중에 셈 족이 있었다. 셈 족은 인종적인 분류라기보다는 셈 어라고 하는 언어를 사용하는 사람들을 가리킨다는 것이 더 정확한 표현일 것이다. 현대의 셈 어로는 아랍 어, 히브리 어, 시리아 어, 에티오피아 어 등이 있다.

고대의 셈 족을 크게는 동부 집단과 서부 집단으로 나눌 수 있다. 동부 집단에는 아카드 어를 사용하던 아카드 인이 속하는데 이들은 메소포타미아에 살았으며 아시리아와 바빌로니아를 건설했다. 서부 집단은 또다시 서남부 집단과 서북부 집단으로 나뉘는데, 서남부 집단은 아라비아와 에티오피아에 살았고 서북부 집단은 과거에는 팔레스타인이라고 불렸으나 현재는 시리아, 이스라엘, 레바논 등으로 나누어진 지역에 살고 있었다. 구약 성서에서는 이 지역을 가나안이라고 했는데 B.C. 3000년경부터 이 지역의 거주인을 가나안 인이라고 불렀던 것 같다. 가나안의 어원은 상인 혹은 붉은 양모를 뜻하는 단어로 보이며, 붉은 양모는 실제로 이 지역의 주요 수출품 중 하나였다고 한다. 그리스 인은 이들을 페니키아 인이라고 불렀는데 그 역시 '붉은'이라는 뜻의 단어로부터 유래한 것으로 생각된다.

가나안 인의 주신은 주님 혹은 지배자 등을 뜻하는 바알이었다. 바알은 폭풍우의 신으로 농경에 지배적인 역할을 하지만 가나안 인의 최고신은 하늘 신 엘이었다. 그는 원래부터 존재한 신이었으며 다른 신들과 인간의 창조주였다.

엘은 최고신으로서 존재했지만 실질적인 권한은 바알이 가지고 있었다. 그러나 세상의 주도권을 잡기까지 바알은 험한 길을 걸어야 했다. 무엇보다 먼저 최고신 엘이 그의 아들인 바다와 강의 신 야흠을 신들의 지도자로 선포했기 때문에 야흠을 처리해야 했다. 엘은 아들 야흠을 지도자로 선포했지만 바알의 힘을 무시할 수 없었다. 그래서 아들 야흠을 불러서 말했다.

“얘야, 바알을 조심하거라. 그를 쫓아내지 않으면 네가 쫓겨날 것이다.”

뿐만 아니라 엘은 야흠의 지위를 만천하에 알리기 위해 기술의 신을 불러 지시했다.

“내 아들 야흠이 이제 지배자가 되었으니 그 지위에 맞는 큰 궁전을 짓도록 하라.”

아버지 엘의 충고에 따라 야흠은 바알을 처치하기로 결심하고 신들의 회의에 사자를 파견했다. 사자는 바알을 야흠에게 넘길 것을 요구했다. 다른 신들은 모두 머리를 다리 사이에 파묻고 공포에 떨었으나 바알은 화를 내며 일어났다.

“겁쟁이들 같으니!”

그러나 엘은 야흠 편을 들어, 바알을 체포해서 야흠에게 넘겨줄 것을 고집했다. 바알은 불같이 화를 내면서 야흠의 사자들을 죽이려고 했으나 누이인 아나트와 엘의 부인인 아티라트가 말려 간신히 참았다.

결국 야흠과 바알 사이에는 무서운 싸움이 벌어졌다. 싸움은 일진일퇴를 거듭하며 승부가 나지 않다가, 바알이 기술의 신에게 주문한 특수한 무기로 야흠을 찔러, 마침내 야흠이 바알에게 항복했다.

"나는 이제 죽은 목숨이다. 지금부터는 바알이 세상의 지배자다……."

그리하여 바알이 야흠 대신에 높은 산을 차지하게 되었다. 그는 신들을 초대하여 성대한 축하연을 열고 기술의 신을 불러 큰 궁전도 짓게 했다.

한편 아나트는 바알을 위하여 나머지 적들을 소탕하는 작업을 시작했다. 출전에 앞서 그녀는 적갈색의 헤나로 몸을 물들이고, 고수풀과 용연향의 향수를 바르고, 뿔고둥의 자주색 립스틱을 입술에 발랐다. 그런 다음 서쪽 해안에서부터 동쪽의 해 뜨는 곳까지 다니며 적들의 머리와 손발을 자르기 시작했다. 그녀의 발밑으로는 적들의 머리가 굴러다녔고 머리 위로는 적들의 손목이 마치 메뚜기 떼처럼 날아다녔다. 그녀는 적군의 머리를 꿰어 허리에 차고 무릎까지 차는 피의 강을 건넜다. 마침내 그녀는 모든 적들을 섬멸했고 바알이 하늘의 궁전에 앉아 천둥과 벼락을 내릴 수 있는 것을 확인한 후에야 비로소 바알의 궁전으로 귀환했다. 바알은 아나트와 의논했다.

"이제 내게도 더 큰 궁전이 필요하지 않을까?"

"오빠 말이 맞아요. 제가 엘에게 요청해 보겠어요."

아나트가 엘을 만나기 위해 출발하자 바알은 기술의 신을 불러 금과 은으로 정교한 장식품을 만들어 아티라트에게 바치면서 부탁했다.

"제 궁전을 지을 수 있도록 엘을 설득해 주십시오."

신들의 세계에서도 뇌물이 통했던지 아나트와 아티라트의 협동 작전이 성공했다. 엘의 승낙으로 바알은 금, 은, 청금석으로 된 자신의 궁전을 지을 수 있게 되었다. 그런데 바알은 자신의 궁전에 창문을 내는 것을 원하지 않았다. 야흠이 다시 쳐들어오거나 누군가 창문을 통해 자신의 세 딸을 넘볼까 두려웠던 것이다. 그러나 기술의 신이 창문을 통해 번개와 비를 내릴 수 있다고 설득하여 결국 창문 내는 것을 허락했다. 궁전이 완성되자 바알은 모든 신들을 초청하여 큰 연회를 베풀고 마침내는 자신이 세상의 지배자임을 선언했다.

한편 궁전 밖에서는 생각지도 않은 일이 벌어지고 있었다. 엘이 저승 세계의 죽음의 신인 모트를 좋아하기 시작한 것이다. 그 때문에 바알을 제외한 모든 신들은 모트를 두려워하고 공물을 바치기 시작했다. 바알은 이 소식을 듣고 분개했다.

"나는 모트의 권위를 인정할 수 없다. 절대 그에게 공물을 바칠 수 없다."

바알은 사신을 불러 자신의 뜻을 전하라고 지시했다. 저승 세계로 가서 모트를 만나고 돌아온 사신은 모트의 편지를 바알에게 바쳤다. 편지를 읽은 바알은 갑자기 사시나무 떨듯 떨기 시작했다. 편지에서 모트는 자신의 식욕은 끝이 없으며 그 엄청난 식욕으로 바알을 잡아먹겠다고 위협하고 있었다.

결국 바알은 모트의 위협에 굴복하고 가축의 신을 불러 가축 몇 마리를 모트에게 보냈다. 그러나 모트는 바알이 구름, 바람, 번개, 비 그리고 7명의 시종과 8명의 하녀, 3명의 딸을 데리고 저승 세계로 직접 올 것을 요구했다. 바알은 모트의 요구를 피할 수 없음을 알고 엘에게 자신의 처지를 알리는 사자를 보낸 다음, 저승 세계로 향했다. 그는 저승 세계의 입구에서 어린 암소와 관계하여 자신의 쌍둥이를 만들어 모트에게 줄 선물까지 마련했다. 그러나 결국 바알과 쌍둥이는 저승 세계에 가서 죽고 말았다.

바알의 사자가 엘에게 바알의 죽음을 알렸다. 엘은 바알의 죽음을 슬퍼하며 직접 산에서 내려와 땅 위에 앉아 재를 자신의 머리에 붓고 흙먼지 위를 뒹굴고, 거친 상복을 입고 자신의 살을 베어 내면서 그의 죽음을 애도했다.

바알의 죽음을 누구보다 슬퍼한 것은 아나트였다. 아나트는 목메어 울다가 저승 세계의 입구에 가서 바알의 시신을 찾아냈다. 그녀는 오빠의 주검 앞에서 흐느껴 울며 자신의 살을 베어 냈다. 슬퍼하는 아나트를 달랜 것은 태양의 여신 샤파쉬였다. 샤파쉬는 아나트를 달래 바알의 주검을 그의 궁전이 있는 산으로 옮겼다. 신들은 바알의 시체를 그곳에 묻고 많은 동물을 희생물로 바쳤다.

아티라트와 그녀의 아들들은 바알이 죽었다는 소식에 기뻐했다. 엘은 아티라트의 아들 중 한 명인 관개의 신 아트타르를 지배자로 세웠다. 하지만 그는 왕좌에 앉으면 발이 발판에 닿지 않을 정도로 어렸다. 그러는 동안 지상에는 비가 오지 않아 사람들은 경작을 하기 위해 어딘가에서 물을 길어 와야 했다.

아나트는 오빠의 죽음을 되갚기 위해 저승 세계로 쳐들어갔다. 한바탕 싸움 끝에 아나트는 모트를 생포했다. 모트는 자신이 바알을 먹었다고 떠들어 댔다. 분노한 아나트는 칼로 모트를 난도질하고, 키로 불어 날리고, 불로 태우고, 맷돌로 갈아서 땅속에 묻어 버렸다. 또 시신의 일부는 새들이 먹도록 했다. 그렇게 복수를 했으나 바알을 되찾을 수는 없었다.

그러던 어느 날, 엘의 꿈에 바알이 나타났다. 엘은 기뻐하며 아나트

와 샤파쉬를 불러 바알이 살아 있으니 찾아보라고 지시했다. 그러나 모든 신들이 나서 보았지만 바알의 행방은 도무지 알 수 없었다. 시간은 흘러갔고 들판은 메말라 타들어 갔다. 살아 있는 생명의 흔적은 더 이상 없는 듯했다. 그러던 어느 날, 바알이 스스로 나타났다. 그는 자신의 자리에 앉아 있던 아티라트의 아들들과 싸워 왕좌를 되찾았다. 바알이 돌아오자 세상에는 비가 많이 내렸고 땅이 흠뻑 젖었다. 땅속에 간신히 남아 있던 생명도 다시 솟아났다.

바알이 왕좌에 앉은 지 7년째 되던 해 모트가 살아 돌아와 바알에게 도전했다. 두 신은 엉겨 붙어 무섭게 싸우기 시작했다. 그들은 뿔 달린 양들처럼 서로를 밀어 댔고, 황소처럼 들이받았으며, 뱀처럼 물어뜯고, 야수처럼 싸웠다. 그렇게 한참을 싸우던 두 신이 지쳐 잠시 떨어져 있을 때 샤파쉬가 나타나 엘의 뜻을 모트에게 전했다.

"엘은 바알의 편입니다. 당신이 계속 싸운다면 엘이 당신의 궁전을 부수고 왕권을 무너뜨릴 것입니다."

바알의 동상 B.C. 13세기경에 만들어진 것으로, 라스샴라(시리아의 도시)의 유적지에서 발견되었다. 바알은 가나안 사람들이 신봉하던 농경의 신이었다.

최고신 엘이 바알을 지지한다는 뜻을 전해 들은 모트는 더 이상 싸울 수가 없었다. 아쉽지만 바알의 권위를 인정하고 물러날 수밖에 없었다. 모트가 고개를 숙이고 사라지자 바알은 다시 한 번 축제를 열어 다른 신들에게 자신의 지배를 알렸다.

야훔과 바알의 싸움은 무엇을 상징할까? 지금의 시리아, 이스라엘, 요르단 등의 중동 지방, 즉 지중해의 동쪽 해안 지역에서는 B.C. 8000년경부터 사람들이 정착하여 농사를 짓기 시작한 것으로 보인다. 당시는 석기 시대였기 때문에 농사짓는 데 사용된 도구는 뼛조각, 나무, 돌로 만든 괭이와 낫 등이 전부였다. 그러한 고대인에게는 관개가 사실상 불가능했기 때문에 때맞추어 내리는 비가 절대적으로 필요했다. 만일 비가 내리는 계절이 주기적으로 찾아온다면 그들은 자연히 그러한 일을 관장하는 신이 존재한다고 생각했을 것이다. 그 신이 바로 바알이었다.

기록에 의하면 B.C. 1500년경부터 중동 지역에서 널리 숭배되던 바알은 폭풍우의 신으로서 천둥과 함께 찾아오는 비와, 비가 가져다주는 농작물 및 가축의 다산을 상징했다. 즉 바알이 세계를 지배할 때는 비가 충분히 내려 농작물이 잘 자라서 사람들이 넉넉하게 살 수 있지만, 바알이 사라지면 비가 오지 않고 작물이 말라 죽어 흉년이 드는 것으로 생각한 것이다.

야훔은 바다와 강을 상징하는 신이다. 비와 다산을 상징하는 바알이 바다와 강의 신 야훔과 싸우는 것은 쉽게 설명되지 않지만, 바알이 비교적 쉽게 야훔을 처치하고 지배자가 된 것으로 보아 야훔이 상징하는 자연 현상이 인간에게 장기적으로 혹은 크게 피해를 주는 것으로 보이지는 않는다. 그 때문에 야훔은 겨울에 바다로부터 불어오는 일시적인 비바람, 눈, 우박 등을 상징하는 것으로 해석된다. 중동 지방에는 사실상 추운 겨울이 거의 없으나 해안 지방에는 간혹 강한 바람과 함께 눈비가 내리는 경우가 있다. 해안 지방에만 국한된 이러한 자연재해를 사람들은 바다와 강의 신인 야흠이 일으키는 것으로 해석했을 것이다. 야흠을 처치한 후 바알이 자신의 궁전을 건축할 때 창문 내기를 꺼려한 것도 이런 맥락에서 이해할 수 있다. 즉 강한 겨울바람이 집 내부로 들어오는 것을 원하지 않은 것이다. 야흠은 예측되지 않는 겨울의 폭풍우이지만 봄이 되면 저절로 사라졌고, 고대인은 이것을 바알이 야흠을 쉽게 격퇴한 것으로 묘사한 듯 보인다.

야흠을 제거한 후 바알은 자신이 거처할 궁전을 짓고 성대한 잔치를 열었다. 바알이 산에 궁전을 짓고 잔치를 연다는 것은 사람들이 그 산에 신전을 짓고 바알을 모시는 의식을 거행한다는 것을 의미한다. 즉 바다로부터 몰려온 폭풍우나 해일과 같은 자연재해가 닥쳤을 때 지역 주민들은 자신들이 숭배해 오던 바알에게 야흠과 같은 악신의 장난으로 그러한 자연재해가 발생했음을 알리고 그로부터 자신들을 구해 달라고 열심히 기도했을 것이다. 그들은 이번 재해를 무사히 넘기게 해주면 큰 신전을 짓고 더욱 열심히 바알을 숭배할 것이라고 약속을 했을 것이다. 자연재해가 사라지면 사람들은 바알이 자신들의 기도를 들어 야흠을 몰아냈기 때문이라고 생각하고, 산에 큰 신전을 짓고 성대한 제사를 지내 바알과의 약속을 이행했을 것이다.

아나트의 전투 장면이 의미하는 것은 무엇일까? | 아나트는 야흠의 잔당을 소탕하기에 앞서 천연염료로 몸을 물들이고 짙은 화장

을 했다. 아나트가 사용한 염료 중에 헤나는 중동, 인도, 파키스탄, 아프리카 등의 해안 지대에 서식하는 나무로, 최대 3미터 정도까지 자란다. 헤나 잎에서 나온 수액이 손이나 의복에 묻으면 적갈색으로 물이 드는데, 이 때문에 헤나는 지금도 머리카락과 옷감의 천연 염색제로 사용되고 있다. 헤나는 또한 문신용 잉크로도 사용되는데 고대인도 장식이나 의식을 위해 헤나로 의복을 염색하거나 문신을 했던 것으로 추측된다. 그리고 헤나 꽃은 향기가 좋아서 향수 원료로 사용되고 있다.

지중해 동부 해안 지역에서는 이른 봄비가 그치기 전과 늦가을 실비가 오기 시작할 때 두 번 정도 헤나에 새순이 돋아난다. 나머지 한여름과 가을에 헤나는 생명만을 유지한 채 변화 없이 서 있다. 따라서 헤나의 새순은 파종할 때와 수확할 때를 알려 주는 절기의 표시자 역할을 한다. 파종 시기를 놓치면 곧바로 건조한 여름이 다가와 들에 뿌린 씨앗은 싹이 트지 않고, 수확기를 지나친 작물은 가을비로 상하게 된다. 봄에 헤나의 새순이 돋아날 때 씨를 뿌리고 가을에 다시 새순이 나올 때 수확을 하면 틀림없다. 이와 같이 헤나는 고대인에게 문신용 잉크와 염색을 위한 염료를 제공해 주었을 뿐만 아니라 계절을 알려 주는 역할도 했다.

헤나 덥고 건조한 지역에 서식하는 식물로, 우기에만 성장한다. 잎에는 적갈색의 염료가 있어 머리카락과 의복의 염색, 문신 등에 사용되어 왔다.

아나트가 입술에 바른 보라색 물감은 뿔고둥으로 만든 것

뿔고둥 껍데기 뿔고둥에서는 소량의 보라색 염료를 추출할 수 있으며 고대인은 이 염료로 옷을 물들여 입었다고 한다.

이다. 그런데 뿔고둥 한 마리에서 추출할 수 있는 염료는 극소량이므로 충분한 양을 얻기 위해서는 수많은 뿔고둥을 잡아야 했다. 레바논의 시돈 항구에서 발견된 거대한 뿔고둥 패총이 바로 그러한 고대인의 활동을 입증한다. 페니키아 귀족들은 뿔고둥에서 추출한 보라색 염료로 물들인 옷을 입고 자랑스럽게 돌아다녔다고 한다.

아나트가 적들의 머리와 손발을 자르는 것은 화려한 황금 갑옷에 은빛 나는 칼을 든 여신이 아닌, 헤나로 붉게 물든 손에 뼛조각이나 나무로 만든 농구를 든 아낙네가 보리나 밀 이삭을 수확하는 것을 은유적으로 표현한 것일 수도 있다. 아니면 풍년을 기원하는 축제에서 헤나의 적갈색으로 물들인 옷을 입고, 꽃 향수를 뿌리고, 뿔고둥의 보라색 염료로 입술을 단장한 여사제가 청동제 낫으로 밀 이삭을 자르는 모습을 표현한 것은 아닐까?

바알과 모트의 싸움은 무엇을 상징할까? | 지중해의 동쪽 해안 지방인 중동 지역에는 세 계절밖에 없다고 한다. 보슬비가 내리고 안개가 자주 끼는 봄과, 비가 오지 않고 햇빛이 작렬하여 초목이 시들어가는 건조한 여름, 천둥과 번개를 동반한 폭우가 쏟아지는 쌀쌀한

가을, 이렇게 세 계절이 반복되는 것이다. 그곳에 살던 고대인도 일 년 주기로 일어나는 이러한 계절의 반복 현상에 주목했고, 비나 가뭄과 같은 계절적 특징을 발현하는 신들의 출몰이 그러한 규칙적인 자연 현상을 일으키는 것으로 해석했다. 즉 바알에 의해 비가 내리는 봄이 찾아오고 모트에 의해 타는 듯한 여름이 오는 것으로 생각했던 것이다. 바알이 사라지면 세상은 모트가 지배하고 땅은 가뭄으로 타들어 간다. 그러면 사람은 물론 신 들까지도 괴로워한다. 당연히 사람들은 큰 강으로부터 물을 대는 관개 사업을 고려해 볼 것이다. 바알 대신에 즉위한 아트타르가 바로 관개의 신이다. 그러나 아트타르는 바알이 사라진 후 왕좌에 앉게 되지만 발이 땅에 닿지 않을 정도로 키가 작고 어렸다. 이는 고대인의 기술력으로는 관개하기가 쉽지 않았음을 말해 주고 있다. 결과적으로 그들은 하늘에서 내리는 비에 의존할 수밖에 없었던 것이다.

가뭄을 불러오는 모트를 죽인다고 모든 일이 해결되는 것은 아니다. 바알이 되살아나야 비가 내리기 때문이다. 비록 모트는 죽었지만 아무도 바알을 찾을 수 없었다. 결국 하늘 신 엘의 암시와 함께 바알은 스스로 나타났다. 비는 하늘의 뜻에 따라 바알이 가져오는 것이지 다른 신이나 인간의 염원으로 내리는 것이 아니라는 사실을 말해 주는 듯하다.

모트를 죽이는 것은 여름의 가뭄을 몰아내기 위함이다. 아나트가 모트의 시신을 자르고, 날리고, 태우고, 갈아서 땅에 묻는 모습은 농부들이 밀이나 보리를 수확한 뒤에 남은 밀짚이나 보릿대를 처리하는 일을 연상시킨다. 즉 수확을 마친 가을 들판에 남은 보릿대와 밀짚을 태워서 땅에 묻어 내년 봄의 파종을 위해 미리 준비하는 것이다. 그러고 보면 고대 중동 지역의 농사일은 여인들의 몫이었던 것 같다.

이스라엘의 월별 기온과 강수량 이스라엘과 그 주변 동지중해 연안의 기온은 온화한 편이나 5~9월 사이에는 비가 거의 내리지 않아 매우 건조하다. 비는 늦가을부터 시작하여 봄까지 집중적으로 내린다.

월	평균 온도(°C)		평균 강수량(mm)	평균 강수일
	최저	최고		
1	9.6	17.5	126.9	12.8
2	9.8	17.7	90.1	10.0
3	11.5	19.2	60.6	8.5
4	14.4	22.8	18.0	3.1
5	17.3	24.9	2.3	0.8
6	20.6	27.5	0.0	0.0
7	23.0	29.4	0.0	0.0
8	23.7	30.2	0.0	0.0
9	22.5	29.4	0.4	0.3
10	19.1	27.3	26.3	3.2
11	14.6	23.4	79.3	7.5
12	11.2	19.2	126.4	10.9

얼핏 보면 계절이 오고 가는 것이 지극히 규칙적이어서 농사에 별 문제가 없을 것만 같다. 그러나 자연 현상은 항상 규칙적이지는 않다. 바알이 세상을 지배한 지 7년 후에 모트가 다시 나타났다고 한 것은 이러한 규칙에서 벗어난, 보다 장기적인 가뭄의 사이클도 있었다는 것을 말한다. 즉 때로는 가뭄이 몇 년씩 계속되어 땅은 타들어 가고 가축과 사람 들이 오랫동안 굶주리는 경우도 있었던 것이다. 그러한 자연 현상의 불규칙성은 계절을 관장하는 신들 사이에서 간혹 일어나는 싸움으로 해석되었다.

파라오의 부활

신뿐만 아니라 인간까지 부활한다고 믿은 사람들은 고대 이집트 인이 유일할 것이다. 부활의 믿음은 미라 제작으로 이어졌고, 귀중한 파라오의 미라를 안전하게 보관하기 위한 피라미드도 건설되었다. 이러한 고대 이집트 인의 부활에 대한 믿음은 그 기원이 나일 강의 규칙적인 범람에 있는 것으로 보인다.

고대 이집트 인은 여러 신들을 신봉했다. 그 신들 중에서 오시리스는 누트와 게브의 장자로, 누이인 이시스와 결혼했다. 그는 이집트의 현명한 왕으로 이집트가 원시 상태에서 벗어나 문명사회에 접어들 수 있도록 백성들에게 옥수수, 포도, 보리와 같은 작물을 재배하고 수확하는 방법과 금속을 제련하여 도구와 무기를 제작하는 방법, 신을 숭배하는 방법 등을 가르쳤다.

그날도 오시리스와 이시스는 이집트의 방방곡곡을 돌아다니며 백성들을 가르친 후 궁전으로 돌아오는 길이었다. 그때 동생 세트는 형을 암살할 계획을 꾸미고 성대한 환영 잔치를 마련해 놓고 있었다.

"형님, 오랜 여행에 고생 많으셨지요? 형님을 위한 잔치이니 마음껏 즐겨 주셨으면 합니다."

"아우가 그렇게 마음을 써 주니, 정말 고맙군."

잔치가 무르익자 세트가 시종을 시켜, 값비싼 보석으로 치장한 호화로운 상자 하나를 가져오도록 했다.

"여러분, 오늘의 잔치에는 특별한 행사 하나가 준비되어 있습니다. 여기 있는 이 상자는 매우 값진 것입니다. 이 상자에 몸이 꼭 맞는 분께 상자를 선물로 드리겠습니다."

사람들은 재미있어하며 차례로 상자 속에 들어가 보았다. 하지만 꼭 맞는 사람은 아무도 없었다. 결국 오시리스만 남게 되었다. 세트는 형에게도 권했다.

"형님도 한번 들어가 보시지요."

"그럴까?"

오시리스가 상자 속에 들어가니 몸에 꼭 맞았다. 그 순간 세트와 그 일당이 우르르 달려 나와 상자 뚜껑을 덮어 버렸다. 그리고 상자를 납으로 밀봉한 뒤 나일 강물에 던져 버렸다. 사실 상자는 세트가 오시리스의 몸에 맞게 제작한 것이었다. 그렇게 해서 세트는 왕이 될 수 있었다.

이시스와 오시리스　이집트 신화에서 농경과 부활을 상징하는 신들이다.

오시리스의 시신이 든 상자는 강물에 실려 지중해를 떠다니다가, 비블로스(지금의 시리아)의 바닷가에 서 있는 한 나무둥치에 처박혔다. 나무는 그대로 자라 궁궐의 기둥으로 사용되었는데 그 기둥에서 향기가 난다는 소문이 퍼졌다. 그 소문은 남편의 시신을 찾아 헤매던 이시스의 귀에도 들어갔다. 이시스는 향이 나는 이유를 단번에 알아차리고 급히 비블로스로 달려가, 우여곡절 끝에 기둥 속에서 오시리스의 시신을 찾아냈다. 남편의 시신을 본 이시스는 하염없이 눈물을 흘렸고 그 때문에 지금도 6월이면 나일 강이 범람한다고 한다.

한편 오시리스의 시신은 이시스가 이집트로 운구해 와서 나일 강의 갈대숲 속에 숨겨 두었으나 세트에게 발견되고 말았다. 세트는 시신을 여러 토막으로 잘라 이집트 전역에 흩어 버렸다. 그러나 이시스는 천신만고 끝에 토막들을 되찾았고, 그것들을 결합시켜 온전한 미라로 만들었다. 결국 오시리스는 부활하여 이시스와 하룻밤을 보내게 되는데 그로 인해 호루스라는 아들이 태어났다. 그러나 오시리스는 산 자의 세계에서는 더 이상 살 수 없어, 죽은 자의 세계로 가서 그곳을 지배하는 왕이 되었다.

나일 강은 왜 주기적으로 범람할까? | 4대 문명 중 하나인 이집트 문명은 나일 강 유역에서 발상했다. 이는 나일 강 유역에서는 비옥한 토지를 이용하여 많은 양의 농작물을 수확할 수 있었기 때문이다. 일반적으로 강 하류는 토질이 부드럽고 상류에서 내려온 영양분의 함량이 높아서 농작물의 생산량이 많다. 그러나 강 유역에는 언제나 범람의 위험도 있다. 이 때문에 중국의 황허 강 유역에 정착한 사람들도 골머리를 앓았었다. 물론 나일 강도 범람한다. 그러나 다른 강과는 달리 범람이 주기적으로 일어나기 때문에 사람들은 범람의 시기를 예측하고 그에 대비할 수 있었다.

나일 강의 범람 나일 강은 우기 동안 상류에 집중되는 비로 인해 비교적 주기적으로 범람한다.

나일 강은 이집트의 상징이지만 사실 이집트에는 나일 강의 하류와 중류의 일부만 있고 나머지는 수단과 에티오피아에 있다. 이집트에서 남쪽으로 나일 강을 거슬러 올라가면 수단의 카르툼에서 청나일과 백나일로 나뉘며 그중에서 백나일은 우간다를 지나 아프리카 내륙 깊숙이 있는 빅토리아 호수에서 발원한다. 이 백나일의 수량은 연중 대체로 일정하다. 그러나 청나일은 그렇지 않다. 나일 강 전체 수량의 80 % 이상을 차지하고 있는 청나일은 에티오피아의 고원 지대에서 발원하며, 우기에 집중된

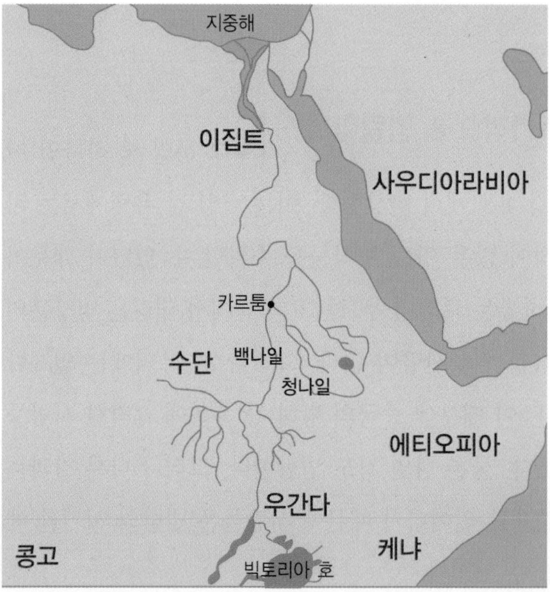

백나일과 청나일 나일 강은 수단의 카르툼에서 백나일과 청나일이 합쳐져 지중해 쪽으로 흐른다.

비로 인해 수량이 증가했다가 건기에는 감소한다. 즉 이집트의 나일 강이 범람하는 이유는 바로 청나일의 수량 증가 때문이다. 에티오피아에 비교적 규칙적으로 우기가 찾아오고 수천 킬로미터에 달하는 긴 길이 때문에 나일 강의 범람은 상당히 규칙적으로 일어난다. 이집트 중부 지방에서 나일 강의 수위는 6월에 상승하기 시작하여 9월까지 지속된다.

이와 같이 나일 강의 범람 주기는 비교적 규칙적이므로 고대 이집트의 농부들은 범람 이후에 비옥해진 땅에 파종을 한 뒤 작물을 재배하고 다음 범람 전에 수확을 함으로써 풍요한 생활을 영위할 수 있었다. 결국 우기에 에티오피아 북서부의 고원에 떨어진 빗물이 이시스의 눈물인 셈이다.

오시리스와 세트 사이의 갈등은 무엇을 의미할까?

오시리스, 세트, 호루스에 관한 신화는 시대와 지역에 따라 다른 버전이 있다. 가장 초기의 버전에서는 세트와 호루스가 형제간이며 이집트의 왕관을 놓고 싸운다. 싸움에서 호루스는 눈을 잃고 세트는 고환을 잃는다. 결국 구신군의 회의에서 호루스의 권위가 인정되어 싸움은 종결된다.

이러한 세트와 호루스의 싸움은 초기 왕조 시대에 벌어진 세트를 신봉하는 상이집트(남부)와 호루스를 신봉하는 하이집트(북부) 간의 내전을 의미하는 것으로, 상당히 오래된 역사로 보는 견해가 지배적이다. 세트를 상이집트 출신으로 보는 근거는 그가 상이집트의 상징인 흰색의 왕관을 쓰고 있는 모습으로 나타나기 때문이다.

상이집트는 이집트의 중류에서부터 카이로까지 비교적 좁고 긴 유역이고, 하이집트는 카이로에서부터 지중해까지 길이 100여 킬로미터에 넓이가 수백 킬로미터인 델타 지역이다. 각 이집트에 정착한 사람들은 종족도 다르고 신앙도 달랐다. 그들은 이집트의 지배권을 놓고 오랫동안 갈라져 싸웠으며 그러한 기나긴 내분의 역사가 바로 세트와 호루스 사이의 대립으로 묘사된 것이다.

세트와 호루스는 각각 상이집트와 하이집트를 대표하는 신들이지만 처음에는 지배자였을 가능성이 크다. 고대의 두 이집트는 통일과 분열의 역사를 반복했는데, 통일 이후 두 신이 손을 잡고 서 있는 모습으로 그려진 것으로 보아 어느 한 이집트가 다른 이집트를 완전히 정복한 것이 아니라 화해를 한 것으로 추정된다. 이후에도 이집트의 상하는 여러 번 분열과 통일을 거듭했다.

나중에 이집트의 신화에 오시리스가 등장하자 세트가 오시리스를 살해하고 호루스는 오시리스의 아들이 되는 내용으로 신화가 변질되었다. 호루스는 죽은 오시리스가 인간으로 잠시 부활하여 이시스를 임신시켜 낳은 아들이다. 성장한 호루스가 아버지 오시리스의 원수를 갚기 위해 세트와 싸우다 결국 신들의 재판에서 세트는 유죄를 인정받고 호루스가 왕위를 이어받는 것으로 종결되었다.

그런데 신왕국 시대에 이르면 신들의 재판에서 세트의 살인 혐의에 대해서는 별말이 없고 세트와 호루스 둘 중에서 누가 왕좌를 차지해야 하는가에 대해서만 논쟁한다. 배심원 역할을 하는 신들은 시시껄렁한 문제로 언쟁하고 세트와 호루스는 장기자랑을 해서 승부를 가리려고 하는 우스운 장면도 나온다. 이시스까지 오락가락하며 승부에 관여해 판결을 내릴 수 없게 되자 죽은 오시리스의 의견을 물어 호루스가 이집트의 지배자가 되고 세트는 폭풍우와 번개의 신이 된다.

일반적으로 세트는 어두움과 적대감의 상징으로 묘사되고 호루스는 그 반대인 빛과 호감으로 묘사되지만 반드시 그런 것도 아니다. 신화로 미루어 보면 호루스의 하이집트가 세트의 상이집트를 이긴 것으로 보이지만 세트가 악마 혹은 괴물로 묘사되지는 않았다. 심지어 후대에는 세트를 신봉하여 세티라고 이름 붙인 파라오도 등장했다.

세트와 호루스 사이의 갈등을 이집트의 대조적인 자연 환경으로 보는 사람도 있다. 즉 세트는 나일 강의 서쪽, 뜨겁고 메마른 사막을, 호루스는 나일 강 유역의 푸른 초원을 상징한다는 것이다. 사실 이집트는 사하라의 동편 끝자락에 위치한 사막 국가이며 나일 강에서 물이 공급되는 좁은 강 유역만 경작이 가능하다. 고대 이집트 인은 나일 강 유역을 벗어나면 사람은커녕 풀 한 포기 자랄 수 없는 삭막한 사막이 있다는 사실을 잊지 않았다. 그래서 그들은 넓은 사막이 전개되는 나일 강 서쪽을 죽은 자들의 영혼이 머무르는 곳으로 보았다.

오시리스의 부활은 무엇을 의미할까? | 고대 이집트 인의 지배적인 신앙은 태양 숭배였지만 오시리스 숭배 신앙도 초기 왕조 시대까지 거슬러 올라가는 아주 오래된 것이다. 후대로 가면 살아 있는 파라오는 태양신 라의 아들임과 동시에 오시리스의 아들인 호루스로서 세상을 통치하다가 죽은 후에는 사자의 세계에서 오시리스가 된다고 믿어, 라와 오시리스가 동일시되는 경향을 보이기도 했다. 신왕국 시대에는, 죽은 자는 모두 오시리스 앞에서 생전에 지은 죄에 대해 심판을 받는다고 생각하여 이를 대비하기 위한 수험서와 같은 파피루스 문서인 '사자의 서'를 부장품으로 넣어 두었다.

신화에서 오시리스는 죽었다가 부활해서 저승 세계의 왕이 되었다. 죽음 이후 부활에 대한 믿음은 자연 현상에 대한 고대인의 오랜 경험의 결과다. 예를 들어 태양이 지면 다음 날 다시 떠오르고, 강이 범람하면 모든 농작물이 펄에 묻혀 없어지는 것처럼 보이지만 물이 빠지면 새로운 생명이 나타난다. 특히 나일 강은 비교적 주기적으로 범람을 해 왔기 때문에 고대 이집트 인에게 영원히 죽어 없어지는 것은 없는 것처럼 보였고, 죽은 자는 오시리스와 같이 언젠가는 부활하는 것으로 생각되었다. 그리고 부활은 농경 생활에서 필수적인 현상이다. 봄에 뿌린 씨앗은 싹이 트고 자라서 열매를 맺는다. 가을에 수확을 하면 초목은 시들어 죽는다. 이런 일련의 일은 매년 반복된다. 즉 파종, 성장, 죽음의 주기가 바로 농업의 본질인 것이다. 그런 의미에서 오시리스는 고대 이집트 인이 숭배한 농경의 신이었다. 중왕국 시대에 오시리스는 밀이나 보리로 나타나기도 했고, 훨씬 후대이지만 그의 신체로부터 곡물의 새순이 올라오거나 밀과 흙을 바른 그의 미라를 땅에 묻었다는 기록도 있다. 이 모든 행위에는 다산을 기원하는 고대 이집트 인의 소망이 담겨 있는 것으로 보인다.

오시리스를 농경의 신으로 보는 데에는 별 문제가 없을 듯하지만, 농업에서의 구체적인 역할에 대해서는 약간의 고찰이 필요하다. 즉 세트에 의한 오시리스의 암살과 그 이후의 부활, 호루스의 출생 및 세트와의 싸움을 근동이나 중동 지방에서 흔히 볼 수 있는 서로 다른 두 계절의 반복적인 출현으로 보는 사람도 많지만, 이집트는 중근동과 달리 일 년 내내 비가 거의 오지 않는 곳이다. 따라서 세트를 건기로, 오시리스를 우기로 보는 것은 옳지 않다. 대신 세트는 작물의 수확 이후 새로운 범람이 일어날 때까지 나일 강의 수위가 낮아지고 땅이 메마르며 작물은 죽어 비틀어지는 시기를 상징하는 것으로 보고, 오시리스는 범람 이후 나일 강의 수위가 높아지고 들에는 새싹이 돋고 작물이 성장하는 계절로 보는 것이 더 설득력이 있다. 즉 오시리스가 죽은 4월경은 나일 강의 수위가 가장 낮은 시기로, 사막에서는 뜨거운 바람이 불어오고 초목은 시들어 간다. 그러나 6월경 이시스의 눈물이라고 불리는 나일 강의 증수가 시작되고 마침내 범람을 하면 사람들은 파종의 시기가 다가왔음을 알았다. 오시리스의 토막 난 시신을 이집트 여기저기에 흩어 버린 것은 범람 후 새싹을 피울 씨앗을 심는 행위다. 또한 죽은 자의 세계로 간 오시리스가 잠시 부활하여 호루스가 잉태되는 것도 바로 땅에 뿌려진 씨앗으로부터 다음 세대의 생명이 태어나는 것을 의미한다.

오시리스는 실제로 한 집단의 유목민을 이끌고 나일 강 유역에 최초로 정착한 지도자였을 수도 있다. 그랬을 경우 그는 자신의 부족에게 주기적으로 범람하는 강물을 이용하여 농사짓는 방법을 가르쳤을 것이다. 그 결과 사람들은 굶주리지 않게 되었고, 그러한 이야기는 입에서 입으로 여러 세대를 거치면서 오시리스가 농경의 신으로 등장하는 내용으로 변모했을 것이다.

피라미드는 파라오가 부활할 수 있도록 설계되었을까?

고대 이집트 인은 오시리스가 부활하여 저승 세계를 지배하는 왕이 되었고 오리온자리에 머물고 있다고 생각했다. 죽은 사람, 특히 파라오는 죽은 후 영혼이 오리온자리로 가서 오시리스를 만나 부활한다고 믿었다. 사실 고대 이집트 인만큼 열렬하게 부활을 믿은 민족도 드물다. 심지어 그들은 쇠똥구리가 쇠똥을 뭉쳐 땅속 구덩이에서 올라오는 모습에서도 부활을 상상했다. 그들은, 파라오는 물론 일반인도 미라로 만들었는데 그것은 부활의 시점이 왔을 때 영혼이 다시 깃들 육체가 필요하다고 생각했기 때문이다. 특히 파라오의 미라는 거대한 피라미드 속에 안치하여 부활할 때까지 안전하게 보관되도록 했다. 그러나 피라미드는 한 치의 빈틈없이 무거운 돌들로 쌓은 거대 구조물이다. 비록 파라오의 영혼이 있다 하더라도 피라미드에서 나가거나 피라미드로 들어올 수가 없을 것이다. 따라서 피라미드에는 파라오의 영혼이 오리온자리를 제대로 찾아갈 수 있는 통로가 필요했다.

이집트에는 많은 피라미드가 있는데 그중에서 가장 큰 것이 B.C. 2560년에 건설된 쿠푸 왕의 대피라미드다. 이 피라미드에는 외부로 향하는 네 개의 좁은 통로(왕의 방에 두 개, 왕비의 방에 두 개)가 있는데, 어떤 사람들은 단순한 환기통이라 하고 또 어떤 사람들은 그 이상의 의미가 있다고 말한다. 의미가 있다고 믿는 사람들은 네 개의 통로가 현재는 그렇지 않지만 대피라미드를 건설할 당시에는 부활과 관련

대피라미드 피라미드 중에서 가장 규모가 큰 쿠푸 왕의 피라미드를 대피라미드라고 부른다.

있는 특별한 방향을 가리키고 있었다고 주장한다. 건설 당시에는 대피라미드에 있는 통로들이 어떻게 해서 부활과 관련이 있는 방향을 가리키고 있었을까?

자전축의 세차 운동 때문에 지구에서 보는 모든 별들의 방향은 변한다. 이 변화 속도는 크지 않으나 대피라미드는 지금으로부터 약 4,570년

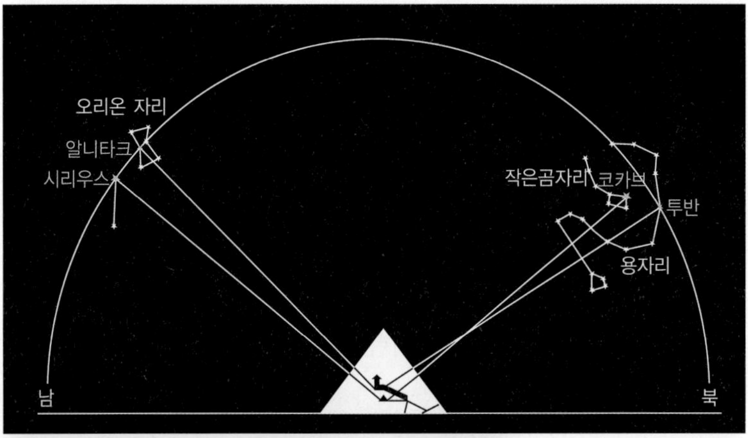

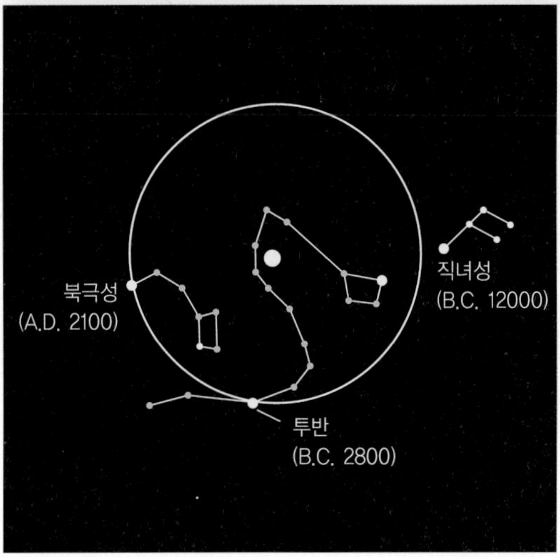

대피라미드의 통로와 건설 당시의 방향(위) B.C. 2560년에 건설된 대피라미드에 있는 네 개의 통로는 건설 당시에는 알니타크, 코카브, 시리우스, 투반을 가리키고 있었으나 지구 자전축의 세차 운동으로 현재는 그렇지 않다.

자전축의 방향 변화(아래) 2만 6,000년 주기의 자전축의 세차 운동 때문에 B.C. 2560년의 북극은 투반 방향이었으나, 현재는 북극성 방향이다.

전에 건축된 매우 오래된 것이기 때문에 통로가 가리키는 방향은 상당히 이동했다. 현재의 방향을 이용한 천문학적 역산에 따르면 건설 당시에 대피라미드에 있는 네 개의 통로들은 오리온자리의 알니타크와 작은곰자리의 코카브, 큰개자리의 시리우스, 용자리의 투반을 향하고 있었음을 알 수 있다. 이들 중에서 오리온자리는 부활의 상징이고, 시리우스는 새해를 상징하는 별이며, 투반은 당시에는 현재의 북극성에 해당했다.

오리온자리에는 무슨 일이 일어나고 있을까? | 오리온자리의 허리 아래쪽에 칼을 나타내는 세 별 중에서 가운데에 있는 것은 별이 아니라 M42와 M43이라는 성운들이다. 망원경 없이 맨눈으로도 자세히 보면 점이 아니라 뿌연 구름처럼 보인다. 이들은 기체와 작은 입자상의 물질이 구름처럼 모여 있는 성간 물질로서 별이 태어나는 곳이다.

성간 물질이 충분히 집중되어 있는 곳에서는 물질 입자 사이의 만유인력에 의해 기체가 수축하며 입자들은 충돌하여 열을 발생한다. 열에 의해 중심부의 온도가 수백만 도에 이르면 수소가 헬륨으로 변하는 핵융합[17] 반응이 일어난다. 이렇게 태어난 원시별은 처음에는 밝기가 변화하는 변광성으로 나타나지만, 5,000만 년 이내에 안정적으로 빛을 발하는 별이 된다. 별은 일생의 대부분을 이런 상태로 보낸다.

오리온자리에서는 지금도 우주 먼지, 즉 성간 물질로부터 새로운 별

---

17) 가벼운 원자핵 2개가 결합하여 보다 무거운 원자핵 1개로 변화하는 현상. 3장의 '태양을 쏘아 떨어뜨린 신' 편 참조.

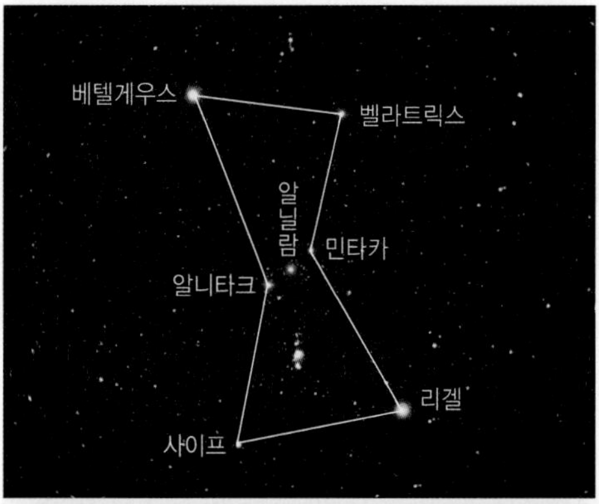

오리온자리(위) 오리온자리에는 리겔과 베텔게우스와 같은 밝은 별들이 많이 있어 찾기가 쉽다. 오리온의 허리 벨트에 해당하는 가로로 연결된 세 별은 우리나라에서는 '삼태성'이라고 부른다. 알니타크는 그중에서 가장 동쪽에 있는 별이다. 허리에서부터 거의 수직 방향으로 늘어뜨려진 별들은 오리온의 칼을 나타내며 바로 오리온 대성운이다.

오리온 대성운(아래) 붉은색으로 빛나는 M42와 M43은 한 개의 천체로 보이지만 서로 다른 두 개의 성운이다. 오른쪽의 청색 천체는 다른 성운들(반사 성운 NGC1973, NGC1975, NGC1977)이다.

성간 물질과 성운

성간 물질은 우주 공간에 특정한 형체를 이루지 않고 넓게 퍼진 상태로 분포해 있는 기체 혹은 고체(먼지)상의 물질이다. 성분 중에서 기체상의 물질은 주로 수소 원자이며 우주가 만들어질 때부터 존재하던 것이다. 고체상의 물질은 마이크로미터(μm) 크기의 입자로서 주로 탄소와 실리콘으로 구성되어 있으며 별의 진화 과정에서 내뿜어진 물질이다. 성간 물질은 밀집되어 있지 않기 때문에 육안으로 관측하기는 어렵다. 성간 물질을 '구름' 혹은 '성운'이라고 부르지만 구분은 모호하다.

들이 태어나고 있다. 마치 죽은 파라오가 부활하는 것처럼 말이다.

파라오는 언제 부활할까?

이집트 신화에서 오리온자리는 부활의 상징이다. 마치 파라오의 부활처럼 오리온 대성운의 성간 물질로부터 새로운 별들이 태어나고 있지만 그곳까지의 거리는 1,500광년으로 파라오의 영혼이 광속으로 달린다고 하더라도 왕복 여행에만 3,000년이 걸린다. 그 사이 지구 자전축의 세차 운동 때문에 파라오의 영혼이 나왔던 대피라미드의 통로는 다른 방향을 가리키고 있을 것이다. 그러나 만일 파라오의 영혼이 오리온자리에서 2만 3,000년을 머문다면 통로의 방향은 다시 오리온자리를 가리키게 된다. 대피라미드가 4,560년 전에 건축되었고 세차 운동의 주기가 2만 6,000년이기 때문에 만약 파라오의 영혼이 부활한다면 지금으로부터 2만 1,440년 후가 된다. 그때까지 이집트 인은 파라오의 미라를 소중히 보관하고 있어야 할 것이다. 그러나 대피라미드에는 발굴 당시부터 미라가 발견되지 않았는데 이에 대해 미라가 이미 도굴되었거나 아직 대피라미드 내부 어딘가에 있을 것이라는 두 가지 의견이 있다.

대피라미드 내 왕의 침실에서 본 통로 대피라미드에는 왕과 왕비의 침실에 각각 2개의 통로가 있다. 사진과 같이 왕의 침실에 있는 두 통로는 외벽까지 뚫려 있으며, 건설 당시에는 각각 오리온자리와 투반을 향하고 있었다.

가출하는 신

히타이트의 최고신은 폭풍우의 신 테슈브다. 테슈브는 폭풍우와 같이 성질이 거세고 급한 신으로, 아들인 텔레피누도 아버지를 닮아 성질이 급했다. 어느 날, 잠에서 깬 텔레피누는 갑자기 화를 내기 시작했다. 그는 성질을 부리다가 갑자기 집을 뛰쳐나가 버렸는데 어찌나 급하게 나갔는지 왼쪽 신은 오른발에 오른쪽 신은 왼발에 신고 나갔을 정도였다. 텔레피누가 어디로 갔는지는 아무도 알 수 없었다.

신들에게는 각자의 역할이 있었는데 텔레피누가 사라지자 세상에는 큰 변화가 생겼다.

> "창문은 안개로 덮이고 집은 연기로 가득 찼다.
> 아궁이에서는 장작불이 꺼져 갔다.
> 하늘의 신들뿐만 아니라 양과 소 들도 숨이 막혔다.
> 양과 소는 자신의 새끼를 밀쳐 멀리했다.
> 동물과 씨앗의 생산 능력이 없어졌다.
> 보리와 밀은 더 이상 자라지 않았다.
> 동물과 사람 들은 더 이상 임신을 하지 않았다.

이미 임신한 것들도 출산을 하지 않았다.
산과 나무가 말라 새싹이 움트지 않았다.
초원과 샘물이 말라 농장은 기아로 허덕였다.
사람뿐만 아니라 신들도 기아로 죽어 갔다."

그러자 위대한 태양신이 연회를 열어 수천이나 되는 많은 신들을 한 자리에 모았다. 그 자리에서 신들은 먹고 마셨으나 배가 부르지 않았고 갈증도 가시지 않았다. 보다 못한 테슈브가 말했다.

"이 모든 것이 내 아들 텔레피누가 사라졌기 때문이다. 그가 좋은 것을 모두 가져가 버렸어."

더 이상 두고 볼 수 없었던 신들이 텔레피누를 찾아 나섰다. 태양의 여신은 독수리를 날려 텔레피누를 찾도록 했다.

"높은 산과 깊은 계곡은 물론 검푸른 바닷속까지 모두 살펴보아라!"

그러나 신들은 물론 독수리도 텔레피누의 행방을 알아내지 못하고 빈손으로 돌아왔다. 궁리 끝에 테슈브는 대모신인 한나한나를 찾아가 텔레피누를 찾아 달라고 부탁했다. 한나한나는 작은 꿀벌 한 마리를 불러 지시했다.

"텔레피누를 찾아라. 그를 찾으면 팔다리에 침을 놓고 밀랍을 눈과 발에 발라 정화시켜라."

꿀벌은 여기저기를 찾다가 마침내 숲 속에서 정신없이 자고 있는 텔레피누를 발견했다. 텔레피누에게 다가간 꿀벌은 주저 없이 그의 팔과 다리에 벌침을 놓고 눈과 발에 밀랍을 발랐다. 놀라 선잠에서 깨어난 텔레피누는 펄쩍 뛰었다.

"감히 내 팔다리를 쏘다니! 몸에는 무엇을 칠한 게냐!"

텔레피누가 격렬하게 화를 내자 세상은 더욱 황폐해져 갔다. 그나마 조금 남아 있던 샘물까지 완전히 말라 버려 가축은 물론 사람들까지 죽어 갔다. 당황한 태양의 여신은 마법의 여신 캄루세파에게 텔레피누를 진정시켜 줄 것을 부탁했다. 캄루세파는 음식을 차려 놓고 주문을 외웠다.

"무화과가 달콤한 것처럼, 텔레피누 그대의 영혼도 달콤해지리라. 올리브 속에 기름이 있는 것처럼, 포도 속에 와인이 들어 있는 것처럼, 텔리피누 그대의 마음과 영혼 속에 친절함이 깃들지어다. 불이 꺼지듯이, 텔리피누의 노여움과 격정이 사라지리라."

장시간의 의식이 끝나자 텔레피누의 화가 누그러졌다. 그리고 마침내 텔레피누가 집으로 돌아오자 집을 둘러싸고 있던 안개가 걷히고 연기가 사라졌다. 아궁이에는 불이 일어났고, 가축은 새끼를, 엄마는 아기를 돌보기 시작했다. 텔레피누는 왕과 왕비에게 불로장생과 힘을 부여했다. 다시금 온 세상에 생기가 가득 찼다.

텔레피누의 가출과 귀환은 무엇을 상징할까? | 철제 전차를 탄 전사의 이미지와는 달리 히타이트 인은 가출한다는, 재미있는 성격의 신 텔레피누를 고안했다. 텔레피누는 수메르의 두무지, 그리스의 페르세포네, 시리아의 아도니스와 같은 농경과 다산의 신이었다. 가나안의 바알과는 달리 폭풍우의 신은 아니지만 같은 역할을 했다. 농경과 다산의 신이 지상에서 활동하면 들에는 비가 내려 뿌린 씨앗에서 싹이 터서 자라고 동물은 풀을 뜯어 성장하고 새끼를 낳을 수 있다. 곡

테슈브의 부조 테슈브는 히타이트의 주신으로 농경에 중요한 폭풍우를 상징한다. 히타이트 인은 그의 아들 텔레피누가 없으면 농경이 불가능해진다고 믿었다.

식이나 가축과 같은 자연의 산출물에만 의존해서 살아왔던 고대인에게는 매년 일어나는 계절의 반복이 신기하기만 했다. 결국 그들은 자연 변화를 일으키는 신들을 고안하게 되었다.

농경과 관련된 신들은 대체로 생명이 부활하는 계절인 봄에 나타난다. 초목이 시들고 쌀쌀한 가을과 겨울이 지나면 봄은 계절의 신과 함께 돌아와 새로운 생명의 역사를 다시 시작하는 것이다. 새봄과 함께 새싹이 트고 동물도 번식하는 것을 신이 세상에 생명력을 가지고 오는 것으로 본 것이다. 히타이트의 텔레피누도 그러한 신으로, 그가 없으면 식물은 말라 버리고 동물도 번식을 중단한다. 그러면 작물을 재배하고 가축을 길러 생활하는 인간은 굶주리게 되고 인간이 바치는 제물에 의존하는 신들은 배고프게 된다. 따라서 텔레피누가 사라졌을 때 그를 찾은 것은 인간만이 아니었다. 신들도 열성을 다해 그를 찾았다. 마침내 그가 돌아왔을 때 신들은 텔레피누가 다시는 사라지지 않도록 장황한 의식을 치른다. 그러자 비가 내려 들에는 생기가 돌고 동식물도 성장과 번식을 하게 된다. 나아가 텔레피누는 왕권에 힘까지 부여한다.

고통받는 신

로마 시대의 중후반이면 새로운 신화가 형성되는 시기라고 보기는 어려울 때다. 그때 3월 중순, 로마 시내에서 한 무리의 사제들이 어떤 의식을 진행하고 있었다. 그들은 소나무 둥치를 신전으로 운반해 와서 보랏빛 제비꽃으로 장식한 다음, 며칠 동안 둥치를 둘러싸고 북, 피리, 심벌즈를 연주하다가, 자신들의 신체를 자해하고 흐르는 피를 나무둥치에 뿌리는 광적인 행동까지 했다. 그리고 축제의 마지막 날에는 은으로 만든 여신상의 머리에 신성한 돌을 얹고 시가행진을 하다가 강으로 가서 목욕시키는 것으로 의식을 마쳤다. 이 의식을 거행한 사제들은 모두 스스로 거세한 자들이었다.

광적인 사제들이 신봉한 신은 소아시아 지방에서 유래한 키벨레라고 하는 대모신과 그의 연인 아티스였다. 키벨레는 B.C. 204년 로마가 한니발[18]의 위협에 떨고 있을 때 로마를 지켜 줄 것이라는 예언에 따라 로마 시민들이 숭배하게 된 여신이다. 그때 로마의 예언자는 하

---

18) Hannibal(B.C. 248~B.C. 183). 카르타고의 명장으로, 알프스를 넘어 로마를 침공했으나 실패했다.

늘에서 떨어진 신성한 돌까지 시민들에게 보여 주었다고 한다.

키벨레에 관한 신화는 여러 버전이 있다. 여기서는 키벨레가 자신의 손자 아티스를 사랑했으나 비참한 종말을 초래하는 내용을 소개한다.

키벨레는 프리지아, 즉 소아시아 북부 지방의 여신이었다. 제우스가 그녀를 사랑했으나 거부당했다. 여신이나 인간 여성 중에서 제우스를 거부한 것은 키벨레가 유일할 것이다. 결국 제우스는 키벨레의 의사와는 상관없이 키벨레가 잠든 틈을 타 그녀를 덮쳤다. 그러나 키벨레의 또 다른 이름은 '산의 어머니'. 그녀는 단단한 바위로 변신하여 잠들어 있었다! 제아무리 제우스라고 하지만 단단한 바위를 어찌하지 못하고 바위에 사정을 하고 말았다. 이런 경우 신화에서는 대개 여신이나 여성은 임신을 하게 된다. 헤파이스토스와 아프로디테 그리고 아레스와 아테나 사이에서도 그런 일이 일어났다.

키벨레가 이렇게 임신하여 낳은 자식은 양성인 아그디스티스였다. 어떻게 태어났든 그는 신들의 왕인 제우스의 자손이었다. 아그디스티스가 가진 힘은 엄청났고 성질 또한 사나웠다. 이를 알게 된 다른 신들은 그가 나중에 자신들을 해칠까 봐 두려워졌다. 그래서 공모하여 아그디스티스의 남성을 잘라 버렸는데, 그 상처에서 피가 강물처럼 흘러나와 땅을 적셨다. 그리고 피가 스며든 땅에서는 아몬드 나무가 솟아나 열매가 많이 맺혔다.

키벨레와 아티스의 부조 소아시아의 풍요와 다산의 신들로, 로마에까지 전래되어 한동안 이들에 대한 숭배가 성행했다.

어느 날, 강의 요정 난나가 그곳을 지나게 되었는데 그녀는 떨어지는 아몬드를 다리 사이에 넣었다가 임신하게 되었다. 난나는 잘생긴 남자아이 아티스를 출산했고 염소를 키우는 목동이 그를 키웠다. 아티스는 정말 아름다운 청년으로 성장했다. 할머니인 키벨레까지 반할 정도였다. 그러나 그는 인간 여성을 좋아하여 결국 결혼식까지 올렸다. 이를 알게 된 키벨레는 질투심에 불타 마법으로 아티스를 미치게 만들었다. 미친 아티스는 산속을 헤매다가 소나무 앞에서 자신을 거세해 버렸다. 피를 너무 많이 흘린 아티스는 죽어 갔고 그 피에서 보랏빛 제비꽃이 피어났다. 그제야 자신의 행동을 후회한 키벨레는 제우스에게 아티스의 육체를 영구히 보존해 달라고 간청했다. 키벨레의 소원대로 제우스는 아티스를 소나무로 만들었다.

이후로 프리지아 사람들은 해마다 죽은 아티스를 기리는 의식을 거행했다. 의식을 주관하는, 갈리(galli)라고 불리는 사제들은 스스로 거세한 자들이었다. 사제들은 소나무를 잘라 키벨레의 사원으로 운반해 와서 제비꽃으로 장식했다. 그들은 그것을 죽은 아티스의 육체라고 여기며 나무둥치를 둘러싸고 사흘 동안 그의 죽음을 슬퍼하다가 사흘 후 아티스가 부활했다고 생각하고 즐거워하며 광란의 축제를 벌였다.

신화에서 키벨레는 제우스의 노리개에 지나지 않는 것으로 보이지만 프리지아에서는 신들의 어머니인 대모신이었다. 그러나 그리스로 전래될 때 대모신은 올림포스 신들보다 낮은 지위로 격하되고 말았다.

아몬드에는 어떤 의미가 있을까? | 아몬드 나무는 원산지가 북부 인도에서 지중해 연안으로 추정되는 장미과 식물로, 비교적 건조한 기후에서 잘 자란다. 지금은 지중해 연안과 중앙아시아의 넓은 지역에 야생종이 분포하며 미국의 캘리포니아에서 가장 많이 재배되고 있다.

아몬드 나무는 매화나무, 살구나무, 자두나무, 벚나무 등과 함께 벚나무속에 속하며, 이들 나무는 딱딱한 씨앗 주위에 과육이 둘러싼 열매를 맺는 공통점이 있다. 그러나 아몬드 나무는 매화나무 등과 달리 과육보다는 씨앗을 먹을거리로 제공한다. 아몬드 나무의 씨앗인 아몬드에는 쓴맛을 내는 것과 단맛을 내는 것이 있는데, 우리가 먹는 것은 단맛의 씨앗이다. 아몬드 씨앗에는 탄수화물이 적고 지방이 많으며 지방 대부분은 불포화 지방산으로 구성되어 몸에 나쁘지 않다고 한다.

물론 신화에서 아몬드가 생명의 씨앗처럼 묘사된 것이 이러한 영양학적 기능 때문은 아닐 것이다. 그것은 옛날 사람들도 인간의 씨앗이 남성의 고환에서 만들어진다는 사실을 알았으며 아몬드가 그러한 남성의 고환과 모양이 흡사하기 때문이 아닐까 추정해 볼 수 있다. 고대인이 남성의 고환에서 생명의 씨앗이 만들어진다는 사실을 알고 있었다는 것은 싸움에서 패배한 신들이 거세되었던 일화로 입증된다. 그리스 신화에서 우라노스가 아들 크로노스에 의해 거세되었고, 히타이트 신화에서는 아누가 아들 쿠마르비에 의해 생식기를 물어 뜯겼다. 거세는 생산 능력의 제거, 즉 생명의 씨앗을 만들 능력을 없애는 것을 상징한다. 이것으로 볼 때 아몬드를 몸속으로 받아들인 요정 난나가 임신한다는 고대인의 생각이 그렇게 부자연스럽게 보이지만은 않는다.

아몬드가 생명의 씨앗으로 비쳐진 데는 또 다른 이유가 있다. 아몬드 나무는 다른 어떤 유실수보다 개화 시기가 이른 식물이다. 지중해 연안에서는 1월에 꽃이 피기 시작한다고 한다. 벚나무속의 나무들은 잎보다 꽃이 먼저 핀다. 겨울 동안 쌀쌀한 날씨에 숨죽여 있던 아몬드 나무에 연분홍 꽃이 피기 시작하면 사람들은 봄이 다가왔음을 알아차렸다. 아몬드 나무는 생명의 부활 시기가 다가왔음을 알리는 전령사

포화 지질과 불포화 지질

지방산은 화학적으로 말하자면 카르복시기라고 하는 원자단(원자의 집단)을 가진 사슬 모양의 유기물 분자다. 카르복시기는 식초의 신맛을 내게 하는 아세트산의 원자단이다. 지방산이라는 이름을 얻게 된 것은 지방산이 지방을 가수분해(물을 가하면서 분해)하면 생성되는 물질로서 산성을 띠기 때문이다. 지방이나 지방산은 지질이라고 하는 보다 광범위한 물질의 부류에 속한다. 이들은 모두 물에는 녹지 않으나 에테르와 같은 유기용매에 녹고 생물체 내에서 합성되는 특징이 있다.

다수의 탄소를 가진 유기물에서 탄소 사이의 결합은 전자쌍을 공유하는 형태이며, 이를 공유결합이라고 한다. 공유결합에 사용된 전자쌍의 수가 1개뿐이면 단일 결합, 2개이면 이중 결합, 3개이면 삼중 결합이라고 한다.

지방산에도 여러 개의 탄소가 서로 결합해 있으며, 그 결합이 모두 단일 결합이면 포화 지방산, 이중 결합이나 삼중 결합이 하나라도 있으면 불포화 지방산이라고 한다. 포화와 불포화 사이의 구분은 탄소에 수소가 결합할 수 있는 여지가 있는지 없는지에 따른 것이다. 불포화 지방산의 탄소 사이에는 이중 혹은 삼중 결합이 있기 때문에 전자쌍 중 일부가 수소가 공유결합하는 데 사용될 수 있으나, 포화 지방산의 탄소 사이에는 단일 결합만이 존재하기 때문에 그럴 여유가 없다.

인체에는 적정량의 포화 지방산과 불포화 지방산이 필요하며 이들을 스스로 생산하거나 음식물로부터 섭취한다. 그러나 포화 지방산의 일부는 혈관 벽에 침착되어 혈액 순환을 방해하고 혈압을 올릴 수 있다. 이와는 달리 불포화 지방산은 오히려 침착된 포화 지방산을 녹여 내어 혈액 순환을 원활히 해 주는 역할을 한다. 대체로 동물성 지방에는 포화 지방산의 비율이 높고 식물성 기름에는 그 비율이 반대로 되어 있다는 사실에 비추어 보면, 육류 지방의 섭취는 가능한 줄이고 대신 견과류의 기름을 섭취하는 것이 건강에 좋다는 것을 알 수 있다. 그러나 지방산에는 열량이 많기 때문에 이들의 과다한 섭취는 비만을 초래할 수 있음도 고려해야 한다.

역할을 했던 것이다. 그것을 보고 사람들은 희망을 가지고 농사 준비를 했을 것이다. 잘 알려지지 않은 그리스 신화 중 하나인 필리스와 데모폰의 슬픈 이야기에서도 아몬드 나무는 희망과 생명의 상징으로 비쳐진다. 트라키아의 공주였던 필리스는 트로이 전쟁에 참여한 아테네의 용사 데모폰의 돌아오겠다는 약속을 믿고 그를 기다리다가 지쳐서 죽고 말았다. 여신 아테나는 그녀를 불쌍하게 여겨 아몬드 나무로 변신시켰다. 그러나 그 아몬드 나무에서는 꽃이 피지 않았다. 뒤늦게 도착한 데모폰이 나무둥치를 끌어안으니 비로소 꽃이 피었다고 한다.

고흐의 그림에도 아몬드 나무가 서 있다. 한평생을 암울하게 살았던 그도 이른 봄을 화사하게 장식하는 아몬드 꽃으로부터 희망과 생명을 갈구한 건 아닐까?

옛날부터 중동에서 살아온 유대 인의 기록에 따르면, 아몬드 나무는 신의 약속이 지켜짐을 상징한다. 이런 상징의 배경에는 아몬드 나무의 어원인 '쇼케드' 라는 히브리 어 동사가 있다. '쇼케드' 에는 '지켜보다, 경계하다, 깨어 있다, 섬세하게 보호하다' 라는 의미가 있다. 이 의미로부터 신의 약속이란 바로 어김없는 계절의 변화임을 추측할 수 있다. 즉 신은 차가운 겨울 동안 죽은 듯 동면에 빠진 대지로부터 생명이 부활할 것임을 약속했고 그 약속의 이행은 어느 식물보다 먼저 꽃을 피우는 아몬드 나무를 보면

고흐의 꽃이 핀 아몬드 나무 지중해 연안에서 흔히 볼 수 있는 아몬드 나무는 겨울의 끝자락에 잎보다 꽃이 먼저 피기 시작하여 봄이 멀지 않았음을 알린다. 불운했던 고흐의 눈에도 아몬드의 개화는 희망의 상징으로 비쳤을 것이다.

알 수 있다는 것이다. 이런 이유로 유대 인은 아몬드 나무에 '신의 약속 이행'의 속성이 있다고 본 것이다.

고대인에게 겨울은 견디기 힘든 시간이었다. 산과 들은 주검으로 채워져 있을 뿐 먹을 것은 없었다. 유일한 희망은 새로운 생명이 싹트는 봄이 오는 것뿐이다. 허기에 지쳐 쓰러질 때쯤 아몬드 나무에서 꽃이 피기 시작한다. 그제야 사람들은 봄이 머지않았음을 알았고 삶의 끈을 놓지 않으려 마지막 기력을 다했다. 아몬드 나무를 통해 전해지는 신의 약속은 해마다 어김없이 지켜졌고, 그에 따라 고대인은 희망을 버리지 않고 살 수 있었다.

신의 거세는 무엇을 의미할까?

키벨레와 아티스 신화의 원산지는 프리지아 지방으로, 그곳은 산악 지대의 특성상 대륙성 기후가 가미된 지중해성 기후 지역이다. 여름보다는 가을과 겨울에 비가 많이 오지만 동시에 춥다. 이 신화가 처음 형성될 무렵, 프리지아의 고대인은 수확이 끝나 더 이상 생산을 할 수 없는 가을 들판을 마치 거세되어 생명력을 상실한 남신으로 보았다. 신의 죽음도 거세와 동일한 의미다. 그러나 봄이 되면 새싹이 돋아난다. 이를 보고 프리지아 사람들은 죽었던 아티스가 키벨레에 의해 다시 부활한 것이라고 생각했다. 로마에서 유행한 광란적인 키벨레-아티스의 의식도 파종 시기인 3월의 춘분 전후에 거행되었다.

사제들이 신을 따라 스스로 거세한 것은 신의 부활, 즉 따뜻한 봄을 기원하는 행위였다. 시간과 공간을 막론하고 신에게 무엇인가를 기원했던 인간은 자신의 소유물 중 일부를 신에게 바쳤다. 이 신화에서는 남성의 생산 능력을 신에게 바친 것이다.

제3장

경험과 상상

과학의 출발점은 상관관계의 발견이다. 즉 원인과 결과를 연결하는 것이다. 그러나 상관관계의 발견이 곧 과학을 말하는 것은 아니다. 겉으로 드러나는 단순한 관계 이상으로 보다 미시적인 관점에서 원인과 결과를 분석해야 보편적인 지식의 체계를 형성할 수 있기 때문이다.

고대인도 경험을 통해 많은 상관관계를 알고 있었을 것이다. 그러나 그들이 가진 빈약한 기초 지식과 도구는 그것을 과학으로 발전시키기에는 역부족이었다.

부족한 과학의 자리는 상상력이 차지했다. 구태여 신의 이름을 빌릴 것도 없이 그들은 자신들이 알고 있는 상관관계를 거리낌 없이 확장해 적용했다. 결과적으로 그들에게는 불가능한 일이 별로 없었다.

고대인의 상상에도 때로는 한계가 있었다. 설명할 일이 엄청난 규모의 일일 경우다. 그때는 그들도 신에게 도움을 청했다. 물론 신의 이름을 부르는 것만으로 더 이상의 해명은 필요 없었다. 신은 초자연적인 존재이기 때문이다. 결국 무한한 신의 능력에 의해 현대인에게는 불가능한 일도 당시에는 가능한 것으로 생각된 것이 많았다.

고대인이 상상했던 일이나 신의 능력에 의해 일어나는 것으로 생각되었던 자연 현상 중에는 물질의 본성을 이해함으로써 설명될 수 있는 것들이 많이 있다. 현대 과학의 관점에서 보면, 물질의 본성은 그 물질을 구성하고 있는 구성단위의 상호작용에 의해 설명된다. 물질의 구성단위는 눈으로는 관찰할 수 없는 매우 작은 입자다. 구성단위가 원자와 같은 입자인 경우도 있지만 상황에 따라서는 그보다 더 작은 규모의 입자일 수도 있다. 어쨌든 물질을 이루고 있는 아주 작은 입자들의 정체와 그들 사이의 상호작용을 이해하는 것이 일부 신화를 과학적으로 해석할 수 있는 지름길이 된다.

그러한 과학의 대표적인 분야가 물리학이다. 물리학은 물체에 작용하는 힘과 운동 상태의 변화와 같은 거시적인 자연 현상에도 관심을 가지지만 물질의 성질과 변화를 가장 본질적인 수준에서 규명하는 것을 목표로 하고 있다. 여기서는 주로 물리학의 입장에서 해석할 수 있는 신화를 찾아 그 내용을 물리학 용어로 표현하거나 미시적인 규모에서 일어나는 물질계의 근원적인 변화 과정으로 재구성한다.

건달들의 무용담

그리스 신화의 이아손은 이름이 비슷한 아이손 왕의 아들이었으나 부왕 아이손이 삼촌인 펠리아스에게 이올코스(그리스 중동부의 해안 도시)의 왕위를 빼앗겼을 때 함께 쫓겨났다. 그런데 펠리아스는 왕위를 차지하기 전에 여신 헤라의 신전에서 살인을 저질렀기 때문에 헤라의 미움을 받고 있었다. 그 때문에 한쪽 신발만을 신은 자에게 왕위와 목숨까지 잃게 될 것이라는 신탁을 받았다.

궁전에서 쫓겨난 이아손은 반인반수의 케이론이 운영하는 학교에서 교육을 받으며 훌륭한 청년으로 성장했다. 세월이 흘러 학교를 졸업하고 세상에 나온 어느 날, 이아손은 냇가에 주저앉아 있는 한 노파를 만나게 되었다.

"젊은이, 나를 업어 개울을 건너 줄 수 있나?"

"그러죠, 할머니."

그 노파는 헤라가 변신한 것이었다. 헤라는 펠리아스에게 복수를 해 줄 사람을 찾고 있었는데, 펠리아스가 아니었으면 왕이 되었을 이아손이 가장 적절한 후보로 보였다. 뿐만 아니라 노인을 업어 개울을 건너게 해 줄 정도로 예의를 갖춘 것도 헤라의 마음에 들었다. 헤라는 이아손을 도와 펠리아스에게 복수하기로 결심했다. 그렇게 이아손은 노파로 변신한 헤라를 업고 개울을 건너게 되었는데, 물을 건너는 도중에 한쪽 신발을 잃어버리고 말았다. 결국 이아손은 한쪽 신발만을 신은 채 펠리아스를 찾아갔다.

"당신의 왕위는 내 것이니 당장 내놓으시오!"

펠리아스는 이아손이 신발을 한쪽만 신은 것을 보고 덜컥 겁이 났지만, 잠시 머리를 굴려 한 가지 제안을 했다.

"코르키스 왕국에 있는 황금 양가죽을 가져오면 왕위를 넘겨주겠다."

펠리아스는 코르키스라는 곳이 이올코스에서 배를 타고 지금의 보스포러스 해협을 지나 흑해를 가로질러 가야 할 정도로 멀리 있을 뿐만 아니라 황금 양가죽도 아무나 가져올 수 있는 것이 아님을 이미 알고 있었다.

하지만 이아손은 펠리아스의 제안을 수락하고 황금 양가죽을 가져오기 위해 재주가 있거나 힘이 센 사람들을 모집한다는 광고를 했다. 이아손의 호소에 끌려 그리스의 각 지방에서 많은 재주꾼과 용사 들이 모여들었다. 그들 중 목수 아르고스는 바다를 건너는 데 필요한 '아르고호'라는 배를 만들었고 오르페우스라는 음악가는 리라(현악기의 일종)를 연주하여 용사들을 위로했다. 리라 소리가 너무 작으면 오르페우스는 소라 껍데기를 가까이 대 소리를 크게 했다. 유명한 헤라클레스도 잠깐 동안이지만 행동을 같이했다.

아르고호의 영웅들은 험난한 항해 끝에 코르키스에 도착했다. 그들은 그곳의 왕인 아이에테스를 만나 자신들의 여행 동기와 그 사이에 겪은 일들을 이야기하며 황금 양가죽을 달라고 요청했다. 그러자 왕은

아르고호의 건조 여신 아테나(왼쪽), 티피스(가운데), 아르고스(오른쪽) 등이 아르고호를 건조하고 있다. A.D. 1세기경 로마 시대에 만들어진 테라코타 부조다.

무서운 황소와 무사로 변하는 뱀 이빨이 황금 양가죽을 지키고 있으니 싸워서 이기면 가져가라고 했다.

황금 양가죽을 지키고 있는 황소는 청동으로 만들어진 발굽으로 상대방을 짓밟을 뿐만 아니라 불까지 뿜어 댔다. 그리고 뱀 이빨은 땅에 뿌려지면 무시무시한 철인으로 변해 닥치는 대로 상대를 죽였는데 그러한 뱀 이빨이 한 자루나 있었다. 아무리 용맹한 그리스의 용사들이지만 그렇게 엄청난 괴물을 이길 수 없음을 알고 있었기에 아이에테스 왕은 그러한 제안을 한 것이다.

이아손 일행은 왕의 제안을 놓고 의논을 했으나 자신들의 힘으로는

메데이아와 이아손 2세기경 대리석에 새겨진 것으로, 메데이아와 이아손의 결혼을 표현한 것이다.

괴물을 이길 수 없다는 판단을 내리고 황금 양가죽을 포기하기로 했다. 그렇게 풀이 죽은 아르고호의 영웅들이 짐을 꾸려 돌아가려고 할 때 구세주가 나타났다. 바로 공주 메데이아였다. 이아손 일행이 황금 양가죽을 포기하려는 기색을 보이자 헤라가 미의 여신 아프로디테에게 도움을 청해 메데이아가 이아손을 사랑하도록 마법을 건 것이다. 사랑의 포로가 된 메데이아는 아버지의 뜻을 거스르고 이아손에게 다가가 속삭였다.

"제가 괴물들과 싸워 이길 수 있는 방법을 가르쳐 드릴게요. 제게는 신비한 약과 마법의 돌이 있어요. 그 약을 온몸에 바르면 불을 뿜는 황소와 싸울 때 화상을 방지할 수 있고, 마법의 돌을 철인들에게 던지면 서로 죽이게 된답니다. 대신, 일이 끝나면 절 데리고 떠나 주세요."

이아손은 메데이아와 미래를 약속했음은 물론 메데이아가 준 약을 몸에 바르고 황소와 싸워 이겼으며 마법의 돌을 던져 철인들이 서로를 죽이게 만들어 마침내는 나무에 걸려 있는 황금 양가죽을 손에 넣을 수 있었다.

소라 껍데기는 어떻게 소리를 크게 할 수 있을까? | 물체가 진동하면 주위 공기가 같은 진동수로 진동하게 되며 이 공기의 진동을 '소리'라고 한다. 즉 소리는 물체의 진동이 공기의 진동으로 바뀌어 사방으로 퍼져 나가는 현상이다.

피아노와 같은 타현악기에는 각 음정을 내는 현이 있다. 예를 들어 피아노의 중앙에 있는 '라' 건반을 치면 440헤르츠(Hz)의 진동수로 진동을 한다. 다른 현은 다른 진동수로 진동한다. 이와 같이 현이 낼 수 있는 소리의 특정한 진동수를 '고유진동수'라고 한다.

소라를 불고 있는 사람 소라 껍데기는 특정한 진동수의 소리에 대해 공명한다. 공명의 결과, 소리가 증폭되어 크게 들린다.

현뿐만 아니라 모든 물체에는 고유진동수가 있으며 현을 튕기거나 물체를 때리는 방법으로 충격을 주면 그 진동수로 진동하게 된다. 물체마다 다른 소리를 내는 이유가 바로 이 때문이다. 그러나 물체의 재질과 형태에 따라 고유진동수가 뚜렷하지 않거나 여러 개인 경우도 있다.

반대로 물체에 음파가 와서 닿으면

진동수

한 점을 중심으로 규칙적으로 반복하는 운동을 진동이라고 한다. 예를 들어 기타 줄을 튕기면 줄의 각 점은 중심점의 상하로 규칙적인 왕복 운동을 하게 된다. 이 왕복 운동의 빠르기를 진동수라고 한다. 즉 1초 동안에 되풀이되는 왕복 운동의 횟수가 바로 진동수다. 진동수의 단위로는 헤르츠(Hz)를 흔히 사용한다. 예를 들어 60헤르츠는 진동이 1초에 60번 일어나는 경우의 진동수다.

악기를 연주했을 때 소리를 들을 수 있는 것은 악기의 진동이 공기의 진동을 일으키고 그것이 귀로 전달되기 때문이다. 즉 소리는 공기의 압력이 높았다 낮았다 반복되는 진동인 것이다.

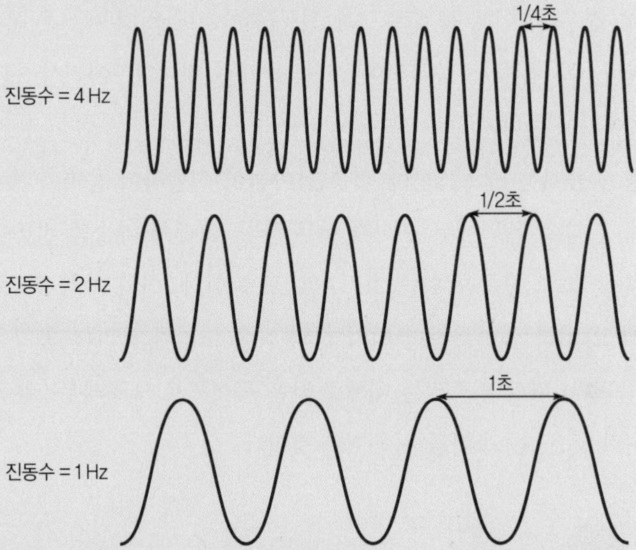

진동수 | 진동은 줄이나 공기와 같은 매질이 반복적으로 운동하는 것이다. 매질의 각 점은 한 점을 중심으로 왕복 운동을 하며 그것을 시간에 따라 나타내면 사인 곡선으로 나타난다. 인접한 최고점 사이의 간격이 1회 왕복 운동에 걸리는 시간이다. 이를 주기라고 한다. 진동수는 주기의 역수이고 1초 동안에 일어나는 왕복 운동의 횟수다.

구형 축음기 회전하는 레코드판에 접촉한 바늘의 진동이 나팔에 공명을 일으켜 소리가 크게 들린다.

그 물체는 음파와 같은 진동수로 진동하게 된다. 즉 물체가 음파의 에너지를 흡수하는 것이다. 이때 음파 에너지의 일부만이 흡수된다. 가장 큰 에너지가 흡수되는 경우는 음파의 진동수가 물체의 고유진동수와 같은 경우다. 이때 물체는 크게 진동하며 그에 의해 새로운 음파가 발생한다. 즉 음파가 증폭되어 크게 들리는 것이다. 이러한 현상을 '공명' 이라고 한다.

구형 축음기는 레코드판에 접촉한 바늘이 진동하여 음파를 발생시키는데, 그대로 듣기에는 소리가 너무 작다. 그래서 바늘의 진동을 공명 상자를 통해 증폭하여 큰 소리가 나도록 한다. 이와 마찬가지로 소라에 대고 리라를 연주하면 리라 현의 작은 소리가 소라의 공명을 통해 증폭된다. 리라의 소리는 대체로 낮은 음이므로 오르페우스는 고유진동수가 낮은, 큰 소라를 사용했을 것이다.

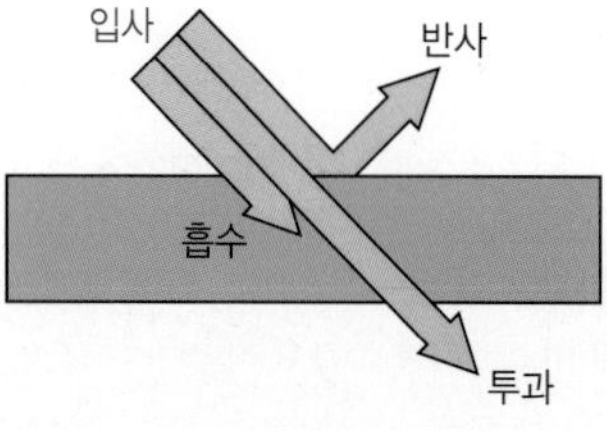

빛의 투과와 반사 물질에 입사한 빛은 흡수, 투과, 반사의 세 가지 현상을 일으킨다. 물질의 종류와 입사광의 파장에 따라 비율은 달라지지만 세 가지 모두 동시에 일어난다.

에너지

에너지는 자연 변화의 원동력이라고 할 수 있다. 또한 에너지는 여러 가지 형태로 존재하지만 그 합은 일정하다는 경험 법칙이 항상 지켜지고 있다. 이를 '에너지 보존 법칙'이라고 한다. 결국 모든 자연 변화 과정은 한 형태의 에너지가 다른 형태의 에너지로 변환하는 과정인 셈이다.

에너지의 형태로는 운동하는 물체가 가지고 있는 운동 에너지와, 힘을 받고 있는 물체가 지니고 있는 퍼텐셜 에너지, 질량에 의한 질량 에너지 등이 있다. 이들 중 질량 에너지는 유명한 공식 $E=mc^2$(m은 질량, c는 광속)로 표현된다. 이 식은 질량이 감소하면 감소량에 비례하는 에너지가 생성된다는 것을 의미한다.

에너지의 표준 단위로는 줄(J)이 있으나 미시적인 규모에서 일어나는 자연 현상에 사용하기에는 너무 크다. 그런 경우 전자볼트(eV)가 사용된다. 1 J은 1.6×10^{-19} eV다.

롤러코스터 | 에너지 보존 법칙을 활용하는 대표적인 놀이 기구다.

화상 방지약은 무엇일까? | 불은 물질이 산소와 결합하는 연소 과정에서 발생하는 빛이다. 이 과정에서 반응물보다 생성물의 에너지가 낮아지므로 그 차의 일부가 빛, 즉 전자기파로 방출되는 것이다. 보통 이 에너지의 차는 크지 않기 때문에 일부는 긴 파장의 가시광선으로, 나머지 대부분은 적외선으로 방출된다.

전자기파와 파장

전기나 자기를 띤 물체는 주변 공간의 성질을 변화시키는데, 이렇게 전기와 자기에 의해 성질이 변한 공간을 각각 전기장과 자기장이라고 한다. 전기장과 자기장이 주기적으로 또 교대로 커졌다 작아졌다 하면서 공간적으로 전파되는 현상이 전자기파다.

전자기파에 의해 형성되는 전자기장은 같은 지점에서도 시간에 따라 변화할 뿐만 아니라 같은 시간에서도 위치에 따라 다르다. 어느 한 지점에서 전자기장이 최대에서 최소로 되었다가 다시 최대로 되는 데 걸리는 시간을 주기라고 하고, 어느 한 순간 전자기장이 최대인 두 지점 사이의 거리를 파장이라고 한다. 즉 전자기파의 주기와 파장은 전자기장의 변화의 빠르기를 각각 시간과 공간의 측면에서 나타낸 것이다.

전자기파는 파장에 따라 전파, 적외선, 가시광선, 자외선, X선, 감마선과 같은 여러 이름으로 불린다. 그중에서 가시광선은 파장이 400~750 nm(nm = 10^{-9} m)의 범위에 있는 것으로, 사람의 눈에 보인다. 가시광선보다 파장이 짧은 전자기파가 자외선(10~400 nm)이며, 파장이 긴 전자기파는 적외선(750 nm~1 mm)이다. 가시광선과는 달리 두 가지 모두 사람 눈에는 보이지 않는다.

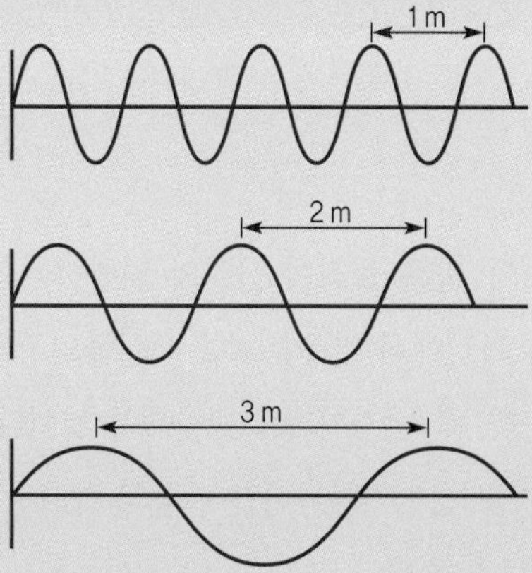

파장 | 전자기파의 전기장이나 자기장은 시간에 따라 진동하지만 공간적으로도 진동한다. 그림은 어느 한 순간에 전자기파의 진행 방향에 따라 전기장의 세기를 나타낸 것이다. 전기장은 위치에 따라 다르며 인접한 최고점 사이의 간격이 바로 파장이다.

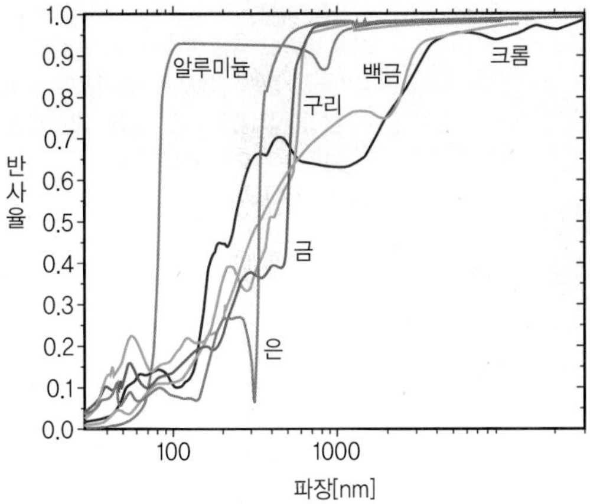

금속의 반사율 금속의 반사율은 파장에 따라 다르다. 파장이 긴 적외선을 잘 반사하는 것으로는 금, 은, 구리, 알루미늄 등이 있다.

적외선을 포함한 전자기파가 물질에 입사하면 반사, 흡수, 투과, 세 가지 상호작용이 동시에 일어난다. 물질의 종류와 전자기파의 파장에 따라 세 가지의 비율은 달라지지만 어느 한 가지만 100% 일어나는 경우는 없다.

적외선이 몸으로 입사할 때 화상을 입지 않기 위해서는 적외선의 투과량이 적고 반사를 많이 하는 물질로 몸을 감싸야 한다. 이를 위해 메데이아는 적외선 영역에서 반사율이 좋은 물질을 선택했을 것이다. 적외선을 가장 잘 반사하는 물질은 금, 은, 구리, 알루미늄과 같은 금속이다. 이들 중에서 알루미늄은 짧은 파장의 전자기파도 많이 반사하고 저렴하여 가장 실용적이다. 용광로 근처에서 작업하는 사람들이 입는 번쩍이는 옷에 코팅되어 있는 것이 바로 알루미늄이다.

적외선 반사용 유리 제품은 유리에 은을 얇게 코팅한 것이다. 이 유리는 여름철 태양광의 적외선을 건물 내부로 침투시키지 않고 외부로 반사시켜 냉방 비용을 절감할 수 있도록 해 준다.

자석과 쇠붙이의 상호작용 철인들 사이에 마법의 돌을 던져 서로 싸우게 만들었다고 하는 신화는 쇠붙이들이 자석에 달라붙어 꼼짝도 못 하게 되는 현상을 말하는 것으로 추측된다.

식물의 반사율은 근적외선(비교적 짧은 파장의 적외선)에서는 50 % 정도이지만 원적외선(비교적 긴 파장의 적외선)에서는 그보다 더 낮다.

뜨거운 열기를 피하기 위해 손쉽게 사용할 수 있는 것은 흙이나 암석 가루다. 흙과 암석은 상당히 넓은 범위의 적외선에서도 80 % 정도의 높은 반사율을 보인다.

마법의 돌은 무엇일까?

철인들에게 마법의 돌을 던졌을 때 서로 싸운다는 것은 그 마법의 돌이 강력한 자석이었음을 시사한다. 즉 철인들이 자석의 힘에 이끌려 서로 달라붙어 꼼짝하지 못하게 되는 것을 말하는 것은 아닐까? 다시 말해 쇳조각들이 자철석 주위로 달라붙는 현상을 상징적으로 표현한 것이다. 지금 와서는 별것도 아닌 자연현상을 옛날 사람들은 매우 신기하게 생각했던 모양이다.

자철석 무용담은 코르키스와 무관한 일일 수도 있다. 그 이유는 이아손이 항해를 시작한 이올코스가 자철석이 최초로 발견된 마그네시아 지방이라는 사실 때문이다. 아니면 출항을 준비하던 이아손 일행이 '한 목동이 자신의 신발에 박힌 못이 시커먼 바위에 척척 달라붙는 것을 경험했다.'는 당시로서는 믿기 어려운 소문을 듣고 그것을 직접 확인하기 위해 이올코스에서 가까운 그곳에 들렀을 수도 있다.

황금양가죽은 무엇을 상징할까? 펠리아스는 형의 왕좌를 찬탈하였으므로 그의 왕권에는 정통성이 없었다. 따라서 왕권을 상징하는 물품이 있다면 그가 그것을 갖고자 했음은 충분이 짐작되는 일이다. 사람들은 황금양가죽이 그러한 물품이었을 것이라고 추정하지만 이전에 보에티아(그리스 남동부)로부터 프릭수스와 헬레 남매를 태우고 이아손의 항해 경로와 비슷하게 코르키스로 날아가던 황금 양에 그런 힘이 있었는지는 알 수 없다. 그보다는 황금양가죽에 세속적인 힘이 있었다는 이론이 있다.

이아손의 목적지인 코르키스 왕국은 지금의 흑해 동쪽 연안 조지아 공화국 북서부의 스바네티 지역을 가리킨다. 이 지역에는 3,000미터 이상의 코카서스 산맥으로부터 발원한 많은 하천이 있고 이들 하천에서 금이 생산되었다. 고대인은 사금을 수집하기 위해 양가죽을 사용하였다. 물과 함께 흐르던 사금이 물속에 펼쳐진 양털 사이에 걸렸기 때문이다. 이 기술로 지역의 왕은 큰 부를 축적했고 이러한 소문은 황금색으로 빛나는 양가죽이 존재하고 그것이 왕의 자리를 지켜준다는 식으로 각색되어 멀리 그리스까지 전래된 것으로 보인다. 이런 정황을 고려하면 황금양가죽은 왕권을 상징하는 물품이나 제의용품과 같은 추상적인 용도였다기보다는 하천에서 사금을 수집하는 현실적인 도구였다고 설명하는 편이 이해하기 쉽다. 금을 많이 수집할수록 왕권이 강화되는 것은 물론이다.

가스 불

그리스 신화에 등장하는 벨레로폰은 어느 나라의 왕자였으나 실수로 부왕을 죽게 한 큰 죄를 지었다. 그 때문에 그는 자신의 나라에서 추방되어 다른 나라로 쫓겨 갔으며, 그곳에서도 불운은 계속되어 억울한 누명을 쓰고 사형을 당할 처지에 놓였다. 그러나 다행히도 그 나라에는 손님을 죽일 수 없다는 법이 있었다. 왕은 벨레로폰을 죽이고 싶었지만 국법을 어길 수는 없었다. 그래서 궁리 끝에 벨레로폰에게 이웃 나라인 리키아(터키의 남서부 지방)의 왕에게 편지를 전하는 심부름을 시켰다. 사실 그 편지에는 벨레로폰을 죽여 달라는 내용이 적혀 있었다. 그 사실을 모른 채 벨레로폰은 리키아의 왕에게 편지를 전달했고, 다행히도 리키아의 왕은 편지를 열어보는 것을 잊고 한동안 지냈다. 그사이 벨레로폰은 리키아의 공주 필로노에와 사랑에 빠졌다.

한참 뒤 왕은 잊고 있던 편지를 열어 보고는 깜짝 놀랐다.

"아니, 벨레로폰을 죽여 달라고? 벨레로폰은 이미 내 딸과 깊은 사랑에 빠졌는데 죽일 수도 없고, 또 그렇다고 왕의 요청을 무시할 수도 없으니 진퇴양난이군……."

왕은 고민 끝에 마침내 결론을 내렸다.

"옳지, 벨레로폰에게 매우 위험한 일을 시켜 보자. 만일 죽으면 이웃 나라 왕의 요청을 들어준 셈이 되고, 그렇지 않고 살아난다면 신의 선택이라고 설명하면 되겠지."

이렇게 해서 왕은 딸의 연인인 벨레로폰을 직접 죽이는 대신에 죽이는 것과 마찬가지인 어려운 요구를 하기로 했다.

"벨레로폰, 사실 우리나라에 고민거리가 하나 있다네. 자네가 그걸 해결해 줄 수 있다면 참 고맙겠네만……, 그런데 아무래도 어렵겠지? 너무 어려운 일이라서 말이야."

"폐하, 제가 지금까지 폐하의 보살핌으로 이리 편안하게 지낼 수 있었습니다. 폐하의 근심거리를 덜어 드릴 수 있다면 무슨 일이든지 할 각오가 되어 있습니다."

"자네가 그렇게 생각한다니 고맙네."

왕은 벨레로폰에게 키메라라고 하는 괴물을 처치해 달라고 부탁했다. 그런데 키메라는 뜨거운 불을 내뿜는 괴물이어서 아무도 물리칠 수 없었다. 이 사실을 알게 된 벨레로폰은 고민에 빠졌다. 자세히 알아보지도 않고 선뜻 승낙했는데 이렇게 어려운 요구일 줄은 몰랐던 것이다. 머리를 싸매고 고민하고 있는데 필로노에가 그 소문을 듣고 찾아왔다.

"벨레로폰 님, 무얼 그리 걱정하세요? 제가 괴물을 이길 수 있

벨레로폰과 키메라 페가수스에 탄 벨레로폰이 괴물 키메라와 싸우고 있다. B.C. 5세기경 테라코타 작품이다.

는 방법을 알려 드릴게요. 우선 아테나 여신에게 빌고 그 제단 위에서 주무세요. 그러면 여신이 천마 페가수스를 제어할 수 있는 마구를 줄 것입니다."

사랑에 빠진 필로노에는 아버지 몰래 키메라를 이길 수 있는 방법을 벨레로폰에게 말해 주었다.

벨레로폰은 필로노에가 시킨 대로 여신에게 빌고 잠들었다. 그랬더니 정말로 여신이 나타나 황금으로 된 안장과 고삐를 주면서 페가수스를 인도해 주었다. 벨레로폰이 페가수스에 안장을 얹고 고삐를 쥐자 페가수스는 하늘을 날기 시작했다. 필로노에는 벨레로폰에게 어린아이 머리만 한 납덩이 두 개를 주면서 말했다.

"이것이 없으면 페가수스가 너무 높이 올라가서 위험하니 꼭 쥐고 있어야 합니다."

납덩이를 챙긴 벨레로폰은 페가수스를 타고 키메라에게 싸움을 걸었다. 그런데 싸움은 싱겁게 끝나 버리고 말았다. 페가수스를 타고 공중을 빙빙 돌던 벨레로폰이 실수로 납덩이 하나를 놓쳤는데 뜻밖에도 그것이 불을 뿜던 키메라의 입속으로 들어가 녹는 바람에 키메라는 기도가 막혀 죽고 만 것이다.

키메라는 무엇을 상징할까? 지표상에서 뜨거운 불을 뿜는 것으로는 화산이 있다. 화산은 아무리 미약하게 활동 중인 것이라 해도 열기는 물론이고 고약한 독가스 때문에 사람이 접근할 수 없다. 때문에 벨레로폰이 무언가를 던져 화산과 같은 엄청난 불길을 막았다고 보기는 어렵다. 따라서 벨레로폰이 싸운 키메라는 보다 미약한 불길이었

불타는 메테인 가스 터키 리키아 지방에는 지금도 메테인 가스가 분출되는 곳이 있다. 신화에서는 키메라의 숨결로 표현되었다.

을 것이다. 그 불길의 정체는 4세기경 어느 역사가가 남긴 기록[19]에서 단서를 찾을 수 있다. 그 기록은 "리키아의 파셀리스 부근에는 꺼지지 않는 불이 있어 밤낮으로 바위 위에서 타고 있다. 물을 부어 끄려 하면 오히려 불꽃이 더 커진다. 흙을 던져야만 불이 꺼진다."라는 것이다. 이를 두고 볼 때 키메라는 지하에서 새어 나오는 메테인(CH_4) 가스의 불길이었을 것으로 추정된다. 실제로 터키 남서부 리키아 지방에는 메테인 가스가 나오는 키메라 산이 있다.

벨레로폰이 싸웠던 키메라가 메테인 가스 불이었다면 그것을 납덩이로는 끌 수 없다. 더구나 당시로서 납은 던져 버리기에는 매우 비싼 금속이었다. 로마 시대에도 귀족들만이 납으로 만든 식기를 사용했다는 기록이 있을 정도다. 메테인이 새어 나오는 구멍을 막아 불을 끄기 위해서는 납덩이가 아니라 흙을 사용하는 것이 보다 현실적이다. 따라서 벨레로폰은 비교적 높은 곳에 올라가 바람을 등지고 가스가 분출하는 곳으로 흙 자루를 던졌을 것이다. 이 경우 페가수스는 말이 아니라 높은 둔덕인 셈이다. 실제 일어난 상황을 사실대로 서술한다면 다음과 같을 것이다.

벨레로폰은 긴 로프의 한쪽 끝을 허리에 묶고 몇 미터 높이의 바위

19) 크테시아스(Ctesias)의 인디카(Indica)에 있는 기록.

를 기어 올라갔다. 바위 꼭대기에 걸터앉아 아래를 내려다보니 메테인 가스가 타면서 파란 불꽃을 일으키고 있었다. 때마침 바람이 불어 벨레로폰의 옷자락이 나부꼈다. 멀리서 한 시골 농부가 이 광경을 보고 벨레로폰이 페가수스를 타고 있는 것으로 생각했다.

벨레로폰은 로프를 잡아당겨 미리 로프의 반대쪽 끝에 묶어 두었던 두 개의 흙 자루를 끌어올렸다. 그리고 잠시, 메테인 가스가 분출하고 있는 곳을 향해 겨냥하다가 흙 자루 두 개를 차례로 던졌다. 용케도 그 중 하나가 가스 구멍 위에 떨어져 불이 꺼졌다. 불이 꺼진 것은 구멍이 막혀서가 아니라 흙이 덮여 순간적으로 산소가 차단되었기 때문이었다. 농부는 벨레로폰이 묵직한 납덩이를 던져 불을 뿜는 괴물의 목구멍을 막은 것으로 생각했다.

페가수스의 양력은 어느 정도일까? 비행기는 무거운 동체에 승객과 화물을 싣고 뜬다. 예를 들어 보잉747 여객기의 최대 이륙 무게는 11만 5,000킬로그램중이라고 한다. 성인 남자의 몸무게를 70킬

질량과 무게

질량은 물질의 고유한 성질 중 하나다. 따라서 어느 상황에 놓이더라도 변하지 않는다. 질량의 단위는 kg이지만 무게는 질량이 있는 물체에 작용하는 지구의 만유인력이다. 즉 무게는 힘이다. 따라서 질량과 무게는 표현 방식이 다르다. 예를 들어 질량이 5 kg인 물체의 무게는 5 kg중이라고 하는데 질량의 단위 kg에 '중'을 덧붙여 표시한다.

로그램중이라고 하면 최대 이륙 무게는 성인 남자 1,642명의 몸무게에 해당한다. 비행기가 만들어 내는 양력이 그 이상이 되어야 비행기는 뜰 수 있다. '양력' 이란 새나 비행기 같은 물체를 뜨게 하는 힘이다.

페가수스는 어린아이 머리만 한 납덩이 두 개를 손에 쥔 벨레로폰을 등에 태우고 있었다. 이들 전체에 작용하는 지구의 만유인력과 같은 크기의 양력을 만들어 내면 페가수스는 떨어지거나 계속 상승하지 않고 일정한 고도를 유지할 수 있다. 따라서 페가수스가 만들어 내는 양력은 바로 이들 전체의 무게와 같다.

말과 사람의 무게는 각각 500킬로그램중, 70킬로그램중 정도이고 어린아이 머리만 한 납덩이의 무게는 11킬로그램중 정도 된다. 따라서 페가수스, 벨레로폰, 납덩이 두 개의 무게 합은 약 592킬로그램중이다. 신화 속에서 어린아이 머리만 한 납덩이 두 개로 페가수스가 높이 날아오르지 못하고 간신히 날 수 있도록 했으니 페가수스의 최대 이륙 무게는 592킬로그램중 정도인 셈이다.

날지는 못하지만 일반적인 말들도 그 정도의 힘은 낼 수 있으므로 페가수스는 힘이 센 말이라기보다는 날 수 있는 능력을 가진 말이라고 할 수 있다.

하늘의 무게

영웅 헤라클레스는 제우스가 인간 여성 알크메네를 속이고 임신시켜 낳은 아들이다. 그 때문에 제우스의 정실부인인 헤라는 사생아 헤라클레스를 무척이나 미워했다. 호시탐탐 헤라클레스를 해코지할 기회를 노리고 있던 헤라는 어느 날 헤라클레스에게 저주를 내려 그를 한동안 미쳐 날뛰게 만들었다. 헤라클레스가 정신을 차리고 보니 아내와 자식이 모두 처참하게 살해되어 있었다. 기억을 되살려 보니 자신이 가족을 맹수로 착각하여 죽이던 장면이 희미하게 떠올랐다. 그는 가슴을 치며 슬퍼했다. 비록 헤라의 저주로 일어난 일이었지만 그는 속죄를 하기 위해 델포이로 가서 신탁을 간청했다.

"씻을 수 없는 끔찍한 죄를 저질렀습니다. 어떻게 하면 속죄할 수 있을까요?"

헤라클레스의 요청에 무녀가 대답했다.

"집을 떠나 에우리스테우스 왕에게 가서 8년 동안 그가 시키는 일을 모두 하라."

헤라클레스는 신탁대로 에우리스테우스에게 가서 부하가 되기를 자청했다. 당대의 영웅 헤라클레스가 스스로 부하가 되기를 원한다고 하자 에우리스테우스는 불안해서 머뭇거렸다. 그러자 다시 헤라클레스가 사정했다.

"저는 무서운 일을 저지른 죄인입니다. 속죄하기 위해 온 것이니 무슨 일이든 시켜만 주십시오."

"무슨 일이든?"

에우리스테우스의 머릿속에 그 순간 떠오르는 것이 있었다. 영웅 헤라클레스에게 불가능한 일들을 시켜 그에게 모욕을 주면 자신이 유명해질 것이라는 생각이 들었던 것이다.

"자네가 그렇게 원한다니 어쩔 수 없지. 당분간 내 나라에 머물도록 하게. 그리고 자네가 머물 동안 쉬운 일 몇 가지만 주도록 하겠네."

그러나 에우리스테우스는 애초에 자신이 생각했던 대로 어려운 열두 가지 일을 시켰다. 그중 하나가 황금 사과를 가져오는 일이었다. 황금 사과가 열리는 사과나무는 제우스와 헤라가 결혼할 때 대지의 여신 가이아가 축하 선물로 준 것이다. 헤라는 헤스페리데스라는 요정들에게 그 나무를 관리하도록 하였는데 그들은 무서운 용과 함께 그것을 지키고 있었다.

황금 사과를 찾아 길을 떠난 헤라클레스는 바위에 묶인 채 매일 독수리에게 간을 쪼아 먹히는 형벌을 받고 있던 프로메테우스를 구해 주게 되었다.[20] 그리고 그로부터 아틀라스가 황금 사과를 구해 줄 수 있다는 사실을 알게 되었다. 아틀라스는 티탄 족의 신으로, 제우스에 대항한 죄로 평생 하늘을 떠받쳐야 하는 벌을 받고 있었다.

헤라클레스가 세상의 '한쪽 끝'에 도착하니 과연 아틀라스가 높은

20) 프로메테우스는 제우스의 미움을 받아 중벌을 받고 있었다. 6장의 '자라는 간' 편 참조.

산 위에서 하늘을 떠받치고 있었다. 그에게 헤라클레스가 소리쳤다.

"선배님, 부탁이 있어 왔습니다."

사실 아틀라스는 헤라클레스의 할아버지 항렬이었으나 무식한 헤라클레스가 그것을 제대로 알 리가 없었다.

"흥, 이런 처지에 있는 내가 어떻게 남의 부탁을 들어주겠느냐. 그래도 무엇인지 한번 들어나 보자."

"황금 사과가 있는 곳을 가르쳐 주십시오."

"황금 사과? 그건 안 돼."

일단 안 된다고 말은 했지만 그 순간 아틀라스의 머릿속에는 기발한 생각이 스쳐 지나갔다.

"황금 사과가 어디 있는지 가르쳐 줄 수는 없지만 내가 대신 가져다 줄 수는 있겠는데……."

"그렇게 해 주시면 은혜는 잊지 않겠습니다."

"뭐 은혜라고 할 것까지는 없고…… 그런데 젊은 친구, 하늘을 받친 채 갈 수는 없지 않겠어? 내가 갔다 올 동안 이것 좀 받치고 있어 줘야지?"

"좀 무거워 보이지만, 당연히 그래야겠지요."

그리하여 헤라클레스는 아틀라스 대신 산꼭대기에서 어깨로 하늘을 떠받들게 되었고, 대신 자유의 몸이 된 아틀라스는 황금 사과를 가지러 떠났다.

오래지 않아 아틀라스는 황금 사과를 가지고 돌아왔다. 사실 황금 사과나무를 지키고 있던 헤스페리데스들이 아틀라스의 딸들이었기 때문에 그는 쉽게 사과를 얻을 수 있었다. 아틀라스는 헤라클레스에게 사과를 보여 주었다.

“약속대로 황금 사과를 가져왔어. 그런데 말이야, 내가 에우리스테우스에게 볼일이 있어 갔다 와야 하는데, 가는 길에 이 사과도 전해 주도록 하지.”

아틀라스는 하늘을 떠받치는 일을 헤라클레스에게 넘겨주고 자신은 그 일로부터 해방되려는 속셈이었다. 아틀라스의 의도를 눈치챈 헤라클레스는 갑자기 어깨를 들썩거렸다.

지구를 받치고 있는 아틀라스　아틀라스는 제우스와의 전쟁에 져서 평생 하늘을 받치고 있는 벌을 받았다.

“그렇게 하시지요. 그런데 선배님이 갔다 오실 동안 하늘을 받치고 있으려면 어깨에 쿠션을 하나 놓아야 할 것 같습니다. 벌써부터 어깨가 아파 오니 말입니다. 그러니 쿠션을 넣을 동안 잠깐만 하늘을 들고 있어 주시면 안 되겠습니까?”

아틀라스가 생각해 보니 그 말이 그럴 듯했다. 만일 어깨가 아파 하늘을 제대로 받치고 서 있지 못하면 자기가 제우스로부터 책임 추궁을 당할 것이 분명했다.

“뭐, 잠깐 정도는 큰 문제가 되진 않겠지. 빨리 쿠션을 놓고 받도록 해.”

아틀라스는 어깨로 하늘을 받아 들었다. 그러자 헤라클레스가 어깨를 툭툭 털고 일어났다.

“헤헤, 선배님 안녕히 계십시오. 아무래도 황금 사과는 제가 직접 전해야 할 것 같습니다.”

그리곤 헤라클레스는 황금 사과를 가지고 그곳을 떠나 버렸다.

'세상의 한쪽 끝'은 어디일까? | 고대 그리스 인의 활동 무대는 지중해 연안이었다. 지중해는 북으로는 흑해, 동으로는 시리아, 남으로는 이집트, 서로는 모로코를 경계로 하고 있으며 남북 방향보다는 동서로 길쭉한 형태이므로, 끝이라 함은 동쪽 혹은 서쪽의 끝을 말한다고 보는 것이 옳을 것이다. 그러나 동쪽 끝인 시리아는 문명의 중심에서 멀지 않은 곳에 위치해 있었을 뿐만 아니라 그리스와 비교적 왕래가 잦아 '미개한'의 뜻이 포함된 끝이라고 보기에는 무리가 있다. 따라서 한쪽 끝은 나머지 서쪽 끝인 모로코 근방을 지칭한다고 보는 것이 타당하다. 모로코는 지중해가 대서양과 맞닿은 곳으로, 고대 그리스 인은 이곳을 지나 더 이상 아래쪽으로 아프리카 인과 교류를 하거나 망망대해처럼 보이는 대서양을 항해할 생각은 하지 않았을 것이다. 뿐만 아니라 모로코는 아프리카 북단을 따라 동서로 길게 뻗어 있는 큰 산맥(아틀라스 산맥)이 시작하는 곳이므로 아틀라스를 만나기 위해 헤라클레스가 갔다고 하는 세상의 한쪽 끝은 바로 이곳일 가능성이 크다. 이 점은 아틀라스가 나중에 페르세우스에 의해 산맥이 되었다는 내용과도 일맥상통한다.

그렇다면 헤라클레스의 행적에서 수상한 점이 발견된다. 에우리스테우스는 그리스 본토에 있는 미케네의 왕이었으므로 헤라클레스는 황금 사과를 얻기 위해서 먼저 흑해를 향해 북쪽으로 갔을 것이다. 왜냐하면 황금 사과의 행방을 알려 준 프로메테우스가 코카서스 지방, 즉 흑해의 동쪽 해안에 있는 바위산에 묶여 있었기 때문이다. 그런데 아틀라스는 모로코 부근에 있었으므로 헤라클레스는 흑해를 도로 나와 남으로 내려와 그리스 본토를 지나 이번에는 지중해의 서쪽 끝인 모로코까지 가야 했다. 고대의 항해 기술로 그 정도의 장거리 항해를 하기는 쉽지 않았을 것이며 설령 성공해도 긴 시간이 걸렸을 것이다. 만일 이 신화가 어떤 작가가 만든 작품이라면 헤라클레스의 여행 경로를 보다 그럴듯하게 선택했을 것이다. 이러한 종류의 문제점은 여러 신화에서 발견된다. 그것은 여러 독립적인 일화가 세대를 거치면서 한 개의 줄거리로 조합되었기 때문인 것으로 생각된다.

하늘의 무게는 얼마일까? | 옛날 사람들도 하늘에는 무언가 있으니 당연히 무게가 있을 것이라고 생각했다. 그러나 공기를 제외하고는 직접적으로 지구를 누르는 것은 없다. 그러면 공기는 어느 정도의 무게로 지구를 누를까?

공기는 질소와 산소 등 질량을 가진 기체 분자들로 구성되어 있다. 각 분자는 지구와의 만유인력을 통해 지구 표면을 누르게 된다. 그것이 기압, 즉 공기의 압력으로 나타난다. '기압'은 단위 넓이에 작용하는 공기의 무게다. 이를 계산하려면 지표면에 가상적인 직육면체를 하나 세우고 그 속에 든 분자들의 무게를 계산하면 된다. 그러나 계산은 그렇게 단순하지 않다. 왜냐하면 공기가 지표면으로부터 멀리까지 분포해 있고 고도에 따라 작용하는 만유인력이 다를 뿐만 아니라 위로 올라갈수록 공기의 밀도가 낮아지기 때문이다. 또한 일기에 따라 공기의 온도, 밀도 등이 다르므로 기압을 이론적으로 계산하는 것은 어렵다.

그래서 사람들은 '표준 기압'이라는 것을 정했다. 그것은 맑은 날의 평균 기압을 말하며 이를 1기압이라고 한다. 1기압을 표준 단위로 환산하면, 맑은 날 1제곱미터의 넓이에, 공기에 의해 101,300뉴턴(N)이라는 어마어마한 힘이 작용하고 있음을 알 수 있다.

우리 몸은 어떻게 큰 압력에 견딜 수 있을까? | 기압은 위에서 아래로만 누르지 않는다. 파스칼의 원리에 따르면, 밀폐된 용기 내의 유체에 힘을 가하면 그 힘은 모든 방향으로 전달된다. 대기권도 지구의 만유인력에 의해 붙잡힌 공기 때문에 이와 비슷한 상황에 있게 된다. 즉 우리의 몸에는 어느 한 방향이 아니라 모든 방향으로 기압이 작용하고 있는 것이다. 그러나 우리 몸은 그러한 압력에 견딜 수 있도록 세포들이 배열되어 있고 체액도 그에 맞게 압력을 조절하고 있다. 만일 우리 몸이 공기가 전혀 없는 우주에 노출된다면 몸의 내부에서 밖으로 미는 힘만 존재하게 된다. 그렇게 되면 출혈이 있거나 피부가 부풀어 올라 죽게 된다. 심해의 바닥에 사는 동물이, 엄청난 수압에는 잘 견딜 수 있으나 물 밖으로 나오면 압력의 불균형으로 눈알이 튀어나오는 등 신체 구조에 이상이 생겨 죽고 마는 것도 같은 이유다.

힘과 압력의 단위

힘의 표준적인 단위는 뉴턴(N)이다. kg중도 역시 힘의 단위이지만 지구의 만유인력을 기준으로 한 단위로서 표준 단위로 환산하면 9.8 N이다. 따라서 질량이 60 kg인 사람에게 작용하는 지구의 만유인력인 60 kg중은 588 N이다.

압력은 단위 넓이(1 m^2)당 작용하는 힘의 크기다. 따라서 같은 힘이라도 좁은 넓이에 작용하면 압력이 커진다. 압력의 표준 단위는 파스칼(Pa)로, 1 m^2당 1 N의 힘, 즉 1 N/m^2으로 정의된다. 기상예보에서는 파스칼보다는 그 100배인 헥토파스칼(hPa)을 많이 사용한다. 그 외에도 압력의 통상적인 단위로는 기압(atm)이 있으며 1기압은 101,300 Pa, 즉 1,013 hPa이다. mmHg도 압력의 단위인데, 1 mmHg는 수은의 높이를 1 mm만큼 상승시킬 수 있는 압력을 말하며 760 mmHg가 1기압에 해당한다.

우연과 필연

목마로 유명한 트로이 전쟁은 여러 번 영화화될 정도로 잘 알려진 이야기다. 헥토르, 아킬레우스, 아가멤논 등 영웅들의 활약도 역시 유명하다. 트로이 전쟁에 대한 이야기는 호머의 서사시 《일리아드》와 《오디세이》 등에 기록되어 전해져 오고 있으나 당시에 트로이라고 하는 도시 국가가 소아시아에 존재했는지, 또 전쟁이 실제로 있었는지는 잘 알 수 없다. 그럼에도 불구하고 트로이 전쟁에 얽힌 호머의 이야기를 사실로 믿고 있는 사람들이 많다. 신과 인간이 인연의 고리에 얽혀 만들어 내는 이야기가 너무나도 재미있기 때문이 아닐까?

트로이의 왕자 파리스가 그리스의 도시 국가 중 하나인 스파르타의 왕비 헬레네를 데리고 가 버려, 자존심이 상한 그리스의 도시 국가들이 트로이를 상대로 복수전을 벌인 것이 트로이 전쟁이다. 결국 파리스가 헬레네를 데리고 간 것이 전쟁의 직접적인 원인으로 보이지만 사실은 그보다 훨씬 이전부터 전쟁의 싹이 트고 있었다.

트로이 전쟁이 일어나기 훨씬 이전의 어느 날, 에기나(그리스 남부의 섬)의 왕 펠레우스와 바다의 여신 테티스가 성대한 결혼식을 올리고 있었다(훗날 그들 사이에서 트로이 전쟁의 영웅, 아킬레우스가 태어난다). 그날의 결혼식에는 신들과 인간들 거의 모두가 초대되었다. 그런데 왕궁의 집사가 여신 에리스를 초대하는 것을 깜빡 잊고 말았다.

결혼식이 진행되고 하객들 모두가 결혼을 축하하며 즐겁게 보내고 있는데 그때 초대받지 않은 에리스가 불쑥 나타났다. 그녀는 불화의 여신으로 그녀가 앙심을 품으면 항상 불화가 일어났다. 그런데 그날은 메모가 적힌 사과 한 개만을 두고 떠나 버리는 것이었다. 참석자들은 그녀가 별 문제를 일으키지 않고 떠나는 것을 보고 모두 안도의 한숨을 내쉬었다.

그렇지만 모두들 에리스가 남긴 메모가 궁금해서 사과 주위로 모여들었다. 사과에는 "세상에서 가장 아름다운 여신에게"라는 글귀가 새겨져 있었다. 그러자 헤라, 아테나, 아프로디테가 동시에 앞으로 나서며 자신이 사과의 주인이라고 주장했다. 사과 자체가 중요한 것이 아니라 세 여신 모두 자신이 최고의 미녀 신이라고 생각하고 있었기 때문에 어느 여신도 사과를 양보할 수 없었던 것이다. 세 여신은 왜 자기가 최고로 아름다운지 하객들에게 설명하고 심판해 줄 것을 요구했다. 그러나 하객들은 꽁무니를 슬슬 빼며 어느 누구도 심판하려고 하지 않았다. 어느 여신을 선택하든지 나머지 두 여신의 원한을 살 것이 뻔했기 때문이다.

세 여신들의 입씨름은 트로이에서 한 남자 아기가 태어날 때부터 시작하여 그 아기가 청년이 될 때까지 계속되었다. 그러던 어느 날, 세 여신은 입이 아파 잠시 입씨름을 멈추고 쉬다가 산기슭에서 양을 치고 있는 한 목동을 보게 되었다. 그 청년이 바로 세 여신들의 입씨름이 시작될 당시에 태어난 아기였다. 여신들은 이심전심으로 동시에 일어나, 그녀들이 여신이라고는 상상도 하지 않고 있는 목동에게 다가갔다.

"이봐요, 목동님."

"우리 중에 누가 제일 아름다운지 심판해 주시겠어요?"

그 목동은 트로이의 왕 프리아모스의 아들로 태어났으나 나라를 망칠 것이라는 예언 때문에 산속에 버려졌다가 불쌍히 여긴 농부가 데려다 키운 파리스라는 이름의 청년이었다. 물론 파리스는 자기의 신분을 모르고 있었다. 세 여신은 파리스가 자신들의 정체를 모르기 때문에 가장 정확하게 심판해 줄 것이라고 생각했다.

"저를 선택하면 어떠한 전쟁에서도 이길 수 있는 천하무적의 힘을 주겠어요."

눈부신 은빛 갑옷을 차려입은 아테나가 먼저 파리스에게 다가가 귓속말로 속삭였다.

"저를 뽑아 주세요. 그러면 당신에게 소아시아 전체를 지배할 수 있는 왕권을 주겠어요."

그다음, 우아하게 차려입은 헤라가 말했다.

마지막으로 하늘거리는 옷 속으로 신비한 곡선미를 드러낸 아프로

파리스의 심판 보잘것없는 파리스가 여신들의 미모에 대해 평가하는 바람에 트로이 전쟁이 발발하여 많은 사람들이 죽고 결국 트로이까지 멸망하고 말았다. 그림은 루벤스의 작품이다.

디테가 살짝 미소를 지으며 말했다.

“저를 선택하면 이 세상에서 가장 아름다운 여자를 당신에게 주겠어요.”

파리스는 한동안 망설이다가 아프로디테를 선택했다. 천하무적의 힘과 소아시아의 왕권 같은 것은 시골 목동에 불과한 자신에게는 전혀 인연이 없는 선물로 보였으나, 막연하지만 세상에서 제일 아름다운 여자는 받고 싶은 선물이었기 때문이다. 파리스의 심판이 내려지자 아프로디테는 한없이 기뻐했고 나머지 두 여신은 원망스러운 눈으로 한동안 파리스를 쏘아보다가 사라졌다.

훗날 파리스는 프리아모스 왕의 눈에 띄어 다시 왕궁으로 들어가 둘째 왕자가 되었다. 아프로디테의 약속 때문이었는지 파리스는 그리스의 도시 국가 중 하나인 스파르타를 방문하였고 그곳에서 지상 최고의 미녀인 헬레네를 보게 되었다. 헬레네는 이미 스파르타의 왕 메넬라오스의 왕비였으나 파리스는 그녀를 데리고 트로이로 돌아와 버렸다. 이렇게 하여 트로이와 그리스 연합군 사이에 전쟁이 시작된 것이다.

트로이 전쟁이 발발한 것은 우연일까 필연일까? | 자연 현상은 인과율에 따라 일어난다. 즉 과거의 어떤 원인 때문에 현재의 결과가 발생하는 것이다. 고전적인 견해로는 이러한 인과관계가 정확하게 지켜지는 것으로 생각되었다. 즉 현재 일어나고 있는 자연 현상은 그 이전의 원인에 의해 이미 운명처럼 예정되었다고 보는 것이다. 단순히 우리에게 예측할 수 있는 능력이 없을 뿐이지 인간을 포함한 모든 자

연의 변화가 사전에 예정되어 있다는 말은 섬뜩하게 들리기도 한다. 그러나 인간은 철저한 운명론보다는 자신의 의도대로 세상을 변화시킬 수 있기를 원한다. 세상에는 그러한 여지가 있을까?

트로이 전쟁의 발발도 철저하게 인과율에 따라 일어난 것으로 보인다. 즉 왕궁의 집사가 에리스를 초청하지 않았고, 에리스가 의도한 대로 세 여신이 다투다가 파리스는 아프로디테를 선택했다. 프리아모스 왕은 아기 파리스를 버렸지만 운명은 피할 수가 없었다. 우여곡절 끝에 파리스는 왕궁으로 돌아왔고 결국 왕자의 신분으로 헬레네를 데려갔다. 이러한 관점에서 보면 트로이 전쟁은 마치 연극의 각본처럼 필연적으로 일어날 수밖에 없는 사건이었다.

에리스가 불청객으로 등장한 이후에 일어나는 일련의 사건들은 마치 에리스가 의도한 것처럼 일어났으며 이런 면에서 에리스는 근대 기계론자를 연상시킨다. 특히 근대의 과학으로 모든 자연 현상을 이해할 수 있다는, 이른바 '계산의 신'의 개념을 창안한 라플라스[21]를 닮았다. 그러나 과연 에리스가 결혼식 이후 수십 년간에 걸쳐 일어날 모든 일을 예측할 수 있을 정도로 세상의 일은 기계적으로만 일어나는 것일까?

현대 물리학의 관점에 따르면 모든 자연 현상이 인과율의 지배를 받지만 자연법칙에 위배되지 않는 범위 내에서 일어날 수 있는 결과 중 어느 하나가 확률적으로 선택되는 개연성이 존재한다. 예를 들어 방사성 붕괴의 경우 모든 원자핵은 동일한 조건에 있지만 일부 원자핵은 붕괴하고 나머지는 그렇지 않다. 즉 원자핵의 붕괴에는 확률이 지배하

21) Pierre Simon Laplace(1749~1827). 프랑스의 과학자 겸 철학자.

원자와 그 구조

물질은 한 가지 이상의 구성단위들로 이루어져 있으며 그 구성단위는 그보다 작은 구성단위들로 이루어져 있다. 물질의 구성단위 중에서 일상적인 물질의 성질을 그대로 지니고 있는 것이 원자다. 이와 같이 원자는 구성단위의 개념이지만, 같은 종류의 원자로 이루어진 물질은 원소라고 한다. 현재까지 발견된 원소로는 수소, 탄소, 산소, 납, 구리, 금, 우라늄 등 110여 종이 있다.

원자는 또한 원자핵과 전자라는 구성단위로 이루어져 있다. 전자는 음의 전기, 원자핵은 양의 전기를 띠고 있으며 전자에 비해 원자핵은 수천 배 이상 무겁다. 전자는 더 이상 쪼개지지 않지만 원자핵은 양성자와 중성자라고 하는 구성단위들로 쪼개진다. 양성자는 양의 전기를 띠고 있으며 중성자는 전기적으로 중성이다. 원자의 종류는 원자핵의 구성단위인 양성자와 중성자의 수에 의해 결정되므로 원소 간의 변환은 실제적으로 원자핵의 변환이라고 할 수 있다.

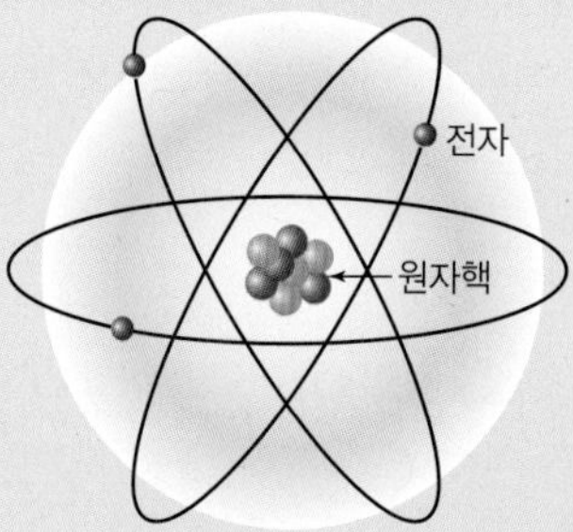

원자의 모형 | 원자는 먼저 원자핵과 전자로 나뉜다. 또한 원자핵은 양전기를 띤 양성자(빨간색)와 중성인 중성자(초록색)로 구성되어 있다.

고 있는 것이다. 이와 같이 개별 원자핵의 붕괴 여부는 불확실하다. 다시 말해 미래를 예측하기 어렵다는 것이다. 그럼에도 불구하고 세상은 자연의 법칙이 예측한 대로 확정적으로 일어나고 있는 것처럼 보이는 이유는 무엇일까?

그것은 우주의 운명이 개별 원자핵의 상태에 좌우되는 것이 아니라 덩어리로 된 방사성 물질의 총체적인 상태에 의해 결정되기 때문이다.

방사성 붕괴

원자핵에 있는 양성자는 같은 전기를 띤 입자들이기 때문에 서로 전기적으로 반발한다. 그들은 원자핵이라는 좁은 영역에 있으므로 반발력 또한 매우 강하게 작용한다. 따라서 일부 원자핵은 불안정하며, 그러한 불안정한 핵이 보다 더 안정한 핵으로 자발적으로 변화하는 과정을 방사성 붕괴라고 한다. '방사성'이라고 부르는 것은 이 과정에서 입자 혹은 빛이 방출되기 때문이다.

방사성 붕괴의 종류에는 알파 붕괴, 베타 붕괴, 감마 붕괴가 있으며 이들 붕괴 과정 중에 방출되는 방사선(입자 혹은 전자기파)을 각각 알파선, 베타선, 감마선이라고 한다. 러더퍼드[22]가 이렇게 이름을 비과학적으로 붙인 이유는 방사선의 본질을 잘 몰랐기 때문이다. 비슷한 예를 X선의 경우에서도 볼 수 있다.

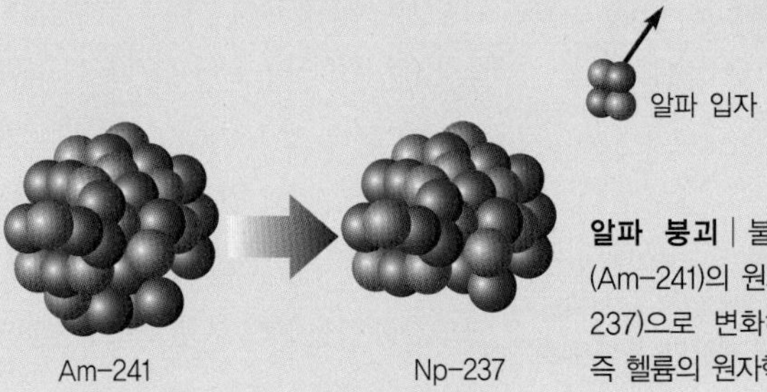

알파 붕괴 | 불안정한 아메리슘(Am-241)의 원자핵이 넵튜늄(Np-237)으로 변화하면서 알파 입자, 즉 헬륨의 원자핵이 방출된다.

총체적인 상태란 많은 수의 원자핵이 있을 때 그들의 평균적인 상태를 말하며 그것은 더 이상 확률적이지 않다. 다시 말해 특정한 원자핵 한 개가 붕괴하는 것은 확률적이지만 수많은 원자핵 중에서 붕괴하는 개수는 무시할 수 있는 오차 범위 내에서 예측이 가능하다는 것이다. 이와 같이 자연 현상의 내면은 확률이 지배하고 있지만 외면은 개별 구

22) Ernest Rutherford(1871~1937). 뉴질랜드 출신의 물리학자 겸 화학자.

성단위보다는 물질 전체의 행동에 지배되기 때문에 불규칙적이고 예측할 수 없는 결과가 발생하지 않는 것처럼 보인다.

비록 에리스가 수십 년 후 트로이 전쟁을 일으키기 위해 사과를 두고 떠났더라도 한 번 더 선택의 기회는 있었다. 에리스는 태어나지도 않은 파리스가 아프로디테를 선택할 것이라고 생각했겠지만 심판의 그날 파리스가 산적들로부터 얻어맞고 양떼를 빼앗겼더라면 그는 아테나를 선택했을지도 모른다. 그가 아침에 늦잠을 자서 주인으로부터 모욕적인 꾸지람을 들었더라면 헤라를 선택했을지도 모른다. 그러나 그러한 일은 일어나지 않았다. 파리스의 머리는 오래전부터 흠모해 오던 옆집 처녀의 얼굴로 가득 차 있었던 까닭인지 아테나와 헤라의 말보다는 아프로디테의 유혹에 넘어가고 말았다. 실제로 아테나와 헤라의 제안은 아프로디테의 제안을 포함하고 있다. 모든 전쟁에서 이기고 소아시아를 정복할 수 있다면 최고의 미녀를 마음대로 취할 수 있지 않겠는가?

결국 에리스는 어떤 확률로 심술을 부린 것이다. 사과를 두고 세 여신이 서로 싸우게 만드는 것 정도로 만족하려고 생각했을지도 모른다. 그 이후 파리스가 태어나고 트로이 전쟁이 발발하는 것까지는 에리스의 계획에 포함되어 있지 않았을 것이다. 이런 시각에서 보면 트로이 전쟁의 발발은 우연이라고 할 수 있다.

트로이 전쟁은 나비 효과 때문일까? | 자연계에서는 사소한 일이 증폭되어 큰 사건이 발생하는 경우가 있다. 예를 들어 연필을 그 끝으로 세워 보자. 거의 불가능에 가깝지만 아주 완벽한 조건이 갖추

어진다면 할 수도 있을 것이다. 그러나 그러한 상태는 매우 불안정하므로, 극히 사소한 요인, 미약한 바람이나 진동에 의해 연필은 어느 한 쪽으로 넘어지는 큰 사건이 일어나게 된다. 여태껏 어느 방향으로도 치우치지 않던 연필이 특정한 방향으로 넘어진 것이다. 연필 하나가 넘어지는 것을 무슨 큰 사건이라고 하는가 반문할 수 있지만, 그 충격으로 예측하지 못한 대규모의 사건이 연쇄적으로 발생할 수도 있다. 예를 들어, 늦잠을 자던 철수가 연필이 넘어지는 작은 소리에 놀라 잠에서 깨 벌떡 일어나다가 책상 모서리에 이마를 부딪혀 피가 나고, 아버지가 그런 철수를 병원으로 데려가기 위해 급히 차를 몰다가 행인을 치어 죽게 하는 일이 일어날 수도 있다. 이와 같이 무엇이든 사소한 요인에 의해 큰 효과가 발생하는 현상을 '나비 효과' 라고 한다.

원래 나비 효과는 '브라질에 있는 나비의 날갯짓이 미국 텍사스 주에 발생한 토네이도의 원인이 될 수 있다.' 는 의미로 사용되었다. 보잘것없는 나비의 날갯짓으로 인해 일어나는 바람이 평형 상태를 깨서 엄청난 결과를 가져온다는 의미다.

이 세상 모든 일이 나비 효과처럼 일어나는 것은 아니다. 많은 것들은 어느 정도의 충격에도 원상태를 회복할 수 있는 능력이 있다. 예를 들어 시계추와 태양계가 있다. 규칙적으로 왕복 운동을 하고 있는 추를 약간 건드린다고 해서 추의 움직임이 크게 달라지지는 않으며, 소행성 몇 개가 지구로 떨어져 없어진다 해도 지구의 궤도가 안정성을 잃고 태양을 향해 돌진하지는 않는다. 시계추와 태양계는 약간의 교란에 대해서는 스스로 복구할 수 있는 능력이 있기 때문이다.

반면에 나비 효과가 쉽게 발생할 수 있는 경우도 있다. 예를 들어, 기상 상태는 비교적 안정적일 때도 있지만 소규모의 국지적인 교란에 의해서도 대규모의 변동이 일어날 수 있다.

기상 상태뿐만 아니라 복잡하게 얽혀 있는 것들에서 나비 효과가 쉽게 나타난다. 일반적으로 나비 효과가 쉽게 일어날 수 있을 정도로 복잡하게 얽혀 있는 상태를 '카오스'라고 한다. 즉 카오스란 수학적인 모형으로 만들기가 불가능할 정도로 아주 복잡한 상태를 말한다.

카오스는 스스로 불규칙하게 변화할 뿐만 아니라 나비 효과가 쉽게 발생하기 때문에 카오스의 먼 미래를 예측하기는 불가능하다. 기상 상태가 대체로 카오스와 같기 때문에 나비 효과가 발생할 수 있고 이에 따라 한 달 후 또는 일 년 후의 일기를 정확히 예측할 수 없는 것이다. 주식 시세도 카오스와 같은 상태에 있을 수 있다. 별로 중요하지 않은 루머가 원인이 되어 매도 물량이 쏟아져 나와 시세가 폭락하는 경우가 흔히 있다.

결국 왕궁 집사의 사소한 실수가 트로이 전쟁이라고 하는 엄청난 재앙을 몰고 온 것을 보면, 인간 세상에도 일종의 카오스와 같은 측면이 있고 이에 따라 나비 효과도 발생할 수 있다고 생각할 수 있다.

연금술의 기원

그리스 신화에서 디오니소스는 제우스의 아들로, 포도주의 신이었다. 그의 스승 실레노스도 포도주를 무척이나 좋아했는데, 어느 날 그의 행방이 묘연해졌다. 알고 보니 실레노스가 포도주에 취해 길을 잃고 돌아다니다가 프리지아의 마이더스 왕의 궁전으로 가게 되었는데 마이더스가 그를 알아보고 열흘간 칙사 대접을 하고 있었던 것이다. 나중에 이를 알게 된 디오니소스는 마이더스에게 사례를 하기로 했다.

"무엇이든 그대의 소원 한 가지를 들어줄 테니 말하라."

그러자 재물을 좋아하던 마이더스는 한껏 들떠서 말했다.

"제가 만지는 것은 모두 황금으로 변하게 해 주십시오."

디오니소스는 마이더스에게 그러한 능력을 주겠다고 약속했다.

마이더스는 신이 준 능력을 시험해 보고 싶었다. 그래서 나뭇가지를 하나 꺾어 보았다. 그랬더니 정말 나뭇가지가 황금 가지로 변하는 것이 아닌가! 돌을 하나 집어 보았더니 금덩어리로 변했고, 사과를 하나 땄더니 역시 황금 사과로 변했다.

"하하하! 이것도 금, 저것도 금, 정말 내 손이 닿는 것마다 모두 금으로 변하는구나. 이제 세상에서 제일가는 부자가 되는 것은 시간문제

몸을 씻는 마이더스 왕 자신의 탐욕을 후회하고 파크톨로스 강에서 몸을 씻고 있다.

다."

한동안 마이더스는 자신의 능력을 시험해 보는 데 정신이 팔려서 먹는 것조차 잊고 있었다. 그러다 허기를 느껴 신하들에게 식사를 준비시켰다. 그런데 빵을 먹으려고 집었더니 딱딱한 금덩어리로 변했고 포도주를 마시려 하니 역시 목에 넘어가기 전에 황금으로 변해 버려서 아무것도 먹거나 마실 수가 없었다. 그때서야 마이더스는 문제의 심각성을 느끼기 시작했다. 그러나 재앙은 그것으로 끝나지 않았다. 자신이 가장 아끼던 딸이 평소처럼 자신의 품으로 뛰어왔는데 신의 약속대로 그 딸 역시 황금으로 변해 버린 것이다. 마침내 자신의 어리석음을 깨달은 마이더스는 원래대로 돌아가게 해 달라고 신에게 애원했다.

"제가 너무 어리석었습니다. 제발 제 능력을 거두어 가시고 모든 것을 원래의 모습대로 되돌려 주시옵소서."

디오니소스는 마이더스의 간절한 애원을 들어주기로 했다.

"파크톨로스 강의 수원까지 가서 그 물에 그대의 몸과 머리를 담그고 깨끗이 죄를 씻어 내도록 하라."

마이더스가 그렇게 행하자 모든 것이 원상태로 돌아갔다. 이후 마이더스의 황금 제조 능력은 파크톨로스 강으로 옮겨 갔는데, 오늘날 그 강에서 사금을 캘 수 있는 이유가 바로 이 때문이라고 한다.

마이더스의 기술을 추구한 사람들은 누구일까? | 옛날 서양 사람들은 납이나 구리와 같이 비교적 값싼 금속으로 금이나 은과 같은 귀금속을 만들고자 노력했다. 이 헛된 기술을 '연금술' 이라고 하며 그러한 일에 종사한 사람들을 '연금술사' 라고 한다. 물론 그러한 기술은 존재하지 않는다. 다만 과학적 근거 없이 여러 가지 방법으로 금을 만들려고 노력하는 과정에서 알게 된 단편적인 화학 지식에 지나지 않는다. 여기에는 천한 금속이 죽어 귀한 금속으로 부활한다는 미신적인 요소도 가미되어 있었다.

연금술은 과연 불가능할까? | 과거의 연금술은 원소 중에서 금속 상호 간의 변환만을 의미하는 것이며, 그런 기술은 현대 기술로도 불가능하다. 그러나 일부 원소를 변환시키는 기술은 가능한데 그것이

연금술사 고대부터 사람들은 천한 금속을 귀한 금속으로 변화시키려는 노력을 해 왔다. 그러한 일에 종사한 사람들을 연금술사라고 한다.

바로 '핵분열'과 '핵융합'이다. 즉 원소는 일상적인 과정으로는 상호 변환이 되지 않지만 일부 원소는 핵분열이나 핵융합 과정을 통해 다른 원소로 변화할 수 있다.

핵분열은 무거운 원자핵이 몇 개의 작고 가벼운 원자핵으로 나뉘는 현상이다. 즉 무거운 원자핵으로부터 가벼운 원자핵이 만들어지는 것이다. 예를 들면 우라늄-235($_{92}U^{235}$) 원자핵이 분열하여 세슘-134($_{55}CS^{134}$)와 루비듐-90($_{37}Rb^{90}$)으로 변하는 과정이 있다.

원자핵의 표시

원자핵은 양성자의 수 Z를 아래 첨자로, 양성자와 중성자 수의 합 A를 위 첨자로 하여 $_{Z}X^{A}$와 같이 나타낸다. X는 원자핵의 이름을 나타내는 관례상의 문자다. 예를 들어 중성자가 8개 포함되어 있는 탄소-14는 $_{6}C^{14}$로 나타낸다.

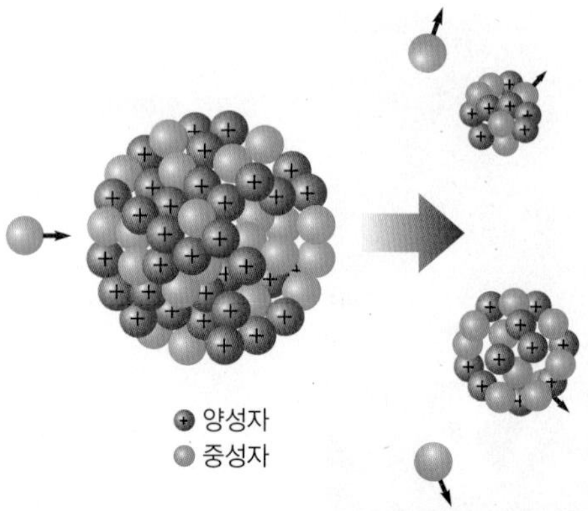

핵분열 외부로부터 오는 중성자를 흡수한 원자핵이 불안정해져서 몇 개의 보다 작은 원자핵으로 분열하는 현상이다. 이 과정에서 반응 후의 질량이 감소하기 때문에 큰 에너지가 방출된다.

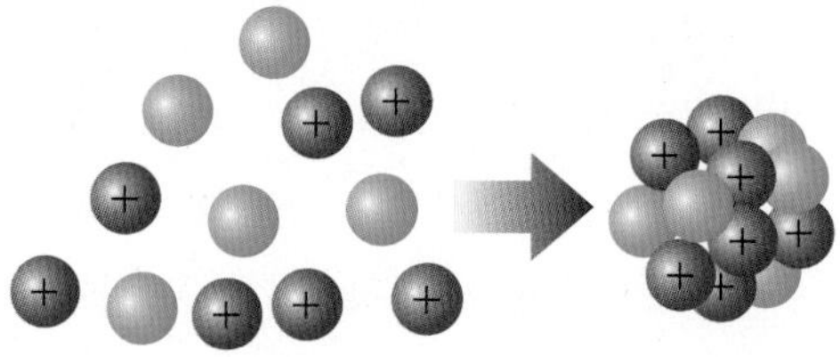

핵융합 여러 개의 가벼운 원자핵이 한 개의 무거운 원자핵으로 합성되는 과정이다. 이 과정에서도 질량 감소로 막대한 에너지가 방출된다.

원자력 발전소의 원자로에서 일어나는 원자핵의 변화가 핵분열이다. 핵분열은 무겁고 불안정한 원자핵이 몇 개의 가볍고 안정한 원자핵으로 분열하는 것으로, 핵분열 후에 만들어진 새로운 원자핵들은 원래의 원자핵과는 완전히 다르다.

핵융합은 핵분열의 반대 과정이다. 즉 가벼운 원자핵들이 결합하여 보다 무거운 원자핵이 되는 원자핵의 변환 과정이다. 예를 들면 몇 개의 수소 원자핵이 결합하여 헬륨 원자핵으로 변환되는 과정이 있다.

핵분열이나 핵융합에 의해서 종류가 다른 원소들이 생성된다. 근본적으로는 불안정한 원자핵이 보다 더 안정한 원자핵으로 변화하는 과정이지만 물질이 변환되는 현상임에는 틀림없다. 따라서 넓은 의미에서는 핵분열과 핵융합도 연금술로 볼 수 있다. 그러나 지구상에서 관찰할 수 있는 핵분열과 핵융합은 아주 제한적이다. 핵분열은 일부 불안정한 원자핵에서만 일어나고 핵융합은 인공적인 환경에서 수소로부터 헬륨이 생성되는 것이 고작이다.

그렇다고 해서 원소의 변환이 그 이상 존재하지 않는 것은 아니다. 실제로 고대의 연금술사들이 추구한 개념의 연금술보다 더 광범위하고 일반적인 원소 간의 변환이 가능하다. 다만 지구가 아니라 별의 내부와 같이 상상할 수도 없이 뜨겁고 밀도가 높은 조건이 필요하다.

이 세상에는 셀 수도 없는 많은 종류의 물질이 존재하고 그러한 물질을 구성하는 원소가 110여 종에 이르지만 원래 우주와 함께 만들어진 원소는 수소와 헬륨뿐이었다. 나머지 원소들은 모두 별에서 만들어졌다. 즉 별의 내부에서 핵융합에 의해 가벼운 원소로부터 점차 무거운 원소가 만들어진 것이다. 예를 들면 태양에서는 수소로부터 헬륨이 생성되는 핵융합 반응이 1초에 10^{38}회 정도 일어나고 있으며 그에 따라 계속해서 수소가 소모되고 있다.

별의 연료인 수소를 모두 소비하여 그 내부에 헬륨만 존재하게 되면 더 이상의 수소→헬륨의 핵융합이 일어날 수 없다. 그에 따라 외부로 발산하는 힘이 적어져 별은 자신의 중력을 이기지 못하여 자꾸 수축되고 그 때문에 내부 온도가 섭씨 1억 도 이상까지 올라가게 된다. 이런 온도에 도달하면 헬륨이 융합하여 탄소가 생성되는 반응이 일어난다. 이보다 더 무겁고 뜨거운 별 내부에서는 탄소보다 더 무거운 산소, 규소 등의 원소들이 차례로 융합되며, 태양보다 10배 정도 무거운 별에서는 철이 만들어진다. 철의 원자핵은 가장 안정하기 때문에 철이 분열하거나 철로부터 더 무거운 원소가 융합되는 일은 잘 일어나지 않는다.

철보다 무거운 원소는 어떻게 만들어졌을까? 철보다 무거운 원소는 철이 핵융합의 부산물로 방출하는 중성자를 흡수하여 만들어진다. 아주 무거운 원소는 특히 무거운 별이 핵연료를 모두 소모한 뒤에 폭발하는, 이른바 초신성이 생성되는 과정에서 대량 발생한 중성자를 가벼운 원소들이 흡수하여 만들어진다. 금도 거기에 포함된다. 이로부터 고대인이 희망했던 연금술이 전적으로 불가능한 일은 아니라고 생각할 수 있지만, 내용을 보면 상당한 차이가 있음을 알 수 있다. 즉 현대적 연금술을 시험하기 위해서는 지구상에서는 상상도 할 수 없는 극한적인 환경을 조성해야 할 뿐만 아니라 그 과정도 단순한 화학 반응이 아니라 보다 본질적인 원자핵의 반응에 의한 것이다. 연금술은 현실적으로 불가능한 기술이다. 다만 무거운 별들만이 연금술사의 역할을 대신할 수 있을 뿐이다.

현대적 연금술의 우주적 역할은 무엇일까? | 현대적 연금술인 핵분열과 핵융합이 지금의 지구에서는 큰 역할을 못 하고 있지만 우주 전체로 볼 때는 두 가지 측면에서 중대한 역할을 하고 있다. 먼저 물질적인 측면에서는 별에서 일어나는 핵융합이 바로 수소와 헬륨을

제외한 나머지 원소들을 생성한 근원이다. 물론 사이사이에 핵분열 등이 일어나 보다 다양한 원자핵이 만들어지기도 했다. 특히 무거운 별은 폭발하면서 갑자기 수천 억 배로 밝아지는 초신성이 되었고 이 과정에서 110여 개의 원소들은 마치 먼지와 같이 우주 공간으로 흩뿌려졌다가 우리의 태양계가 형성될 때 재료로 사용되었다. 신화적 표현을 쓴다면, 수소와 헬륨이 창조의 원점이고 현대적 연금술인 핵분열과 핵융합이 물질의 창조주인 셈이다. 이와 같이 우리의 삶의 터전인 지구와 우리의 몸을 이루는 원소 중에서 수소와 헬륨을 제외하고는 모두 별에서 만들어진 것이다.

두 번째는 동력원적인 측면으로, 핵분열이나 핵융합 과정에서는 막대한 에너지가 방출된다. 이에 따라 강력한 전자기파인 감마선이 방출되거나, 대단한 운동 에너지를 가진 원자핵과 입자들이 생성된다. 이를 핵반응에서 질량이 감소하여 발생되는 것으로 말하기도 하지만, 원자핵 내부에 저장되어 있던 에너지가 방출되는 것이다. 방출되는 에너지의 크기는 연소와 같은 화학적 변화에서 나오는 에너지의 수백만 배 정도로 막대한 규모다. 태양과 별에서 나오는 에너지는 모두 이러한 근원을 가지고 있으므로, 결국 핵반응, 특히 핵융합 에너지에 의해 우주가 따뜻하게 데워지고 사람을 포함한 생물이 생명을 영위할 수 있게 되는 셈이다.

파크톨로스 강과 마이더스 왕 사이에는 어떤 인연이 있었을까?

신화에서 마이더스 왕은 자신의 탐욕을 뉘우치고 파크톨로스 강에서 몸을 씻었으며 그가 가졌던 금 제조 능력은 강이 대신 가지게 되었다고 한다. 파크톨로스 강은 에게 해 쪽으로 흐르는 터키의 강으로 옛날에는 금과 은의 합금이 많이 났다. 강에서 수집된 이 귀금속으로 B.C. 6세기 프리지아의 왕 크로에수스는 지역 최고의 부를 가졌다고 한다. 마이더스는 신화 속의 인물이지만 실존 인물인 크로에수스와 겹친다고 보는 사람들이 많다. 최고의 부자 크로에수스도 모든 것을 이루지는 못한 채 세상을 떠났다. 마이더스의 우화는 그러한 금 생산 능력으로도 인간의 모든 행복을 살 수 없다는 현자의 가르침 같다.

핵전쟁의 장면

현재의 델리 부근에 자리 잡고 있던 고대 인도의 왕 드리타라슈트라가 자신의 마부이며 먼 곳에서 일어나는 일도 볼 수 있는 초능력을 가진 산자야에게 물었다.

"산자야, 나의 아들들과 판두의 아들들이 군사를 이끌고 대치 중인데, 전황이 어떠한지 아느냐?"

원래 드리타라슈트라는 장님이었기 때문에 왕위를 계승할 수 없었지만 동생인 판두가 아르주나 등 다섯 아들을 남기고 죽는 바람에 왕위를 물려받게 되었다. 드리타라슈트라는 조카들을 잘 양육했다. 그러나 아들인 두료다나가 사촌들을 질투하여 죽이려고 하는 데서 문제가 시작되었다. 결국 정의와 진리의 들판이라고 불리는 쿠루에서 사촌끼리 군사를 동원하여 운명을 건 일전을 벌이게 된 것이다. 드리타라슈트라는 장님이었기 때문에 전투 광경을 볼 수 없어서 마부 산자야를 통해 전황을 물어보고 있는 중이었다. 양측의 군대는 모두 막강한 전력을 가지고 있어 승부를 장담하기 어려운 상황이었다.

이러한 내용으로 시작하는 서사시가 힌두교의 경전 중 하나인 《바가바드기타》다. 그다음 장면에서는 사촌끼리 칼과 창을 겨누며 대치하고 있는 처참한 상황에서 판두의 아들인 아르주나가 친족 간의 싸움에 회의를 느끼고 자신의 마부로 변신한 크리슈나 신에게 자신의 고뇌를 호소한다. 이때부터 경전은 철학적인 내용으로 바뀐다. 크리슈나는 육체와는 별개인 아트만이라고 하는 참다운 자아가 존재하니 이를 발견하고 감각의 결과에 집착하지 말 것을 아르주나에게 당부한다. 힌두교도들은 이 경전의 내용이 전투 장면을 빌려 인간은 자신의 내면에 존재하는 부정적인 요소와 싸워 이겨야 한다는 것을 가르치는 삶의 지침이라고 생각한다.

크리슈나의 가르침에 눈을 뜨기 시작한 아르주나는 크리슈나가 실제 모습을 보여 주길 원했다. 그러자 크리슈나는 광채를 발산하기 시작했는데, 그 모습은 마치 천 개의 태양이 동시에 떠올라 빛을 발하는 것 같았다. 아르주나는 크리슈나의 참모습을 보고 부르짖었다.

"당신은 불멸이며, 궁극적인 실재이며, 깨달아 이를 수 있는 지고의 목표입니다. 당신은 우주의 궁극적인 근본이며, 영원한 진리의 수호자입니다. 당신에게는 시작도 중간도 끝도 없고, 당신의 무한한 힘이 미치지 않는 곳이 없습니다. 태양과 달이 당신의 눈이며, 당신의 입에서 나오는 광채가 이 우주를 가득 채우고 있습니다."

이러한 크리슈나의 가공할 힘에 의해 두료다나 등은 잿더미로 변해 버렸고 결국 전쟁은 판두 아들들의 승리로 끝났다.

천 개의 태양이 내는 빛의 정체는 무엇일까? | 1945년 미국의 뉴멕시코 사막에서 실시된 최초의 핵실험 장면을 보고, 당시 실험 책임자였던 오펜하이머[23]는 《바가바드기타》에 나오는 '천 개의 태양

이 동시에 빛을 발하는 ……'이라는 구절을 떠올렸다고 한다.

핵폭탄이 폭발하면 엄청난 에너지가 한꺼번에 방출된다. 물론 그 에너지는 원자핵 속에 숨어 있던 것이다. 원자핵은 중성자와 양성자로 구성되어 있으며 그들은 핵력이라고 하는 아주 강한 힘으로 결합되어 있다. 따라서 원자핵의 분열이나 융합과 같은 과정에는 큰 에너지가 필요하거나 방출된다. 핵폭탄은 우라늄이나 플루토늄의 핵분열을 이용하는 것과 중수소나 삼중수소의 핵융합 반응을 이용하는 것이 있으며, 전자를 원자 폭탄, 후자를 수소 폭탄으로 구별하기도 한다.

핵분열을 이용한 핵폭탄은 무거운 원자핵이 몇 개의 가벼운 원자핵으로 쪼개지는 과정에서 발생하는 에너지를 파괴적인 목적에 사용하는 무기다. 따라서 쉽게 분열하는 성질이 있는 우라늄-235($_{92}U^{235}$)와 우라늄-233($_{92}U^{233}$), 플루토늄-239($_{94}Pu^{239}$) 등이 흔히 사용된다. 그러나 원자핵은 자발적으로 분열하는 것이 아니라 외부로부터 중성자를 흡수하여 불안정한 상태가 되었을 때 몇 개의 다른 원자핵으로 분열한다. 예를 들어 우라늄-235($_{92}U^{235}$)는 중성자 한 개를 흡수하면 아주 불안정한 상태가 되어 곧바로 루비듐($_{37}Rb^{95}$)과 세슘($_{55}Cs^{137}$)으로 분열한다. 이 과정에서 방출되는 에너지는 191메가전자볼트(MeV)다. 물론 분열 과정이 계속되어야 폭탄으로서의 역할을 하게 되는데 핵분열이 한 번 일어날 때마다 3개의 중성자가 생성되기 때문에 핵분열 과정이 계속될 수 있다. 이를 '연쇄 반응'이라고 한다. 즉 핵폭탄은 핵연료의 연쇄 반응을 통제하지 않고 짧은 시간 내에 모든 원자핵이 분열

23) J. Robert Oppenheimer(1904~1967). 미국의 핵물리학자. 2차 세계대전 중 핵폭탄 제조 프로젝트인 맨해튼 프로젝트의 책임자였다.

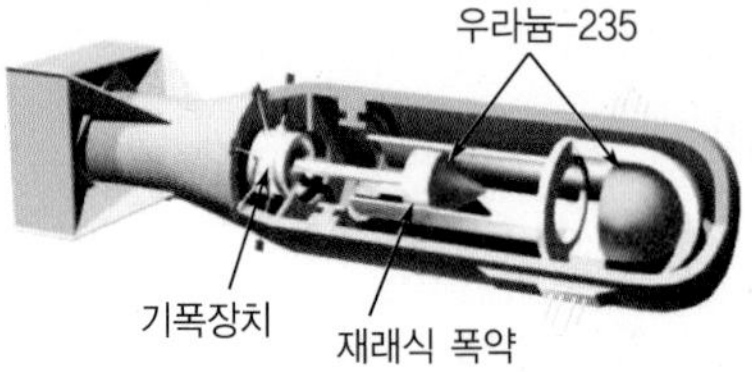

히로시마에 투하된 핵폭탄(little boy)의 구조 뇌관은 재래식 폭약이며 이것이 폭발하면서 가운데 우라늄-235를 앞으로 밀어 머리의 우라늄과 합쳐지게 한다. 연쇄 반응을 지속할 수 있는 충분한 양이 되면 우라늄은 폭발하게 된다.

하도록 하는 것이다. 2차 세계대전 중에 일본 히로시마에 투하된 것은 우라늄-235를 사용한 핵폭탄이다.

북한의 핵폭탄은 플루토늄-239를 사용하고 있는데 우라늄-235보다 분열이 쉽게 일어나고 분열 과정에 의한 에너지도 207메가전자볼트 정도로 약간 더 크다. 그러한 장점 때문에 플루토늄 핵폭탄은 제작하기가 쉽다. 그러나 플루토늄-239는 반감기가 2만 4,400년으로 비교적 짧아 자연적으로는 거의 존재하지 않기 때문에 인공적으로 제조해야 한다. 하지만 그 과정은 어렵지 않다. 원자로의 연료로 흔히 사용되는 우라늄-235의 불순물로 존재하는 우라늄-238($_{92}U^{238}$)에 중성자를 쏘아 넣으면 일련의 방사성 붕괴 끝에 플루토늄-239가 만들어진다. 결국 플루토늄-239는 우라늄 원자로의 부산물로 생성되는 셈인데 이를 추출하여 고농도로 농축하면 핵폭탄 제조에 사용할 수 있게 되는 것이다. 우라늄 원자로는 전 세계적으로 존재하며 그에 따라 플루토늄이 저절로 생산되고 있다. 따라서 그것을 추출하여 농축하고 있다면 핵폭탄 제작을

반감기

방사성 붕괴를 하는 원소의 양이 절반으로 감소하는 시간으로, 원자핵에 따라 고유한 값이다. 예를 들어 아이오딘-131, 탄소-14, 우라늄-238, 토륨-232의 반감기는 각각 8.07일, 5,730년, 44억 7,000만 년, 140억 년이다.

의심해 볼 수 있다. 나가사키에 투하된 것이 플루토늄 핵폭탄이었다.

핵폭탄의 에너지는 쪼개져 방출되는 입자들의 운동 에너지가 대부분을 차지하고 있으며 그 외에 불안정한 상태의 원자핵이 내는, 파장이 극히 짧은 전자기파인 감마선의 형태로 일부가 방출된다. 이들 에너지는 주위의 물질에 에너지를 전달하여 구성단위 입자들을 가열한다. 따라서 입자들은 흡수한 에너지를 보다 파장이 긴 전자기파의 형태로 방출하거나 고속으로 운동하게 된다. 핵폭탄이 폭발하는 순간 섬광이 번쩍이는 것은 핵폭발 과정에서 방출된 감마선 때문이 아니라 이를 흡수한 주위 물질이 가시광선과 같은 보다 긴 파장의 전자기파를 방출하기 때문이다. 즉 섬광은 핵폭발의 2차 반응인 것이다. 어쨌든 그 에너지는 막대하기 때문에 마치 수천 개의 태양이 순간적으로 빛나는 것처럼 보이며 이 빛 에너지에 의해 부근의 물질은 완전히 타 버리게 된다. 만일 크리슈나의 힘이 핵폭탄에 의한 것이었다면 당연히 두료다나의 군대는 잿더미로 변했을 것이다.

플루토늄 99.96%의 순도를 가진 5.3킬로그램의 플루토늄은 핵폭탄을 만드는 데 충분한 양이다.

파괴 과정은 이것으로 끝나지 않는다. 전자기파와 입자의 운동 에너지에 의해 순간적으로 공기가 가열되고 가열된 공기는 상승 기류가 되어 위로 올라가다가 점차 옆으로 퍼지는데, 이는 마치 거대한 버섯처럼 보인다. 이 버섯구름이 핵폭발의 상징이 되었다. 공기가 갑자기 위로 올라가 버리면 핵폭발의 현장은 순간적으로 진공 상태가 되기 때문

핵폭발 장면 핵폭발은 강력한 빛의 방출과 함께 시작하며, 열에 의해 가열된 공기가 위로 상승하여 버섯구름을 만든다. 이 구름 속에는 방사성 물질이 포함되어 있으며 사방으로 확산된다.

에 주위의 공기가 급격하게 몰려온다. 이것을 '핵폭풍'이라고 하며 그 속도는 시속 1,000킬로미터 정도로, 우리나라에 큰 피해를 준 태풍 매미의 풍속인 시속 180킬로미터와 비교해 보면 정말로 무서운 속도임을 알 수 있다. 결국 핵폭풍에 의해 핵폭발 현장 부근에 있는 모든 건물은 가루가 되어 버릴 것이다.

눈에 보이지 않는 핵폭탄의 가공할 만한 능력이 또 있다. 바로 방사선이다. 특히 전자기파이지만 눈에 보이지 않는 감마선은 가까운 거리에 있는 생물의 세포를 파괴한다. 뿐만 아니라 핵분열에 의해 새롭게 생성된 물질 중 일부는 방사능을 띠게 된다. 이들은 현장에도 남지만 일부는 상승 기류를 타고 멀리 날아가 떨어지는데, 이를 '방사성 낙진'이라고 한다.

핵폭탄의 위력은 재래식 화약인 TNT의 양으로 환산해 나타낸다. 예를 들어 2차 세계대전 중 히로시마에 투하된 것은 20킬로톤(kt) 정도의 규모였으며 지금까지 실시된 핵 실험 중에서 가장 큰 규모는 58메가톤(Mt)이었다. 북한에서 2006년과 2009년에 실시한 핵 실험에 사용된 핵폭탄의 규모는 각각 1킬로톤과 5킬로톤 정도로 추정된다. 이를 위해 북한은 2006년의 핵 실험에서 2킬로그램 정도의 플루토늄을 사용했고 2009년에는 그보다 많은 양을 사용하여 폭발의 규모를 다섯 배 정도 증가시켰다고 한다. 북한은 현재 40킬로그램 정도의 플루토늄을 추출하여 보관 중인 것으로 알려져 있다.

핵폭탄 중에서 핵융합을 이용하는 수소 폭탄은 핵연료로 중수소와 삼중수소를 사용한다. 중수소와 삼중수소는 수소의 동위원소들로 원자핵 내의 양성자는 하나뿐이지만 보통의 수소와는 달리 중성자의 수가 각각 1과 2인 것들이다. 중수소의 원자핵과 삼중수소의 원자핵이 충돌하여 헬륨 원자핵이 되는 핵융합 반응이 일어날 수는 있으나 둘 다 양의 전기를 띠고 있으므로 서로 다가가면 반발력이 작용한다. 그러한 전기적 반발력을 이길 정도로 빠른 속도로 가속시키기 위해서는 그것들을 수천만 도 이상의 고온으로 가열해야

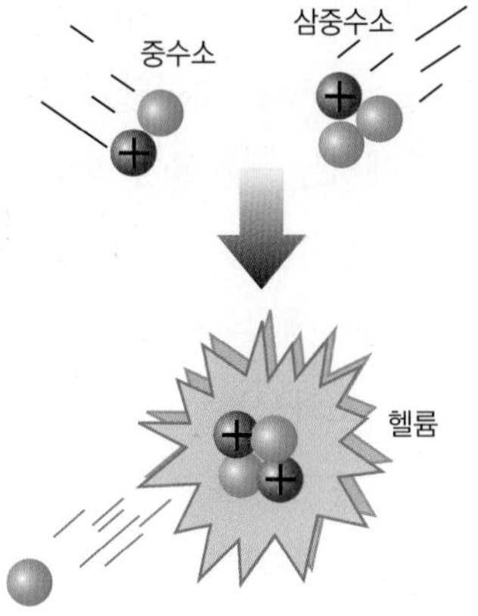

중수소와 삼중수소의 융합 중수소와 삼중수소의 핵융합 결과, 헬륨이 합성된다.

동위원소

원자핵 중에서 같은 양성자 수를 가지나 중성자 수가 다른 것들이 있다. 이들은 같은 양성자 수를 가지기 때문에 같은 원소 기호로 표시되지만 사실은 서로 다른 원자핵들이다. 같은 것은 화학적 성질뿐이다. 이러한 원소를 동위원소라고 한다. 예를 들면, 수소 중에도 중성자가 없는 수소($_1H^1$)와 1개 있는 중수소($_1H^2$), 2개 있는 삼중수소($_1H^3$)가 있다. 이들은 모두 수소의 동위원소들이다. 물론 중성자가 없는 수소가 제일 흔하며, 삼중수소는 불안정하여 곧 헬륨의 동위원소인 $_2He^3$으로 변해 버린다.

한다. 즉 초고온에 이르지 않으면 중수소-삼중수소가 핵융합 반응을 하지 않는다는 것이다. 이러한 고온의 상태를 만들어 주기 위해 수소 폭탄에서는 핵분열에 의해 폭발하는 핵폭탄을 기폭제로 사용한다. 이와 같이 핵분열에 의해 고온의 열을 생성하고 그 열을 핵융합에 사용하기 때문에 수소 폭탄의 폭발을 열핵폭발이라고 한다.

중수소와 삼중수소의 핵융합 반응에서 방출되는 에너지는 17.6메가전자볼트 정도로 핵분열에 의한 에너지보다는 작지만 우라늄이나 플루토늄에 비해 수소의 밀도가 수백 배 작기 때문에, 같은 무게라면 수소 폭탄이 핵분열 폭탄보다 수십 배나 더 큰 파괴력을 낼 수 있다. 따라서 수소 폭탄으로 수십 메가톤급의 핵폭탄 제조도 가능해지는 것이다. 이런 폭탄이 폭발하면 폭발 중심으로부터 수 킬로미터 이내는 순간적으로 불바다가 되며, 이것은 《바가바드기타》에 기록되어 있는 '당신의 입에서 나오는 광채가 이 우주를 가득 채우고 있습니다.' 라고 하는 내용과 일치하는 장면이 될 것이다.

태양을 쏘아 떨어뜨린 신

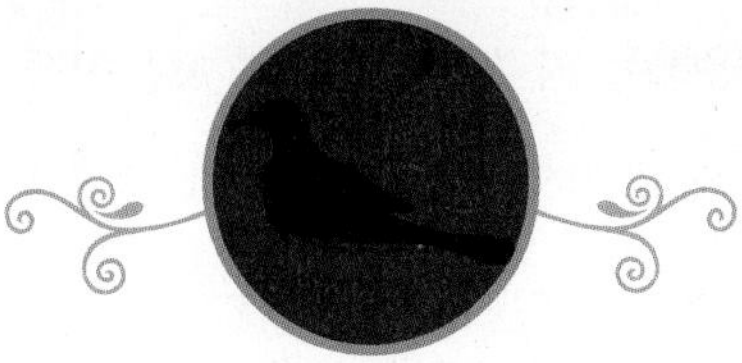

중국의 신화에 따르면, 하늘의 임금인 천제와 황후 희화 사이에는 열 명의 아들이 있었다. 그들은 모두 해가 되었는데, 희화는 매일 한 아들씩 목욕을 시킨 다음 마차에 태워 동쪽 하늘에서 서쪽 하늘로 가로질러 갔고, 그 덕택에 지상의 생명들은 모두 따뜻한 햇빛을 받으며 평화롭게 살 수 있었다. 그러던 어느 날, 아들들은 장난이 치고 싶어졌다.

"겨우 열흘에 한 번 외출하려니 너무 지겨워. 어머니가 모는 마차를 타지 말고 우리끼리 한꺼번에 나가 보자."

이렇게 해서 열 개의 해가 한꺼번에 나타났고, 이로 인해 지상의 생물들은 모두 타 죽을 지경이 되었다. 인간들은 너도나도 천제에게 기도를 올렸다.

"천제시여, 뜨거워서 살 수가 없습니다. 저희들을 불쌍히 여기시어 제발 살려 주십시오."

인간의 비명은 마침내 천제에게까지 들렸다. 천제는 하늘나라에서 가장 활을 잘 쏘는 예에게 명령하여 해를 쏘아 떨어뜨리도록 했다. 예는 한 개의 해만 남겨 두고 아홉 개 모두를 쏘아 떨어뜨렸다. 그리하여 지상의 생물들은 적당한 햇빛을 받으며 평화롭게 살 수 있게 되었다.

태양을 맞추기 위해 쏜 화살의 속도는 얼마였을까? | 지상에서 위를 향해 물체를 던지면 대부분 다시 지상으로 떨어지고 만다. 그것은 물체에 작용하는 지구의 만유인력 때문이다. 그러나 우주선은 지구를 떠나 다른 행성으로 간다. 즉 지구와 물체 사이에 작용하는 만유인력을 이길 수 있을 정도의 빠른 속도로 물체를 쏘면 물체는 지구의 만유인력의 영향에서 벗어나 영원히 돌아오지 않게 되는 것이다. 이렇게 지구를 탈출할 수 있는 속도를 '탈출 속도'라고 하며 그 값은 초당 11.2킬로미터다. 따라서 예가 쏜 화살은 탈출 속도 이상으로 지구를 출발했을 것이다. 총알의 속도인 초당 1킬로미터 내외와 비교해도 엄청나게 빠른 속도다. 예가 그렇게 빠른 속도로 화살을 쏠 수 있었던 것은 그가 신이었기에 가능했을 것이다.

일단 탈출 속도로 지구를 떠난 화살은 지구로부터 멀어질수록 지구의 만유인력에 의해 점점 속도가 떨어지지만 지구로부터 무한히 먼 곳에 이르러서야 비로소 속도가 0이 된다. 무한히 먼 곳에서는 더 이상 지구의 만유인력이 작용하지 않으므로 다시는 지구로 끌려오지 않게 되는 것이다. 그러나 화살에는 태양의 만유인력이 작용하여 태양 쪽으로 잡아당기는 힘도 작용하기 때문에, 실제로는 이 탈출 속도보다 약간 작은 속도로 쏘아도 태양까지 갈 수는 있을 것이다.

태양을 쏘는 예 예는 활을 잘 쏘는 신이었다. 그는 천제의 명령으로 아홉 개의 해를 쏘아 떨어뜨렸다. 사진은 동판에 새겨진 1999년의 작품이다.

화살이 태양까지 가는 데 걸리는 시간은 얼마일까? | 화살에 작용하는 지구의 만유인력과 태양의 만유인력이 서로 반대 방향으로 작용하고 있기 때문에, 지구와 태양 사이에 태양과 지구의 만유인력이 균형을 이루는 지점이 존재한다. 그 지점은 지구로부터 약 26만 킬로미터 떨어진 곳으로, 지구–태양 사이의 거리 1억 5,000만 킬로미터의 0.2%에 불과하다. 그 지점을 넘어서면 태양의 만유인력이 더 크게 작용해서 화살은 태양으로 저절로 끌려가게 된다. 태양으로 끌려갈수록 화살의 속도는 증가하며 태양에 닿는 순간 속도는 초당 618킬로미터 정도가 되고 그때까지 65일 정도 걸린다. 그래서 오늘 화살을 쏘더라도 두 달이 넘어야 태양에 도착하게 된다.

태양은 어떻게 에너지를 생산할까? | 태양은 폭탄이다. 그것도 무시무시한 수소 폭탄이다. 태양은 주로 수소와 헬륨으로 구성된 기체 상태이며, 수소의 핵융합 반응에서 생성된 대부분의 에너지를 빛, 특히 가시광선으로 방출하고 있다.

태양의 반지름은 지구의 100배 정도이고, 그중에서 핵융합 반응이 일어나고 있는 곳은 중심의 핵 부분이다. 핵의 온도는 핵융합이 일어날 수 있는 온도인 섭씨 1,500만 도 부근으로 생각된다. 핵 바깥쪽으로 복사층과 대류층이 차례로 둘러싸고 있는데, 핵에서 방출된 고에너지의 감마선은 복사층을 통과하여 그 바깥의 대류층에서 기체를 고온으로 가열한다. 가열된 기체는 대류에 의해서 에너지를 외부로 전달한다. 실제로 지구에 도달하는 빛은 대류층을 둘러싸고 있는 얇은 층인 광구로부터 나온다. 광구의 평균 온도는 섭씨 5,800도 정도이고, 이

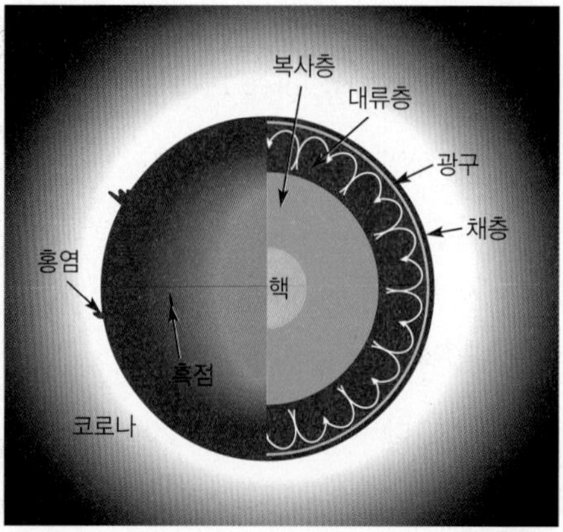

태양의 구조 태양은 중심의 핵에서 일어나는 핵융합 반응으로 에너지를 생산한다. 이 에너지는 감마선의 형태로 복사층을 간신히 통과하여 대류층에서 물질의 대류에 의해 외부로 방출된다.

온도에 대응하는 전자기파의 파장은 약 600나노미터(nm)로 태양의 색깔을 황백색으로 나타나게 한다.

태양광 에너지 중에서 지구에 도달하는 양은 제곱미터당 1,370와트(W)이며 이를 태양 상수라고 한다. 이는 1제곱미터의 넓이마다 하나씩 설치된 1.37킬로와트의 전열기가 내는 에너지와 같다.

이러한 에너지를 생산하기 위해서 태양이 소모하고 있는 수소의 양과 현재 태양의 질량을 고려하면 태양의 남은 수명은 약 50억 년 정도로 추정된다.

태양의 핵융합

수소가 헬륨으로 변환되는 핵융합은 여러 단계의 연결 반응에 의해 일어난다. 결과적으로 보면 네 개의 양성자로부터 한 개의 헬륨 원자핵과 몇 개의 가벼운 입자들이 생성된다. 이 과정에서 질량이 감소하며 그에 따른 막대한 에너지가 방출된다.

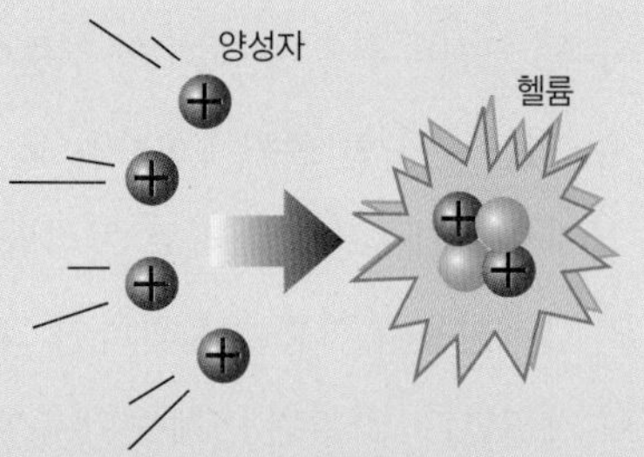

수소의 핵융합 | 수소 원자의 원자핵인 양성자들이 융합하여 헬륨 원자핵이 생성되는 과정이다.

화살은 무엇으로 만들어졌을까? | 철은 섭씨 1,300도 정도에서 녹는다. 태양의 표면은 섭씨 5,800도 정도이므로 철로 만든 화살은 녹아 버린다. 순수한 금속 중에서 용융점이 가장 높은 것은 텅스텐으로, 섭씨 3,422도다. 텅스텐은 높은 용융점 때문에 전구의 필라멘트로 사용되고 있지만 녹는점은 태양 표면의 온도보다 낮다.

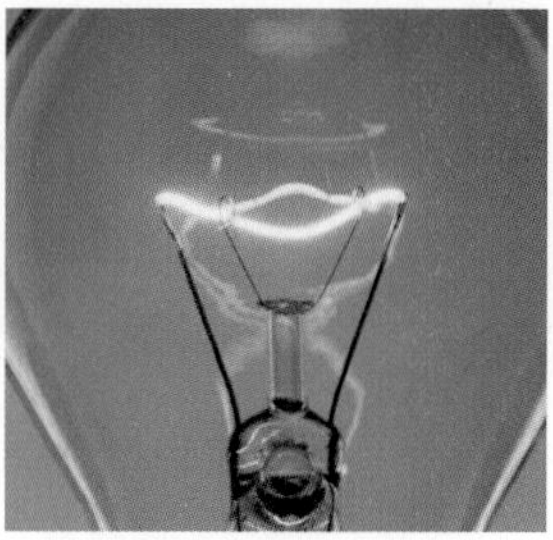

필라멘트 전구에서 빛이 나는 부분으로, 가는 텅스텐 선을 꼬아 만든 것이다. 이 부분은 많은 열이 발생하기 때문에 높은 온도에서도 녹지 않는 텅스텐을 사용한다.

비금속 원소 중에서 용융점이 가장 높은 것은 탄소 결정으로, 압력에 따라 다르지만 섭씨 4,400도 정도다. 그러나 탄소는 압력이 낮고 온도가 높은 경우에는 녹기보다는 승화, 즉 녹지 않고 바로 기체로 증발해 버린다.

화합물 중에서 녹는점이 가장 높은 물질은 탄화 하프늄 탄탈룸(Ta_4HfC_5)으로, 섭씨 4,215도다.

결론적으로 자연계에 존재하는 모든 원소는 물론이고 현대의 최고 기술로 만든 화합물도 태양 표면에 닿기 전에 녹아 버린다. 예가 사용한 화살이 무엇으로 만들어졌는지는 잘 알 수 없을 뿐만 아니라, 그런 물질이 있다고 하더라도 지금 당장은 그렇게 높은 용융점을 가진 물질의 용도를 찾을 수 없다. 그러나 현재 연구 중인 '인공 태양'과 같이 핵융합으로 에너지를 생산하는 장치에 필요할 가능성은 충분히 있다.

열 개의 태양은 실제로 무엇이었을까? | 만약 현대인이, 용광로처럼 뜨겁게 달구어진 큰 바위 덩어리가 열기와 굉음을 내뿜으며 머리 위로 지나가는 것을 보았다면 무엇을 떠올릴까? 과연 그 현대인은

우주에 흩어져 있던 소행성 하나가 지구로 돌진하다가 대기와의 마찰로 가열되어 열기를 발산하며 지나가는 것일 뿐이라고 생각할까? 아니면 세상의 종말이나 신의 징벌과 같은 비과학적인 상상을 먼저 할까?

옛날에도 그러했듯이 하늘에 떠도는 암석 덩어리는 지금도 우리 머리 위로 떨어지고 있다. 그것들은 지구의 만유인력으로 초당 수십 킬로미터의 빠른 속도로 가속되어 대기권에 진입한다. 공기 분자도 물질인 만큼 암석 덩어리는 무수히 많은 수의 공기 분자와 충돌하면서 뜨겁게 달구어진다. 암석 표면은 이미 녹아 밝게 빛을 내기 때문에 밤에는 유성 혹은 별똥별로 나타난다. 소행성은 낮밤을 가리지 않고 떨어지지만 대부분은 공기와의 마찰로 완전히 타 버리고 지상에 도착하는 것은 거의 없다. 드물지만 타다 남은 암석 덩어리가 지상에 도착하기도 하는데, 그것을 운석이라고 한다. 운석은 초음속으로 떨어지기 때문에 만일 가옥이나 생물과 충돌한다면 치명적인 피해를 줄 것이다. 그러나 운석에 피해를 보았다는 사람이 별로 없는 것을 보면 운석이 자주 떨어지는 것은 아닌 것 같다. 그럼에도 불구하고 운석 조각들이 여기저기 굴러다니고 있는 것은 지구의 긴 역사 때문이다.

운석으로 지상에 떨어지는 소행성의 원래 크기는 수십 미터에서 수십 킬로미터 정도다. 그렇게 큰 소행성이 수천 도로 뜨겁게 달구어진 채 초음속의 속도로 충격파를 내면서 다가온다고 상상해 보라. 소행성은 대기의 마찰로 급격히 감속하기 때문에 때로는 공중에서 여러 조각으로 쪼개져 마치 여러 개의 태양처럼 빛과 열기를 내며 다가온다. 물론 오래지 않아 그것들은 산 너머 어딘가에 떨어져 사라지지만 그러기 전에 대지를 태워 자신이 지나온 흔적을 남긴다. 고대인은 동굴 속이나 바위 틈새에 숨어서 여러 개의 태양들이 갑자기 나타나 산을 태우고 물을 끓이는 장면을 목격하고는 엄청난 공포에 휩싸여 어쩔 줄 몰라했을 것이다. 당연히 그들은 그것을 하늘에 있는 신의 조화로 생각하고 다시는 그런 일이 일어나지 않도록 빌었을 것이다. 다행히 그 이후로는 그런 일이 일어나지 않았기 때문에 고대인은 신이 자신들의 소원을 들어주었다고 생각했을 것이다. 세월이 흐르면서 그러한 이야기는, 하늘 신의 철없는 아들들인 열 개의 태양이 한꺼번에 나타나는 바람에 지상이 뜨거워졌으나 사람들의 기도로 하늘 신이 신하를 보내 아홉 개의 태양을 쏘아 없앤 것으로 각색되었을 것이다.

여러 개의 해가 있어 신이 그중에서 몇 개를 활로 쏘아 떨어뜨렸다는 신화는 아시아 여러 민족에게 있다. 만일 복수의 해가 소행성 조각들이었다면, 고대인이 최소한 구전으로라도 그러한 충격적인 사실을 다음 세대로 전해 줄 수 있는 지적 능력을 가졌을 때이므로 수만 년 이내에 일어났어야 한다. 실제로 압록강과 가까운 요동 지방에 크기가 백여 미터 정도인 소행성이 5만 년 전쯤에 충돌한 흔적이 있다. 당시에 동북아시아에 살던 고대인이 이 소행성의 충돌을 목격하지 않을 수는 없었을 것이다. 그 외에 지질학적 흔적을 남기지 않은 보다 작은 규모의 소행성이 충돌한 사건도 발생했을 수 있다. 어느 경우나 소행성의 충돌은 고대인에게 열 개의 태양이 나타나는 사건과 같이 엄청난 충격을 주었을 것은 분명하다.

소행성 충돌은 현대에도 신화로 변모한다. 비교적 최근인 1908년 중부 시베리아의 퉁구스카 강 유역에 거대한 불덩이가 날아가다가 폭발했다. 그 바람에 2,000여 제곱킬로미터의 삼림과 그 속의 동물이 타 죽었고 수백 킬로미터 떨어진 곳에서 달리던 열차가 탈선했다. 과학자들은 지름이 20미터 정도로 추정되는 소행성이 직접 지표와 충돌하지는 않고 지면을 비스듬히 스쳐 지나갔기 때문에 일어난 일로 보지만 UFO가 충돌했다고 생각을 하는 사람들도 있다.

규모가 수 킬로미터 이내인 소행성의 충돌은 지역적인 생태계 교란을 일으키는 정도에 그치지만, 보다 큰 소행성의 충돌은 생물의 역사를 바꾼 엄청난 사건을 일으켰으리라 짐작된다. 실제로 생물의 역사 39억 년 동안 대규모 멸종이 일어난 때에는 대부분 대규모 소행성 충돌의 흔적이 있다. 특히 6,600만 년 전 공룡을 멸종시킨 것은 멕시코에 떨어진, 크기가 10킬로미터 정도인 소행성이었던 것으로 생각된다. 대규모 소행성의 충돌은 1차적으로 열과 빛으로 수백 킬로미터 이내의 생물을 완전히 태우고 지진과 해일을 일으킨다. 2차적으로는 먼지를 비산시켜 햇빛을 차단한다. 그러면 범지구적으로 초목의 생장이 저하되고 그에 따라 초식 동물과 육식 동물이 차례로 멸종한다. 당시까지 번성하던 공룡이 이렇게 멸종되었다는 것이다.

제4장

정복과 숭배의 대상

원시인은 대부분 자연에 순종하며 살았다. 순종의 방식은 이동이었다. 그들은 기후가 온화하고 과실과 동물이 있는 곳을 찾아 이동했던 것이다. 그러한 떠돌이 생활에 마침표를 찍게 해 준 것이 바로 농경의 발견이었다.

수렵 채취가 아니라 씨앗을 뿌려 곡식을 거두는 새로운 생활 방식인 농경을 위해서 사람들은 따뜻하고 물이 있는 곳을 찾아 정착했다. 그들은 그곳에 집을 짓고 힘들었던 옛이야기를 하며 한동안 편안하게 살았다. 그러나 그러한 행운도 영원히 지속되지는 않았다. 지구상의 그 어디에도 변하지 않고 꾸준한 곳은 없었기 때문이다. 풍족하게 흐르던 물이 마르거나 반대로 흘러 넘쳐 집과 토지를 쓸어 갈 때가 있었다. 정착한 고대인에게 그렇게 살아 움직이는 자연환경은 과거로의 유혹이

기도 했지만 정복의 대상이기도 했다. 강물이 범람하여 농경지와 거주지를 휩쓸어 가면 농부는 범람하는 물을 막기 위해 제방을 쌓았고, 비가 제대로 내리지 않을 때에는 논밭으로 강물을 끌어들이기 위해 수로를 팠다. 고기잡이를 하던 어부와 바다 건너 다른 도시와 장사를 하던 무역상 들은 거친 파도를 헤치고 나갈 큰 배를 만들었다. 이렇게 고대인은 자연환경의 변화에 대항하여 자신들이 건설한 생활의 터전을 지키려는 노력을 하였고, 그러한 투쟁을 지휘한 지도자는 영웅이나 신으로 묘사되어 신화의 일부가 되었다.

때로는 인간의 힘으로는 어쩔 수 없는 엄청난 일이 일어나기도 했다. 예를 들면 지진, 해일, 화산 폭발 등이다. 땅이 흔들리고 뜨거운 화산재가 날아왔지만 수백 수천 년에 걸쳐 건설한 도시를 버릴 수는 없었다. 그들은 가공할 자연의 힘을 신의 노여움으로 생각하고 제물을 바치고 정성껏 기도를 했다. 그러나 대부분의 경우 신은 끝내 인간을 용서하지 않았기 때문에 사람들은 짐을 싸서 그곳을 떠날 수밖에 없었다. 그러한 고대인의 쓰라린 경험도 여러 세대로 전해지면서 아름다운 신화로 포장되었다.

인간의 생활에 일차적으로 영향을 미치는 자연환경은 지구과학의 대상이다. 지구과학은 보다 기초적인 과학의 바탕 위에 형성된 대표적인 거시 과학으로, 지구에서 일어나는 다양한 자연 현상의 본질을 규명하고 지구의 변화를 예측하는 데 목표를 둔다. 만약 신화가 자연 현상과 관련된 것이라면 그 자연 현상의 대부분은 고대인의 피부에 맞닿은 지구 환경일 것이다. 지구과학의 범주 내에서 설명이 가능한 신화가 눈에 많이 띄는 이유가 바로 여기에 있다.

최초로 기록된 대홍수

이곳저곳으로 떠돌던 원시인이 한곳에 정착해 살기 위해서는 농경에 필요한 물이 안정적으로 공급되어야 했다. 작물의 성장 시기에 비가 적당히 오고 결실의 시기에는 비가 적게 오는 곳이 농사에 적합한 곳이다. 그것에 더하여 토지까지 비옥하다면 금상첨화일 것이다. 그러나 그렇게 완벽한 조건을 갖춘 곳은 별로 없다. 지금과 같은 토목 기술이 없었던 고대인은 농사에 가장 적합한 지역을 찾아 정착했다. 대체로 큰 강 유역이 그러한 곳이었다. 비록 비가 오지 않더라도 관개를 통해 농업용수를 공급할 수 있었기 때문이다.

한편 큰 강 유역에 정착하여 손쉽게 물을 사용하기 위해서는 대가를 치러야 했다. 그것은 바로 강의 범람이었다. 강의 범람은 농작물과 주거지를 파괴시키기 때문에 강 유역에 형성된 나라의 지도자는 물을 다스리는 문제에 온 힘을 기울였다. 그러나 큰 강의 범람은 결코 고대인이 해결할 수 있는 문제가 아니었다. 사람의 힘으로 쌓은 작은 규모의 둑은 대규모 범람을 막기에는 역부족이었다. 고대인은 이러한 자연 변화를 신들이 부리는 조화로 생각했고 그러한 생각은 신화가 되었다.

홍수 신화는 어느 특정 지역에만 있는 것이 아니다. 전 세계 대부분의 신화에 홍수를 주제로 한 이야기가 있다. 이 사실은 두 가지 측면으로 해석될 수 있다. 인류가 전 세계적으로 퍼져 나가기 전에 겪은 대홍수의 경험이 자손들에게 구전되었거나, 인류가 세계 곳곳에 정착한 이후 전 세계적으로 홍수가 일어난 것이다. 어느 쪽이든 당시 인간의 힘으로는 어쩔 수 없었던 대홍수의 기억은 신화로 자리 잡게 되었다.

대홍수의 기록이 가장 잘 보존된 곳은 메소포타미아 지역으로, 최초의 기록은 수메르 시대까지 거슬러 올라간다. 종이가 발명되기 이전이므로 수메르 인들은 흙으로 만든 판, 즉 점토판에 여러 기록을 남겼다. 이에 따르면, 수메르 인들은 여러 신을 섬겼으며 그중 가장 강력한 신은 엔릴이었다. 엔릴은 냉혹한 성격의 소유자로 신들의 우두머리였다. 그 외에도 다른 신들이 많았는데 특히 인간에게 다정한 신은 엔키였다.

처음에는 신들이 직접 들판에 나가 일을 해서 양식을 장만했으나 나중에는 인간을 창조하여 일을 대신하도록 했다. 인간이 일을 해 주자 신들은 편안해졌다. 그러나 인간의 수가 점점 불어나면서 힘든 노동에 대해 불평과 불만을 늘어놓기 시작했다. 신들은 이러한 인간의 불평과 불만이 듣기 싫었다. 마침내 신들은 회의를 열었고 엔릴은 홍수를 일으켜서 인간을 모두 없애 버리자고 제안했다. 그러나 자비로운 엔키는 신들의 이러한 계획을 지상의 왕 중 한 명인 지우수드라에게 살짝 귀

엔키 수메르 신화에서 물과 기술의 신이다. 엔키가 땅속으로부터 솟아 나오고 있는 모습이 그려진 수메르의 점토판이다.

띔해 주었다. 지우수드라는 미리 큰 배를 준비하고 온갖 동식물의 종자를 실었다. 모든 작업이 끝나자 마침내 홍수가 시작되었다.

"거세고 거센 바람, 거친 폭풍이 모두 한곳에 모였다.
홍수는 땅을 휩쓸어 버렸다.
일곱 날 일곱 밤 동안
홍수는 이 땅을 휩쓸어 버렸고
거센 바람으로 배는 물 위에서 흔들렸다."

대홍수의 원인은 무엇일까? | 일부 사람들은 이 기록을 갑자기 많은 비가 내려 티그리스 강이 범람한 것으로 해석하고 있다. 그러나 티그리스 강이 갑자기 불어나는 경우는 흔히 있어 왔지만 강 유역의 인간이 전멸할 정도는 아니었다. 따라서 사람들은 점토판에 기록된 대홍수가 의미하는 자연 현상의 정체를 찾으려고 노력해 왔다.

매일매일을 살다 보면 더운 날도 있고 추운 날도 있다. 그리고 여름보다는 겨울이 춥다. 또한 어른들이 '옛날보다 요즘이 더 더운 것 같다.' 라고 말씀하시는 것도 들은 적이 있다. 그러나 이러한 기온의 변화는 불과 백 년 이내에 일어난 것이며 지구의 나이 46억 년에 비하면 매우 짧은 시간에 일어난 일일 뿐이다. 이렇게 짧은 시간 동안에 관측된 기상 상태를 기후라고 하지는 않는다. '기후' 는 이보다 훨씬 긴, 예를 들면 적어도 수천 년 이상의 긴 시간 동안에 일어나는 평균적인 날씨를 말한다. 그런데 기후의 변화는 지구상의 어느 한 지역에만 일어날 수도 있고 지구 전체에 걸쳐 일어날 수도 있다. 지역적으로 일어

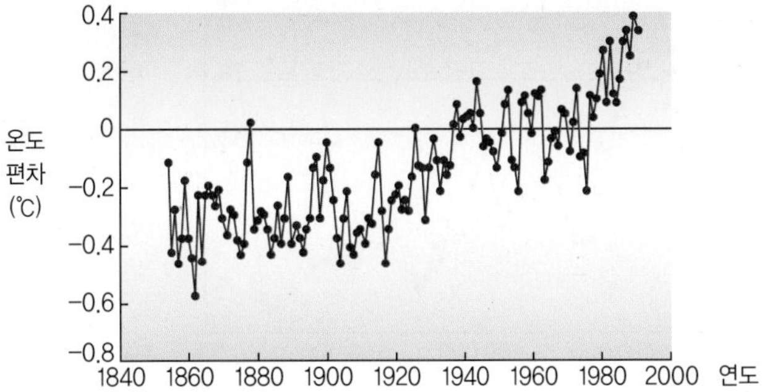

과거 150여 년 동안의 평균 기온의 변화 섭씨 15도부터의 편차를 표시한 것으로, 0.5도 정도 상승했음을 알 수 있다.

나는 기후 변화의 예로서 사하라 사막을 들 수 있다. 사하라는, 지금은 사막이지만 과거에 강물이 흘렀던 흔적이 있다. 즉 과거 수천 년 동안 그곳의 기후가 변해 온 것이다.

지구 전체에 걸쳐 일어나는 대표적인 기후 변화는 빙하기와 간빙기가 교대로 찾아오는 것이다. 빙하기는 지구의 평균 기온이 섭씨 5도 이상 낮아지는 시기를 말하며, 간빙기는 빙하기와 빙하기 사이의 따뜻한 시기다. 가장 최근의 빙하기는 약 1만 2,000년 전에 끝이 나고 지금 우리는 따뜻한 시기인 간빙기에 살고 있다. 물론 우리가 살고 있는 간빙기에도 겨울이 있고 여름이 있어 추울 때도 있고 더울 때도 있지만 빙하기에는 평균 기온이 간빙기보다 몇 도 이상 낮다.

지구 전체로 추워지는 빙하기는 주기적으로 찾아왔고 사이사이에 작은 규모의 변화도 있었지만 그 주기는 대략 10만 년 정도다. 운 좋게도 우리는 비교적 따뜻한 간빙기에 살고 있지만 빙하기 때의 우리 조상은 추위에 떨면서 살아야 했다.

빙하기에는 낮은 기온 때문에 북극과 남극 지방을 중심으로 얼음이

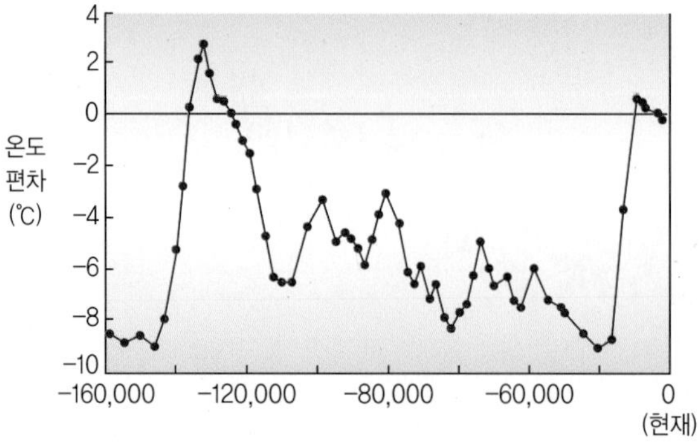

과거 16만 년간의 평균 기온의 변화 섭씨 15도부터의 변화량을 표시한 것으로, 크게는 10만 년을 주기로 5도 정도의 폭으로 변화해 왔다. 그보다 짧은 주기로는 수 도의 범위로 변화해 왔음을 알 수 있다.

두껍게 얼어 있었다. 따라서 해수의 양이 적어 지구 전체의 바다 표면의 높이가 낮아지는 해수면 하강이 발생했다. 반대로 간빙기가 되면 얼음이 녹아 지구 전체 해수의 양이 증가하므로 바다 표면의 높이가 올라가는 해수면 상승이 일어났다. 대체로 이 변화는 수천 년 이상 긴 시간에 걸쳐 일어난다. 실제로 B.C. 11000년경 지금의 카타르 부근에 있었던 페르시아 만의 해안선이 B.C. 6000년에는 쿠웨이트 남쪽 국경 부근까지 올라갔고 결국 현재의 상태에 이르렀다.

바닷물의 수위가 상승하면 페르시아 만으로 흘러 들어가는 메소포타미아 지역의 하천은 범람하기 쉽다. 뿐만 아니라 기후까지 변하여 수원지의 얼음이 녹는 이른 봄에도 비가 많이 내려 강들이 크게 범람한다. 그렇게 되면 사람들은 수레를 끌고 더 높은 곳으로 이동해 갈 수밖에 없었을 것이다. 이러한 대규모 이주를 가져온 농경지 침수에 대한 기억은 세대를 거치면서 과장되어 집중 호우와 같은 급격한 변화로 구전되다가 결국에는 신의 뜻으로 생각되었을 것이다. 즉 지구 온난화에 의해 빙하기가 끝나고 간빙기로 접어들 때 일어난 해수면 상승이 수메르 홍수 신화의 주요 배경이었다고 추정해 볼 수 있다.

해수면 상승은 해안 지역에 살고 있던 원주민에게 고통을 주었지

페르시아 만의 해안선 변화 페르시아 만의 해안선은 변해 왔다. 마지막 빙하기가 끝날 무렵 해안선은 상당히 남쪽에 있었으나 비교적 빠르게 북쪽으로 이동했다. 이러한 간빙기의 해수면 상승에 의한 해침을 메소포타미아 홍수 신화의 근원으로 볼 수도 있다.

만, 범람하는 강 유역에 진흙이 퇴적되고 바다와 인접한 하류에는 늪이 생성되어 훌륭한 농경 조건이 형성되는 긍정적인 측면도 있었다. 이에 따라 간빙기가 시작되기 전에는 고지대의 삼림에서 수렵 생활을 하던 사람들이 간빙기가 시작되자 아래로 내려와 이러한 늪지대에 정착하여 농사를 지을 수 있게 되었던 것이다. 수메르 문명이 이렇게 형성된 것이라고 보는 사람들도 있다.

자연적인 원인 외에도 오늘날에는 석유, 석탄과 같은 화석연료의 연소로 인해 지구 온난화가 가속되고 있어 극빙이 녹는 등, 해수면 상승의 요인들이 증대하고 있다. 만일 해수면이 상승하여 해안 지대가 침수되면 수천 년이 지난 후에는 그러한 일들이 신화로 구전될 수도 있지 않을까?

수메르의 홍수 신화는 《길가메시의 서사시》에도 나온다. 길가메시는 영생을 위한 약초를 찾기 위해 여행을 하다가 선지자인 지우수드라를 만나 그의 입을 통해 대홍수의 비밀에 대해 듣게 된다. 그에 따르면 지우수드라는 인자한 신 엔키의 경고를 듣고 미리 배를 준비해 두었다가 홍수가 시작되기 전에 생물의 종자를 실었다고 한다. 지우수드라는 배 안에서 본 대홍수의 장면을 다음과 같이 묘사했다.

"새벽에 동이 트자 검은 구름이 지평선 위에 올라왔다.
천둥의 신이 그 속에서 으르렁거렸다.
전령신들이 달려가고 있었다.
산과 들판 사이로 달려가며 홍수를 알렸다.
저승신이 물꼬를 텄다.
전쟁의 신은 저수지의 물을 넘치게 했다.
신들이 들어 올린 횃불이 땅을 밝게 비췄다.
천둥의 신이 오기 전 하늘에는 정적만이 있었다.
빛이 어둠으로 변했다.
땅이 옹기조각처럼 갈라졌다.
첫날은 남풍이 불었다.
세차게 불어 전쟁처럼 모든 것을 쓸어 버렸다.
형은 아우를 볼 수 없었다.
높은 곳에서 사람을 알아볼 수 없었다.
신들 스스로도 홍수를 무서워했다.
뒷걸음치며 하늘로 올라갔다.
신들은 개처럼 벽에 웅크리고 있었다.

여신은 외쳤다.

'모든 것이 진흙으로 돌아가 버렸다.'

신들은 울었다.

육 일 밤낮으로 바람이 일고 홍수와 폭풍이 땅을 휩쓸어 버렸다.

칠 일째,

아이를 낳는 여자처럼 긴장했던 폭풍과 홍수의 전쟁은 가라앉았다.

바다는 잠잠해졌고 폭풍은 가라앉았으며 홍수는 그쳤다.

모든 인간들은 진흙으로 돌아갔다.

들판이 지붕처럼 평평해졌다."

빙하기는 왜 반복될까?

태양은 지구로 끊임없이 빛을 보내고 있다. 그런데 태양광을 지구가 모두 흡수하는 것은 아니다. 지구를 둘러싼 대기(6%), 구름(20%), 지구 표면(4%)이 반사한다. 나머지 70%는 구름(3%), 대기(16%), 지표면(51%)을 통해 지구로 흡수되며, 흡수된 태양광은 대기의 온도, 즉 기온과 지표면의 온도를 높인다.

지표면을 통해 흡수된 태양광 중에서 21%는 눈에 보이지 않는 전자기파의 한 형태인 적외선으로 외계를 향해 방출되며 그 일부는 대기를 가열하여 기온을 상승시킨다. 따라서 대기는 태양광을 직접 흡수하거나 지구로부터 나오는 적외선을 흡수하여 온도가 올라가는 것이다. 대체적으로 에너지의 흡수량과 방출량이 비슷하기 때문에 평균 기온은 어느 정도 일정하게 유지되고 있다.

외계로부터 지구에 유입되는 에너지는 태양광 에너지가 대부분이기 때문에 기온은 지구에 입사하는 태양광 에너지의 양과 지구에 의한

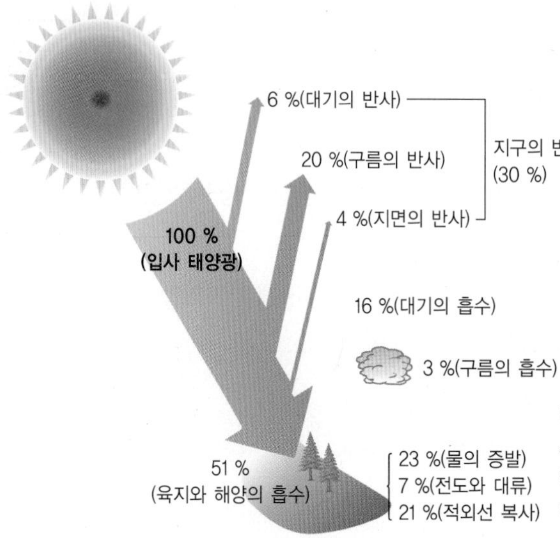

태양광의 수지 태양광의 일부는 반사되고 일부는 흡수된다. 흡수된 태양광은 지구 대기를 가열하여 일정한 온도로 유지시킨다.

반사 및 복사량[24]으로 결정된다. 결국 기온이 변화하려면 지구에 입사하는 태양광 에너지의 양이 변하거나 지구에 의한 반사 및 복사량이 변해야 한다.

지구에 입사하는 태양광 에너지의 양은 변할까? 먼저 태양 자체의 에너지 출력은 변할 수 있다. 태양은 에너지를 생산하는 일종의 화학 공장이며 그 출력은 시시각각 변한다. 장기적인 변화의 폭을 알아내기는 매우 어렵지만 단기적인 관측에 의하면 0.1 % 정도의 매우 작은 범위로 변한다. 그런데 지구에 도달하는 에너지 변화의 폭은 그보다 더 크다.

지구는 단순한 자전과 공전 외에도 몇 가지 더 복잡한 방식으로 운동하고 있다. 공전 궤도의 이심률 변화, 자전축의 기울기 변화, 자전축

24) 복사(radiation)란 물질에 저장되어 있는 에너지가 전자기파의 형태로 방출되는 현상이다.

지구 운동의 불규칙성의 원인

태양계 안에 태양과 지구만 있고 두 개 모두 완벽한 공 모양이라면 지구의 궤도는 완전한 타원이고, 궤도 모양과 자전축의 기울어진 각도도 영원히 그대로 유지될 것이다. 그러나 지구 주위에는 위성인 달은 물론 다른 행성들이 여럿 있을 뿐만 아니라 태양이나 지구가 완전한 공 모양도 아니다. 이런 이유로 지구의 궤도는 완벽한 타원에서 벗어나며 자전축도 흔들리게 되는 등, 규모는 작지만 매우 복잡한 운동이 추가된다. 이에 대한 계산은 매우 복잡하기 때문에 컴퓨터를 이용해야만 가능하다.

의 세차 운동 등이 그러한 것들이다. 이 세 가지 이유 때문에 지표면의 한 지점에 도달하는 태양광 에너지의 양이 변화하며 이들에 의해 장기적인 기후 변화가 가능하다. 이 세 가지에 대해 자세히 알아보자.

첫째, 이심률의 변화로 태양과 지구 사이의 거리가 변한다. 이심률은 원으로부터 궤도의 변형 정도를 말해 주는 지수다. 태양 주위를 도는 지구의 궤도는 원이 아니라 타원이기 때문에 태양과 지구 사이의 거리는 일정하지 않다. 지금도 1년을 주기로 1억 4,700만~1억 5,200만 킬로미터 범위로 변화하고 있다. 이 때문에 1년을 주기로 기온의 변화가 발생할 수는 있으나 빙하기의 원인은 아니다. 그러나 이심률 자체가 변하면, 납작한 정도가 다른 타원으로 변하여 지구에 도달하는 태양광 에너지의 총량이 달라진다. 현재의 이심률은 0.0174이지만 약 10만

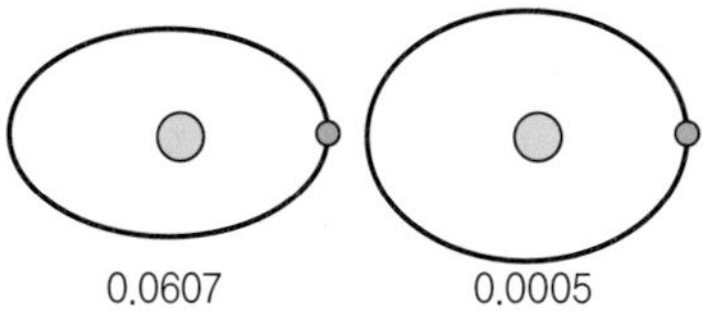

이심률의 변화 이심률은 타원이 원으로부터 어느 정도 변형되었는지 그 정도를 나타내 준다. 지구 궤도는 타원이며 이심률은 0.005~0.06 사이에서 변한다.

이심률

타원은 두 점으로부터의 거리의 합이 일정한 점들의 집합이고, 두 개의 반지름, 즉 긴반지름(a)과 짧은반지름(b)을 가진다. 이심률은 $e=\sqrt{1-b^2/a^2}$ 으로 정의된다. 원의 경우 $e=0$이다.

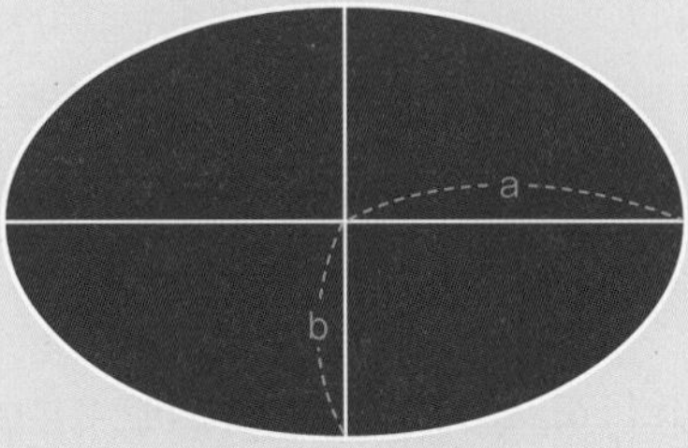

타원의 긴반지름과 짧은반지름 | 타원의 중심으로부터 긴 것을 긴반지름, 짧은 것을 짧은반지름이라고 하며, 이들로부터 이심률이 결정된다.

년을 주기로 0.005~0.06의 범위에서 변한다.

둘째, 자전축은 현재 공전 궤도면에 대해 23.5도만큼 기울어 있으나 이 각도는 4만 1,000년을 주기로 22.1~24.6도의 범위에서 변한다. 자전축의 기울기 때문에 계절의 변화가 생기는데, 만일 이 기울기가 커진다면 우리나라와 같은 온대 지방에서는 계절 변화의 폭이 더 커질 것이다. 즉 겨울은 더 춥고 여름은 더 더워질 것이다.

셋째, 자전축의 세차 운동, 즉 자전축의 방향이 북극성으로 고정되어 있지 않고 도는 것을 말한다. 그 주기는 2만 6,000년이다. 자전축의 방향이 변하면 달력상에서 계절의 위치가 변한다.

자전축 기울기의 변화 자전축의 방향은 궤도 평면에 대해 수직이 아니라 22.1~24.6도의 범위에서 변한다.

이 세 가지 요인들을 모두 고려하면, 어느 한 지역에 도달하는 태

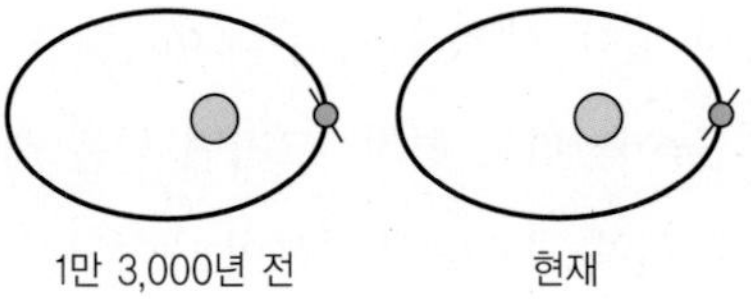

자전축의 세차 자전축의 방향은 고정된 것이 아니라 2만 6,000년을 주기로 회전한다.

양광 에너지의 양은 수십 퍼센트의 범위 내에서 변화하며, 그 주기는 관측된 빙하기의 주기와 어느 정도 일치한다. 이러한 계산을 기초로 밀란코비치[25]는 천문학적 요인으로 빙하기와 간빙기가 발생할 수 있다고 주장했다. 이러한 천문학적 원인에 의한 빙하기의 주기는 놀랍게도 컴퓨터가 없던 시기에 계산되었으며 이를 '밀란코비치 주기'라고 한다.

그러나 천문학적인 요인이 지구 기후의 장기적인 변화와 관계됨을 알 수는 있지만 변화의 크기를 설명하지는 못한다. 왜냐하면 실제로 일어난 변화의 폭이 너무 컸기 때문이다. 따라서 온도 변화를 증폭시키는 다른 요인이 있다고 본다.

기후 변화에 대한 천문학적 요인 이외에 지구 자체에 내재된 요인들이 많이 있다. 수륙 분포, 대기의 투과율과 조성, 지표면의 물리적 조건 등이 바로 그것이며, 이들의 변화로 지구 표면의 반사율과 대기의 흡수율이 변화할 수 있다. 실제로 빙하기에는 온실 기체의 주성분인 이산화탄소와 메테인의 비율이 지금보다 수십 퍼센트 낮았다는 자료가 있다. 물론 그 때문에 기온이 어느 정도 낮아졌을 것으로 추정할 수는 있으나 온실 기체의 비율이 왜 낮았는지는 알 수 없다.

---

25) Milutin Milankovitch(1879~1958). 세르비아 출신의 천체물리학자로, 천문학적 원인에 의한 지구 기후의 주기적 변화 가능성을 설명했다.

빙하기가 오게 하는 다른 요인들이 있다. 예를 들어 무슨 이유로 남극과 북극에 얼음으로 덮인 면적이 늘어났다고 하자. 그러면 얼음 때문에 태양광의 반사가 심해지고 그로 인해 극지방의 기온이 내려간다. 떨어진 기온으로 얼음 양은 증가하고 그에 따라 기온은 더욱 떨어진다. 이러한 악순환은 결국 빙하기로 이어진다. 비슷한 이유로 화산재도 빙하기 도래의 요인이 될 수 있다. 대기권으로 높이 올라간 화산재가 지구를 둘러싸고 태양광을 반사하기 때문이다.

이와 같이 기후 변화에 대한 부분적인 요인과 그 결과는 어느 정도 추정할 수 있다. 그러나 전체적인 변화를 예측하는 것은 그리 쉬운 일이 아니다. 그 이유는 이미 지적한 요인들 외에도 해류 등 기후에 관여하는 요소가 아주 많을 뿐만 아니라 관여 방식도 매우 복잡하기 때문이다.

변덕스러운 신

대홍수와 관련된 신화는 수메르뿐만 아니라 세계 여러 곳에서 나타난다. 대홍수는 이미 말한 바와 같이 기후 변화에 의해서 점진적으로 일어나는 해수면의 상승으로 볼 수도 있다. 그런데 해수면의 상승과 같은 효과를 일으키는 또 다른 요인이 있다. 바로 지각의 변동이다. 지각이 하강하면 마치 해수면이 상승하는 것과 같은 효과를 가져온다. 지각의 변동도 기후 변화와 같이 비교적 장기적으로 일어나는 자연환경의 변화이므로 수백 년 이상의 장기적인 관찰을 통해서만 그 결과를 볼 수 있다.

이와는 달리 비교적 단기적인 과정으로 일어나는 수해도 생각해 볼 수 있다. 물론 집중 호우를 인간을 멸종시키는 자연재해로 보기에는 무리가 있다. 집중 호우가 아닌 다른 요인을 고대 그리스의 신화에서 찾아보자.

변덕이 심하기도 했지만 자비와도 거리가 멀었던 제우스는 어느 날 인간을 멸종시키기로 결심했다. 내세운 이유는 나쁜 인간이 너무 많다는 것이었다.

"물로 인간 세상을 쓸어 버려라."

제우스는 부하 신들에게 명령했다. 제우스의 명령으로 인간 세상에는 비바람이 몰아치기 시작했다. 비는 어느 신이 내리게 했는지 모르지만 바람은 아이올로스가 만들어 냈다. 바람의 신 아이올로스는 동굴 속에 가두어 둔 바람 중에서 남풍을 세차게 내보냈다. 아이올로스의 무서운 얼굴은 검은 어둠으로 덮였고 수염에는 솜구름이 자욱했으며 흰 머리카락에서는 물이 홍수와 같이 넘쳐흘렀다. 이마에서는 안개가 피어났고 가슴에는 물이 가득했다. 제우스는 바다의 왕 포세이돈에게도 강물과 바닷물을 넘치게 하도록 주문했다. 포세이돈은 모든 강과 바다에게 명령했다.

"물결이 마음대로 날뛰도록 하라! 집을 휩쓸고 제방을 부수어라!"

그리고 그는 삼지창으로 육지에 구멍을 뚫은 다음 흔들어서 물길을 만들었다. 그리하여 이 세상은 산봉우리만 남고 모두 물에 잠겼다. 결국 단 두 사람, 데우칼리온과 피라라는 사촌 남매만 남고 모든 인간이 죽었다.

제우스가 주문한 자연재해의 정체는 무엇일까? | 집중 호우를 인간의 멸종과 연관시키는 것은 좀 부자연스럽다. 비가 아무리 퍼부어도 사람들이 저지대에서 고지대로 피할 수 있는 시간이 있기 때문이다. 따라서 보다 규모가 크고 급격히 발생하는 수해의 원인을 찾아보아야 한다.

해안에 살던 사람들에게는 거센 파도가 수해의 한 원인이었을 것이다. 파도는 대부분 바람에 의해 생성된다. 즉 바람의 영향으로 해수가 운동하는 것이 파도로 나타나는 것이다. 그런데 파도가 만들어지기 위해서는 바람이 상당한 시간 동안 지속적으로 불어야 하기 때문에 그러한 파도에 대해서는 어느 정도 대피할 시간이 있다. 반면에 지진 해일은 사정이 다르다. 기상 조건과는 아무 관련이 없을 뿐만 아니라 그 어떤 예고도 없이 급작스럽게 몰려온다. 지진 해일은 해저에 발생한 지진으로 만들어지기 때문이다. 특히 바다의 신 포세이돈이 육지에 구멍을 뚫고 흔들었다고 하는 대목이 지진 해일에 의한 수해임을 암시한다.

지진 해일은 해저에서 비교적 큰 규모의 지진이 발생하여 지각의 일부가 솟거나 내려앉을 때 일어나는 해수의 급격한 운동이다. 이렇게 발생한 지진 해일의 파도는 바람에 의해 발생한 파도와는 몇 가지 측면에서 구별된다. 먼저 대부분의 파도는 수십 초 이내의 주기로 밀려왔다가 밀려 나간다. 그러나 지진 해일의 주기는 비교적 긴, 수 분에서 수 시간의 범위에 걸쳐 있다. 태풍과 같은 바람에 의해 만들어진 파도는 파고가 수십 미터에 달한다고 하더라도 주기가 짧기 때문에 순간적으로 높은 파고의 해수가 육지에 들이닥쳐도 곧 빠져 나간다. 이와 같이 해수가 들어왔다가 빠져 나가는 시간 간격이 짧기 때문에 해안과

지진 해일 2004년 인도네시아 수마트라 섬에서 관측된 지진 해일의 파고는 32미터에 달했다. 사진은 사고 발생 1년 반이 경과한 후에 발견되었다. 촬영자의 생사 여부는 알 수 없다.

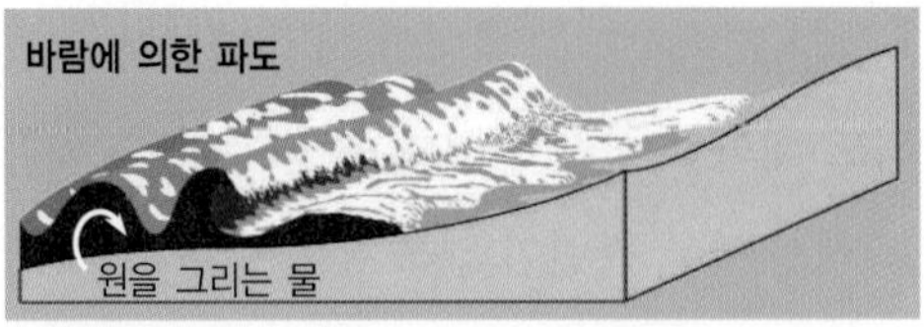

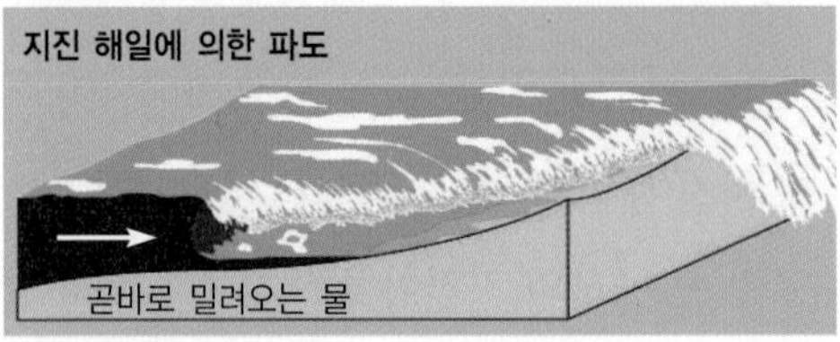

바람에 의한 파도와 지진 해일에 의한 파도 바람에 의해 만들어진 파도는 구르면서 육지로 이동하지만, 지진 해일에 의한 파도는 마치 벽처럼 밀려온다.

인접한 곳은 침수되거나 파괴될 수 있지만 해안으로부터 수백 미터만 떨어져도 큰 피해는 입지 않는다. 그런데 지진 해일의 파도는 한 번 들어오기 시작하면 빠져 나가기까지 상당한 시간이 걸린다. 따라서 해안으로부터 수 킬로미터까지 침수될 수 있다.

지진 해일은 수심이 1킬로미터인 곳에서는 시속 356킬로미터 정도로 전파되며 전파 속도는 수심에 따라 증가한다. 파고는 심해에서는 1미터 이하로, 관측이 어려울 정도로 낮지만 해안에 가까이 다가오면 보통 10미터까지 높아진다. 태풍에 의한 파도에 비해 낮은 편이지만 지형에 따라 훨씬 높을 수도 있다.

이와 같이 수메르 신화의 홍수와는 달리 그리스 신화의 홍수는 지진 해일에 의한 것으로 보인다. 그리스가 메소포타미아 지방과는 달리 화산 활동이나 지진과 같은 지각 변동이 잦은 곳이라는 주변 정황도 이에 부합한다.

때로 만들어진 지각

중국에는 많은 소수 민족이 있는데 태족도 그중 하나다. 태족에게는 땅이 만들어지는 과정을 담은 신화가 전해 내려오고 있다. 그런데 중국 고전에서 출처가 불분명할 때 사용하는 표현이 바로 '전하는 바에 의하면 ……' 이다. 이 신화도 그렇게 시작하고 있다.

전하는 바에 의하면, 오랜 옛날에는 온 천지가 가도 가도 끝이 없는 하나의 공간이었다고 한다. 이 공간에는 오로지 기체와 구름, 안개와 세찬 바람만이 있었다. 억만 년이 지난 후 이 기체와 구름, 안개는 세찬 바람 속에서 요동치다 모여 하나의 덩어리로 응결되었다. 그 이후에도 끝없는 변화를 거쳐 거대한 검은색 공으로 변했다. 그러던 중 창조신 영팔신왕이 나타나서 망망한 공중에서 표류하고 있는 공을 보고 걱정하기 시작했다.

"저것이 강한 바람에 날아가 흩어져 버리지는 않을까? 어떻게 하면 가벼운 저것에게 무게를 더해 줄까?"

영팔신왕이 한참 궁리를 하고 있을 때 몸이 가려워 긁었더니 때가 나왔다.

"옳지, 이것이다!"

영팔신왕은 자신의 몸에 붙은 때를 긁어내어 공의 표면에 발라 땅으로 만들었다.

“흠, 냄새는 좀 나지만 사람들이 살 수는 있겠지.”

이렇게 영팔신왕의 때로 땅이 만들어졌다.

영팔신왕은 어떤 종류의 때를 벗겨 냈을까? | 사람의 때는 죽은 피부 세포와 땀, 피지 등 피부의 분비물과 외부의 먼지와 같은 오물 등이 섞여 피부에 붙어 있는 것으로, 더러움의 상징이지만, 영팔신왕의 때는 지구 표면을 둘러싸고 있는 지각이 되었다.

지구의 반지름은 약 6,400킬로미터이지만 그중에서 지각의 두께는 5~70킬로미터의 범위이고 질량은 0.4%, 부피는 1%에 불과하다. 수치상으로 볼 때 지각은 인체의 때에 비교될 정도로 보잘것없다.

사람을 포함한 모든 생물의 서식지는 지각의 표면인 지표에 한정되어 있다. 그리고 지표의 대부분은 잘게 부서진 암석으로, 즉 흙으로 덮여 있기 때문에 사람들은 지각의 대부분이 흙인 것으로 알고 있다. 하지만 사실은 그렇지 않다. 지각의 대부분은 딱딱한 암석이며 표면을 덮고 있는 흙의 양은 아주 미미하다.

지각은 크게 대륙 지각과 해양 지각으로 나뉜다. 대륙 지각은 육지의 지각이고 해양 지각은 바다 밑의 지각이다. 그러나 두 지각의 경계가 육지-바다 사이의 경계와 정확히 일치하는 것은 아니다. 예를 들어 바닷속 상당한 깊이까지 대륙 지각인 경우도 있다.

대륙 지각과 해양 지각은 위치에서뿐만 아니라 두께와 밀도에서도 큰 차이가 있다. 대륙 지각의 두께와 평균 밀도는 각각 30~70킬로미

지구의 층상 구조

얇은 껍데기에 둘러싸여 있는 달걀의 내부에는 출렁이는 흰자와 비교적 고형인 노른자가 있다. 지구 내부에도 이와 같은 층상 구조가 존재한다. 이렇게 층으로 분류할 수 있는 것은 물질의 조성, 상태, 밀도, 온도 등의 물리 · 화학적 상태가 다르기 때문이다.

달걀의 껍데기에 해당하는 것이 지각이다. 지각은 딱딱한 암석으로 구성되어 있고 두께는 장소에 따라 다르며 5~70킬로미터의 범위에 있다. 그 아래로 2,900킬로미터의 깊이까지 지구의 대부분을 차지하고 있는 유동성이 있는 암석으로 이루어진 곳이 있는데 이를 맨틀이라고 한다. 맨틀 아래로 5,150킬로미터의 깊이까지 외핵, 그 아래로 내핵이 존재한다. 외핵은 액체 상태, 내핵은 고체 상태인 것으로 추정된다.

지하로 내려갈수록 온도가 올라가며 지각과 맨틀의 경계에서 섭씨 1,000도, 맨틀과 외핵의 경계에서 4,000도, 외핵과 내핵의 경계에서 5,000도, 중심부는 7,000도 정도로 추정된다.

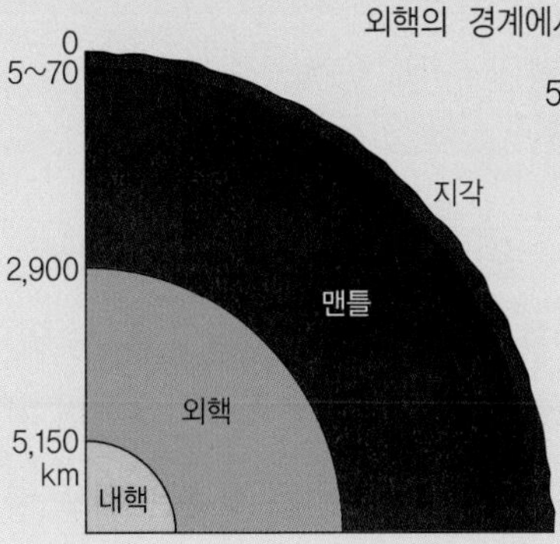

지구의 내부 구조 | 지표로부터 5~70킬로미터까지가 지각이고, 그 아래 2,900킬로미터까지 유동성이 있는 맨틀이 있다. 맨틀 아래에 액체 상태의 외핵과 고체 상태의 내핵이 있다.

터, 세제곱센티미터당 2.7그램이고, 해양 지각의 두께와 평균 밀도는 각각 5~12킬로미터, 세제곱센티미터당 3.0그램이다. 이러한 물리적 차이는 두 지각을 구성하는 암석의 종류가 서로 다르기 때문인데, 대륙 지각에는 화강암이 가장 흔하지만 해양 지각에는 현무암이 가장 흔하다.

현무암과 화강암

둘 모두 지하의 마그마로부터 만들어진 암석이지만, 현무암은 마그마가 지표로 분출되어 비교적 급격히 냉각된 것이고, 화강암은 지표에서 멀지 않은 지하에서 천천히 식어서 만들어진 것이다. 현무암은 이산화규소(SiO_2)의 함량이 낮고 화강암은 이산화규소의 함량이 높다. 결과적으로 현무암은 마그네슘과 철의 함량이 비교적 높아서 밀도가 크고, 화강암은 규소와 알루미늄의 함량이 높아서 밀도가 작다.

현무암과 화강암 | 현무암은 검고 밀도가 크지만, 화강암은 비교적 밝은색을 띠고 밀도가 낮다.

그렇다면 대륙 지각과 해양 지각은 어떤 과정으로 만들어질까? 먼저 지구가 처음 만들어졌을 때 대륙 지각이 형성되었다고 볼 수 있다. 갓 만들어진 원시 지구는 전체가 용융될 정도로 뜨거운 상태였던 것으로 추정된다. 그때 무거운 성분은 가라앉고 가벼운 성분은 위로 떠서 대륙 지각이 되었다는 것이다. 그 후 맨틀의 마그마가 지각을 뚫고 분출한 후 현무암층을 형성하여 해양 지각이 되었을 것이다. 그러나 암석은 윤회 과정을 거치면서 조성과 물리적 성질이 변하므로 한 종류의 지각이 영원히 같은 종류의 지각으로 머무는 것은 아니다. 즉 윤회 과정 중에 지각이 맨틀로 들어가 용융되어 완전히 혼합될 수 있고, 용융 과정에서 성질이 변하여 다시 분출될 수도 있다. 즉 기존의 대륙 지각

암석의 윤회

지하의 마그마가 지표로 분출되거나 지표 근처에서 식어 굳어진 암석을 화성암이라고 한다. 화성암은 각종 풍화와 침식 작용을 거치면서 잘게 부서지고 바람과 물에 의해 운반되어 특정한 곳에 퇴적된다. 퇴적물이 대량으로 쌓이면서 압력을 받아 만들어진 암석이 퇴적암이다. 퇴적암이 지각의 변동으로 지하 깊은 곳으로 들어가면 높은 압력과 온도에 의해 성질이 변하는데 그렇게 만들어진 암석이 변성암이다. 퇴적암이나 변성암은 맨틀 속으로 들어가 용융됨으로써 윤회의 사이클을 완성한다.

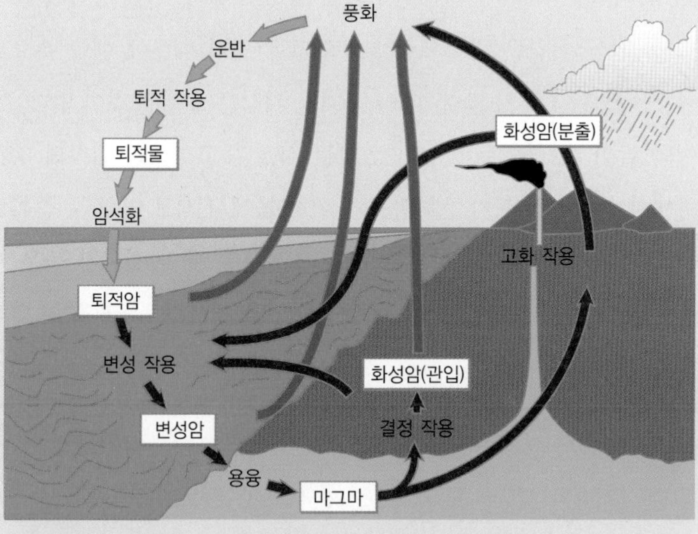

암석의 윤회 | 생성 원인에 따라 암석은 화성암, 퇴적암, 변성암으로 분류되지만, 이들은 한 종류에서 다른 종류로 변할 수 있다.

은 물론이고 맨틀이나 해양 지각도 용융되는 과정에서 조성이 변하여 대륙 지각이 될 수 있다는 것이다.

해양 지각은 지각의 갈라진 틈을 통해 마그마가 분출되어 생성된 것

대륙 지각과 해양 지각의 물리적 성질

특성	대륙 지각	해양 지각
두께(km)	30~70	5~12
연령(억 년)	38	1.5
밀도(g/cm^3)	2.7	3.0
평균 고도(km)	1	-3
비율(%)	33	57
주 암석	화강암	현무암

으로, 나이가 2억 년 이상인 것이 없을 정도로 젊다. 반면에 대륙 지각은 화산 활동과 같은 방법으로 분출되고 가볍기 때문에 맨틀 속으로 들어가는 경우가 흔치 않다. 따라서 대륙 지각은 오래된 것이 많다.

이와 같이 지각에 두 종류가 있다는 사실을 고려하면 태족의 창조 신화에서 영팔신왕은 지각을 만들기 위해 몸에서 서로 다른 두 종류의 때를 벗겨 내었을 것이다. 즉 밀도가 낮은 묵은 때와 밀도가 높은 새 때로 대륙 지각과 해양 지각을 각각 만들었을 것이다. 우리 삶의 터전은 묵은 때다.

지구의 모태가 되는 공은 어떻게 만들어졌을까? | 지구는 한 개의 별과 여덟 개의 행성 그리고 소행성과 혜성 등을 거느린 태양계라는 천체 집단에 소속된 구성원 중 하나다. 그래서 태양계가 생성될 때 같이 태어난 것으로 추정된다. 그러면 태양계는 어떻게 만들어졌을까?

태양계의 기원은 다른 별과 크게 다르지 않다. 다만 태양 외에도 지구와 같은 작은 천체가 생성되는 과정과 태양계 전체의 회전을 설명할

태양계 스스로 빛을 내는 별인 태양과 비교적 규모가 큰 여덟 개의 행성, 그보다 규모는 작지만 수가 많은 소행성, 매우 작지만 긴 꼬리를 가진 혜성 등으로 구성되어 있다. 결국 행성, 소행성, 혜성을 구분하는 가장 중요한 기준은 크기인 셈이다.

수 있는 과정이 필요할 뿐이다.

태양계는 성간 물질이 진화한 것으로 추정된다. 즉 성간 물질을 구성하고 있던 기체 분자와 고체상의 입자들이 만유인력에 의해 자연스럽게 뭉쳐져 태양계가 되었다는 것이다. 그런데 이 성간 물질은 원래부터 회전하고 있었기 때문에 중심을 향해 붕괴하는 도중에 1차적으로 여러 개의 회전하는 고리나 원판이 형성되었다. 성간 물질의 중심부는 빠르게 회전하면서 점점 농축되어 태양이 되었고, 회전하는 고리나 원판에 있던 물질도 만유인력에 의해 더욱 농축되어 행성, 소행성, 혜성 등이 되었다.

처음에는 태양계 구성원들의 성분이 모두 비슷했으나 중심부의 태양이 스스로 빛을 내게 됨에 따라 가까이 있는 행성들의 온도가 올라

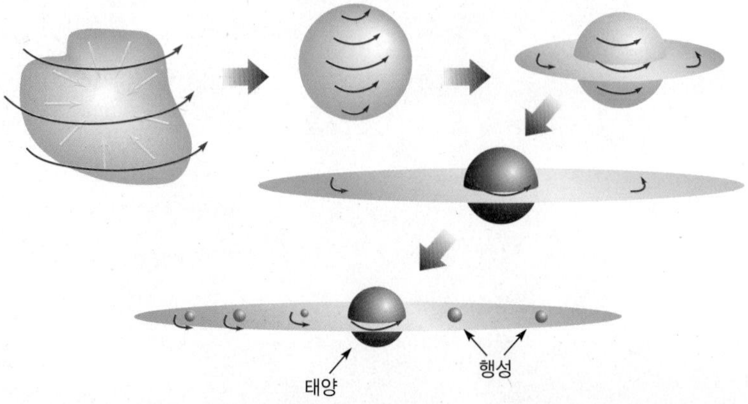

태양계의 기원 회전하고 있는 성간 물질이 만유인력에 의해 농축되어 태양계가 형성된 것으로 추정된다.

가서 휘발성 물질은 증발해 버리고 무거운 물질만 남게 되었다. 반면에 멀리 있던 행성들은 태양광의 영향을 덜 받아 가벼운 원소인 수소와 헬륨을 그대로 간직하여, 덩치는 크고 밀도는 낮은 상태로 남았다.

이렇게 형성된 태양계의 나이는 월석이나 운석의 나이로 추정해 보면 46억 년 정도인데, 이는 별의 진화 과정으로 추정한 태양의 나이와도 비슷하다.

신들의 전쟁

제우스는 그리스 신화에 나오는 신들의 왕이다. 그에게는 부인 헤라와 여러 형제들 그리고 아들딸들이 있었다. 그들의 주 거주지는 올림포스 산이었지만 그들이 처음부터 그 산을 지배하고 있었던 것은 아니었다. 다른 신들과의 처절한 싸움 끝에 그 장소를 얻게 되었다. 제우스의 첫 번째 적은 삼촌들인 티탄 족이었다.

삼촌 신들과 조카 신들은 편을 갈라 무시무시한 싸움을 벌였다. 처음에는 제우스와 그 형제들이 열세였다. 삼촌 신들이 모두 거인으로 힘이 훨씬 셌기 때문이다. 그러나 제우스는 지하 감옥에 갇혀 있던 다른 삼촌 신들인 키클롭스 삼형제를 구해 주고 그 대가로 특별한 무기를 갖게 되었다. 키클롭스 삼형제는 모두 대장장이들로, 각각 천둥, 번개, 벼락을 만드는 재주가 있었다. 제우스가 그 무기들을 사용하는 장면은 다음과 같이 그려졌다.

> 노여움에 가득 찬 제우스가 하늘과 올림포스에서 쉴 새 없이 번개를 만들어 내자, 그의 억센 손에서는 천둥과 번갯불이 잇달아 쏟아져 나왔다. 생명을 가져다주는 대지는 불타며 요란한 소리

를 내었고 강과 바다가 끓어올랐다.

제우스의 비밀 무기는 바로 번개였다. 번개를 티탄 족에 퍼붓자 전세는 역전되었다. 마침내 티탄 족은 대부분 포로로 잡혀 지하의 깊은 감옥 타르타로스에 갇히게 되었다. 타르타로스는 하늘과 대지 사이의 거리만큼 깊은 곳에 있어서 지면에서 떨어진 모루가 9일 밤낮을 떨어져야 비로소 도달할 수 있었다.

그러나 그것으로 모든 전쟁이 끝난 것은 아니었다. 올림포스의 신들은 티탄 족보다 훨씬 무서운 기간테스 족, 그다음에는 티폰과 차례로 싸워야 했다. 괴물들 중에서 티폰은 상상할 수 없는 괴력을 소유하고 있었다.

티폰은 인간과 짐승의 중간쯤 되는 존재였다. 그는 이 세상의 모든 존재를 능가할 만큼 컸고 힘도 셌다. 그의 머리는 하늘의 별에 닿았고, 팔을 벌리면 한 손은 인도에, 다른 한 손은 서쪽 끝 오케아노스 바다에 닿았다. 그에게는 손가락 대신에 불을 뿜는 백 마리의 뱀 머리가 달려 있었다. 허리 아래는 독사들이 둘러싸고 쉭쉭 소리를 내고 있었다. 몸에는 날개가 달려 있었고, 머리에서는 거친 터럭이 날리었으며, 눈에서는 불꽃이 튀었다. 입으로는 불의 폭풍을 내뿜었고, 뱀 머리들은 쉭쉭 소리를 내며 불붙은 바위를 던져 댔다.

이와 같은 티폰의 무시무시한 모습과 엄청난 파괴력, 귀청을 찢는 괴성에 올림포스의 신들은 혼비백산했다. 싸우기도 전에 대부분의 신들은 동물로 변신하여 멀리 이집트 사막에 숨어 버렸다. 결국 제우스와 딸 중 한 명인 아테나만이 남아서 싸웠다. 제우스는 연거푸 벼락을 던지고 아테나도 창과 방패로 티폰을 공격했다. 그러나 역부족이었다.

결국 티폰은 제우스를 생포하여 팔다리의 힘줄을 끊은 다음 무력해진 그를 동굴 안에 가두어 놓았고, 잘라낸 힘줄과 근육을 곰 가죽에 싸서 용이 지키도록 했다.

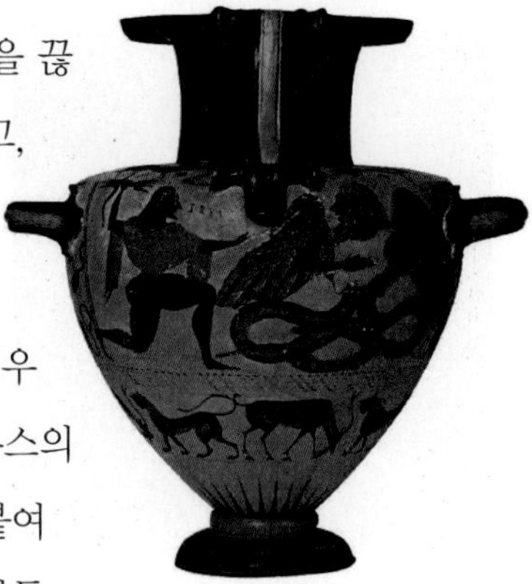

티폰과 싸우는 제우스 티폰(오른쪽)은 화산을 나타낸다.

세상은 한동안 티폰의 지배하에 있었지만 제우스의 아들 중 헤르메스와 그의 아들 판이 제우스의 힘줄과 근육을 훔쳐 내어 제우스의 몸에 다시 붙여 주었다. 다시금 힘을 얻은 제우스는 날개 달린 말들이 끄는 수레를 타고 하늘로 올라가 티폰을 향해 번개를 던지기 시작했다. 패자 부활전이었던 것이다. 제우스는 신들의 왕으로서 명예를 걸고 힘껏 싸웠다. 그 결과 이번에는 티폰이 쫓겨 달아났다. 도망가던 티폰은 산을 집어 던졌지만 제우스는 벼락으로 산산조각을 냈다. 그 조각들은 오히려 티폰의 머리 위로 떨어졌고 부상당한 티폰의 몸에서 피가 흘러내려 산을 붉게 물들였다. 전의를 상실하고 바다로 달아나는 티폰을 향해 제우스가 산을 던져 최후의 일격을 가했다. 마침내 티폰은 그 산 밑에 깔려 죽고 말았다.

제우스의 무기인 번개의 정체는 무엇일까? | 번개는 구름과 지면 사이의 전기 방전이다. 전기 방전은 서로 반대 부호의 전기를 띤 물질 사이에서 전기를 띤 입자가 이동하는 현상이다. 물질은 원래 전기적으로 중성이다. 따라서 구름과 지면도 중성이므로 전기 방전이 일어날 수 없다. 그러나 물질이 중성이라고 해서 물질을 이루는 구성단위까지 중성은 아니다. 물질을 이루는 원자에는 양의 전기를 띤 원자

번개 번개는 구름과 지면 사이의 전기 방전이다.

핵과 음의 전기를 띤 전자가 있다. 다만 두 가지 전기의 양이 정확하게 같기 때문에 전기적으로 중성일 뿐이다.

원자에 있는 전자는 다른 입자와의 충돌이나 전자기파를 흡수함으로써 원자로부터 떨어져 나갈 수 있다. 그러면 원자는 양의 전기를 띤 이온이 된다. 어떠한 것이든 양의 전기를 띤 입자와 음의 전기를 띤 입자, 즉 전자 사이에는 인력이 작용한다. 이 인력에 의해 전기를 띤 입자가 운동할 수 있으며 이것이 바로 '전기 방전'이다. 전기 방전에 의해 전기를 띤 입자가 흐르는 현상을 '전류'라고 한다.

번개가 만들어지는 구름은 대부분 상승 기류에 의해 수직으로 발달하는 적란운이다. 여름에 소나기 직전에 나타나는 뭉게구름이 좋은 예다. 그런데 지면에서와는 달리 고도가 높은 곳에서는 기온이 낮아 얼음이 얼 수 있으며 이 과정에서 얼음 결정의 속과 겉이 서로 반대 부호의 전기를 띠게 된다. 상승 기류에 의해 양전기를 띤 부분은 구름의 상단에 모이고 하단에는 음전기를 띤 부분이 모인다. 구름 전체로 보면 전기적으로 중성이지만 구름의 상단은 양, 하단은 음의 전기를 띠게 되는 것이다.

구름 하단의 음전기는 바로 아래쪽 지표면이 양전기를 띠게 하는, 이른바 '정전기 유도 현상'을 일으킨다. 만약 전기의 양이 많거나 구름–지면 사이의 거리가 가까워서 둘 사이의 전기장이 세면 전기 방전이 일어난다. 물론 구름과 지면 사이뿐만 아니라 구름과 구름 사이, 심지어는 구름 내부에서도 전기 방전이 일어날 수 있다.

적란운 뇌운이라고도 한다. 상승 기류에 의해 수직으로 발달하고, 산이나 탑 모양을 이룬다. 꼭대기는 빙정으로 이루어져 있다. 주로 여름에 대기의 불안정으로 형성되고, 천둥 번개를 동반한 국지성 호우를 발생시키는 경우도 있다.

구름과 지면 사이에 전압이 있다고 해서 반드시 번개가 치는 것은 아니다. 그 사이에 있는 공기가 매우 훌륭한 절연체이기 때문이다. 그러나 전압이 수십억 볼트 정도로 아주 높으면 공기 중으로도 전류가 흐르게 된다. 높은 전압에 의해 공기 분자들이 순간적으로 이온으로 변하여 전류를 통할 수 있는 물질이 되기 때문이다. 그러면 구름의 음전하, 즉 전자가 지면을 향해 이동하게 되며, 그 순간의 전류는 수만 암페어나 된다.

천둥소리는 번개가 칠 때 흐르는 전류로 발생한 엄청난 열이 공기를 급격히 가열·팽창시키기 때문에 나는 소리다. 그런데 빛의 속도는 초당 30만 킬로미터이고, 소리의 속도는 초당 340미터 정도로, 빛이 소리보다 훨씬 빠르기 때문에 번갯불을 본 다음 어느 정도

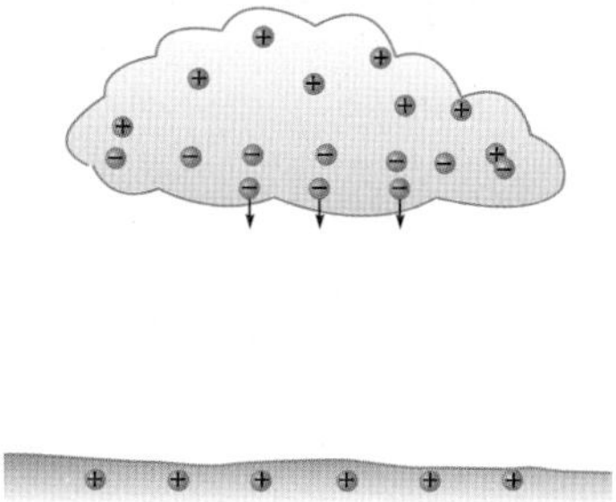

번개의 발생 원리 번개는 구름 하단의 음전기와 지면에 유도된 양전기에 의해 높은 전압이 발생하여 전류가 흐르는 현상이다.

전압과 전류

양전기와 음전기를 띤 두 물질이 가까이 있을 때 두 물질 사이에 있는 전기를 띤 입자는 어느 한쪽으로 끌리는 힘을 받는다. 이 힘에 의해 입자는 가속 운동을 하게 되며 결과적으로 운동 에너지가 증가한다. 단위 전기량의 입자가 얻을 수 있는 최대 운동 에너지를 전압이라고 하며 단위는 볼트(V)를 사용한다. 일반 건전지의 전압은 1.5볼트이며 가정용 전원의 전압은 220볼트다.

수압에 의해 물이 흐르듯 전류는 전압 때문에 발생하며 전자가 음전기를 띤 물질로부터 양전기를 띤 물질로 운동하는 현상이다. 전류의 크기는 단위 시간 동안에 흘러간 전기의 양으로 측정하고 이를 암페어(A)라고 한다. 가정에서 사용하는 전열기에 흐르는 전류는 10암페어 이내다.

시간이 경과한 뒤에 천둥소리를 듣게 된다. 이 시간 차이를 이용하면 번개가 발생한 장소를 추정할 수 있다. 예를 들어 번갯불을 본 뒤 4초 후에 천둥소리가 들렸다면 번개가 발생한 곳까지의 거리는 약 1.5킬로미터다.

제우스는 키클롭스 삼형제로부터 천둥, 번개, 벼락을 일으키는 무기를 얻은 것으로 되어 있으나 세 무기는 독립적인 것이 아니다. 번개에 의해 벼락, 즉 불벼락이 떨어지고, 그 결과 천둥소리가 난다. 번개는 구름과 지면 사이의 전기 방전이므로 제우스는 구름이 많은 날에만 힘을 발휘할 수 있었을 것이다.

면 근처에서 물체를 떨어뜨려 보면 그 속도가 점점 증가한다는 사실을 발견할 수 있다. 물론 그것은 지구가 그 중심으로부터 물체를 잡아당기는 만유인력이 작용하고 있기 때문이다. 그러나 공기의 저항이 있기 때문에 속도가 무한정 증가하는 것은 아니다. 증가하다가 결국에는 어느 한계에 도달한다. 그 속도를 물리학에서는 '종단 속도'라고 하는데 물체의 형태, 밀도 등 물리적 조건에 따라 달라진다. 빗방울의 종단 속도는 초당 10미터, 스카이다이버는 초당 80미터 정도라고 한다.

땅속으로 떨어진 물체의 경우도 상황은 비슷하다. 즉 지하 깊은 터널 아래로 떨어진 물체의 속도는 점점 증가하다가 어느 한계 속도에 도달한다. 그런데 하늘과는 달리 지하에는 깊이의 한계가 있기 때문에 종단 속도에 이르기 전에 바닥에 닿을 수 있다. 그러면 지구의 중심에 가까울 정도로 깊은 터널에서는 어떻게 될까? 물론 지하 수백 킬로미터 아래로 내려가면 암석이 용융된 상태로 있기 때문에 그 깊이까지 터널 자체를 건설할 수는 없다. 특히 지구 중심에는 섭씨 6,000도 이상의 뜨거운 철이 자리 잡고 있어 지구상의 어떤 물질도 그 온도에서는 고체 상태를 유지할 수 없다.

그래도 그러한 터널이 존재한다고 가정했을 때 그 터널을 따라 지면에서 떨어진 물체가 지구 중심에 도착하는 시간을 계산해 보자. 먼저 공기의 저항이 전혀 없는 경우, 약 21분 정도 걸린다. 이 숫자는 공기 저항을 무시했기 때문에 물체의 종류나 모양에 관계없다. 그러나 지구의 중심에 이르렀을 때 물체는 정지하지 않고 관성에 의해 운동을 계속한다. 물론 그때는 만유인력의 방향이 운동 방향과 반대이기 때문에 속도는 점점 감소하게 될 것이다. 결국 지구 반대 방향으로 나온 순간 물체는 순간적으로 정지했다가 다시 중심으로 끌려가게 된다. 즉 물체는 82분을 주기로 왕복 운동을 하게 될 것이다.

공기 저항을 고려하면 물체의 속도는 초당 100미터를 초과하지 않는다. 이 속도로 지구의 중심에 도달하기까지는 약 18시간이면 족하다. 결국 지구는 모루가 9일간 떨어질 만큼 크지 않다. 아마도 옛날 사람들은 땅속을 무한히 깊은 것으로 생각한 듯하다. 그 때문에 며칠씩이나 떨어질 정도의 깊은 터널도 존재할 수 있다고 생각했던 것 같다. 해인사의 해우소가 하도 깊어서 볼일을 본 뒤 바지춤을 올릴 때쯤에야 비로소 용변이 바닥에 닿는 소리가 들렸다는 우리나라의 설화도 이와 비슷한 생각의 산물이 아닐까? B.C. 3세기의 에라토스테네스[26]가 이미 지구가 둥글다는 것을 알고 있었다는 사실을 고려해 보면 이 신화는 땅이 평평하다는 고대인의 평범한 생각에 근거를 두고 있었던 것 같다.

티폰은 무엇을 상징할까?

티폰을, 거친 파도를 상징하는 것으로 보는 사람들도 있지만, 신화에 앞서 묘사된 내용으로 볼 때 화산으로 보는 것이 보다 그럴 듯하다.

신들의 싸움에 자주 등장할 정도로 그리스를 포함한 지중해 연안에서 화산 활동이 활발한 이유는 무엇일까? 이를 이해하기 위해서는 판구조 이론에 대해 알아야 한다.

판구조 이론이란 판처럼 나뉘어 있는 여러 개의 지각(엄밀하게는 지

26) Eratosthenes(B.C. 276~B.C. 195). 고대 그리스의 수학자.

각과 맨틀 상부)의 조각들이 각각 운동한다는 것이다. 이 이론에 의하면 마치 물 위에 뜬 나무판자처럼 두께가 100킬로미터 정도인 거대한 암석 조각들이 맨틀 위를 떠다닌다. 지구 전체로는 여섯 개의 큰 판과 여러 개의 작은 판이 있다.

이렇게 거대한 암석 덩어리가 어떻게 운동할 수 있을까? 판 아래에 있는 맨틀은 어느 정도 유동성이 있으므로 느리지만 대류 현상이 일어난다. 맨틀의 대류 때문에 그 위의 판은 마치 끓는 물 위의 나무판자처럼 이동할 수 있는 것이다. 이에 따른 판의 이동 속도는 일 년에 수 센

맨틀의 대류

맨틀은 지표 아래 2,900킬로미터의 깊이까지 지구의 대부분을 차지하고 있는 유동성이 있는 암석으로 이루어져 있다. 온도가 상당히 높아서 암석이 완전히 고체 상태를 유지하지 못하고 푸석푸석한 상태다. 그래서 아래쪽에 뜨거운 부분이 있으면 위로 올라오고 차가운 부분은 아래로 내려가는 대류 현상이 일어난다.

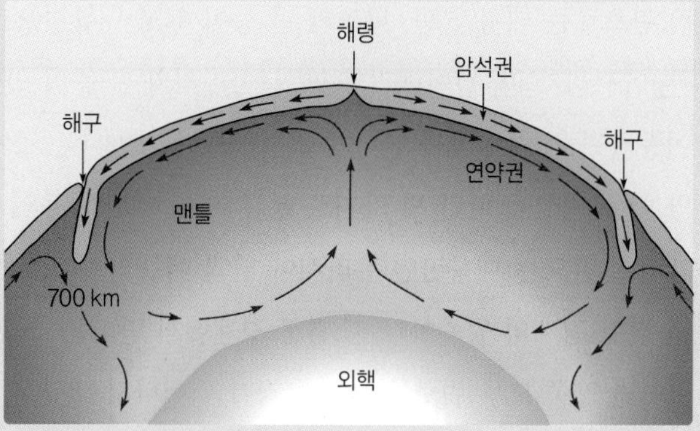

맨틀의 대류와 판의 운동 | 맨틀은 유동성이 있는 암석이므로 대류 현상이 일어난다. 이 대류에 의해 그 위쪽의 판은 운동하게 된다.

판 구조 지각은 여러 개의 판으로 구성되어 있으므로 판의 경계가 존재한다. 판의 경계에서는 마찰이나 충돌에 의해 화산이나 지진과 같은 지각 변동이 활발하다.

티미터 정도다.

판을 크게 두 종류로 나누면, 바다 아래에 있는 해양판과 육지의 대륙판이 있다. 구성 물질의 차이 때문에 해양판은 무겁고 대륙판은 가볍다. 해양판으로는 태평양 판, 나즈카 판 등이 있고 대륙판으로는 유라시아 판, 아프리카 판, 남아메리카 판, 북아메리카 판 등이 있다.

판이 이동하면 다른 판들과 만나게 된다. 두 판이 만나는 경계는 판의 종류와 이동 방향에 따라 몇 가지로 분류된다. 제우스 등의 신들이 싸웠던 그리스 반도는 대륙판인 유라시아 판과 아프리카 판이 충돌하고 있는 수렴형 경계의 일종이다. 수렴형 경계에서 만나는 두 판이 모두 대륙판이면 양쪽 모두 위로 치솟는 융기가 일어나서 대규모 산맥이 형성된다. 알프스 산맥이 바로 그렇게 해서 만들어진 것이다.

두 판이 충돌하는 판의 경계에서는 판의 융기뿐만 아니라 맨틀로부터 마그마가 분출하는 화산 활동이나 지진이 자주 일어난다. 지중해 연안에서는 지진과 화산으로 파괴된 유적이 많이 발견되었다. 그중 폼페이 유적도 A.D. 79년에 분출된 베수비오 화산의 화산재로 파묻혔다가 20세기에 비로소 발굴된 것이다. 그리고 이탈리아 반도의 남쪽 시실리 섬에 있는 에트나 화산은 간헐적으로 활동하는 활화산이다. 고대인은 간헐적으로 분출하는 에트나 화산의 불길이 바로 괴물 티폰이 토해 내는 것이라고 생각했던 모양이다. 신화에서 티폰을 묘사한 대목을 보면, 에트나 화산이 크게 분출했을 때 화산재가 멀리는 인도와 대서양까지 날아간 것 같다. 또한 산을 따라 뜨거운 용암이 여러 줄기로 흘러내렸고 물에 닿으면 끓는 소리를 내었을 것이다. 때로는 폭발에 의한 화산 쇄설물이 멀리까지 날아갔을 것이다.

에트나 화산의 폭발 고대 그리스인은 이를 티폰이라는 괴물로 상징화했다.

백두산의 흑룡

화산을 괴물로 묘사하여 싸우는 장면은 우리 신화에도 있다. 그러나 사람이 살던 시기에 활동한 한반도의 화산은 백두산이 유일하고 활동 기간이 비교적 짧아 다양한 신화가 형성되진 못했다.

원래 백두산 일대는 사람이 살기 좋은 곳이었다. 곳곳에서 맑은 물이 솟아오르고 푸른 숲 속에서는 새와 짐승이 뛰놀았다. 사람들은 산자락 이곳저곳에 마을을 이루어 평화롭게 살고 있었다. 그러던 어느 날, 갑자기 재앙이 닥쳐왔다. 거대한 흑룡이 땅속에서 솟아나 불덩어리를 던지기 시작한 것이다. 초목이 타고, 사람과 짐승은 살 곳을 잃었으며, 산의 물은 말라 버렸다. 사람들은 가장 힘이 센 백씨 성을 가진 총각에게 부탁했다.

"백 장사, 흑룡의 횡포 때문에 살 수가 없다네."

"당장 마실 물도 없으니 땅을 파서 물을 찾아 주게나."

백 장사가 나서서 물을 찾아 여기저기를 돌아다니다가 한 곳을 팠더니 물이 치솟았다. 맑은 물을 본 마을 사람들은 모두 기뻐했고 그곳을 중심으로 어떻게든 살아보려고 노력했다. 그러나 기쁨도 잠시, 흑룡이 다시 나타나 불덩어리를 던지는 바람에 간신히 찾아낸 그 샘도 말라 버렸다.

사람들은 한 사람 두 사람 정든 고향을 떠나기 시작했다. 결국 백 장사와 촌장의 딸만 남게 되었다. 두 사람은 흑룡과 싸우는 길밖에 없다고 결론 내렸다. 그러나 흑룡에 비해 백 장사의 힘은 너무도 미약했다. 백 장사의 힘을 기르는 방법을 생각하던 촌장의 딸은 옛날 노인들의 말을 생각해 냈다.

"옥장천의 물을 백 일 동안 마시면 천하무적의 힘을 가지게 된다고 합니다."

두 사람은 험한 산봉우리를 수없이 넘어 마침내 옥장천에 이르렀다. 백 장사가 그 물을 석 달 열흘간 마시니 정말로 상상할 수 없는 힘이 생겨났다.

집채만 한 큰 바위를 번쩍 들어 던지고 큰 나무도 훌쩍 뛰어넘을 수 있게 된 백 장사는 산봉우리로 올라갔다. 제일 높은 곳에서 아래로 물이 넘쳐흐르게 하여 백두산 전체에 생명을 소생시키기 위해서였다. 백 장사가 한참 동안 땅을 파니 물이 콸콸 솟아오르기 시작했다. 그때를 기다렸다는 듯이 검은 구름을 몰고 흑룡이 나타났다.

우르릉 쾅쾅—!

흑룡은 요란한 소리를 내며 불덩어리를 백 장사에게 던졌다. 백 장사는 무쇠 칼로 그 불덩어리를 막아 냈고 칼에 부딪힌 불덩어리는 북쪽 바위에 떨어졌다. 그러자 바위가 쪼개지면서 그쪽으로 물이 흘러내리기 시작했다. 흑룡은 백 장사의 힘에 놀라 어디론가 숨어 버렸다.

일단 싸움은 끝났지만 흑룡이 언제 다시 나타날지 몰라 백 장사와 촌장의 딸은 연못 속에 수정궁을 짓고 영원히 살기로 했다. 결국 그들은 백두산을 지키는 신이 되어 지금도 천지 속에 살고 있다고 한다. 백 장사를 두려워하는 흑룡이 그 이후로는 나타나지 않았기 때문에 백두산 산봉우리의 연못에서는 물이 계속 흘러내리고 있다. 그렇게 해서 백두산에는 다시금 초목이 우거지고 새와 짐승이 찾아오고 사람들도 모여들게 되었다.

흑룡과 백 장사의 싸움은 무엇을 상징할까? | 이 신화는, 백두산의 화산 폭발 당시의 용암과 같은 화산 쇄설물을 흑룡이 던지는 불덩어리로 묘사했고, 활동이 정지되어 다시 산에 물이 흐르고 초목과 짐승 들이 서식할 수 있게 된 것을 백 장사의 노력으로 묘사했다.

백 장사가 판 산봉우리의 연못은 천지를 가리킨다. 천지는 지표면 가까이까지 솟아오른 용암으로 채워져 있다가 폭발 후 비워진 공간에 물이 차서 만들어진 것으로, 이러한 종류의 연못을 '칼데라'라고 한다. 따라서 일반 연못과는 달리 수심이 깊다. 깊은 곳은 300미터 이상 된다고 한다. 천지는 지하수와 빗물로 채워지며 북쪽의 열린 곳을 통해 흘러내린다. 바로 흑룡의 불덩어리가 부딪혀 쪼개진 바위로 표현된 곳이다.

백두산에서 화산 활동이 일어나는 근본적인 이유는 무엇일까? 정확하게 알 수는 없으나 판의 충돌 결과라고 보는 사람도 있다. 일반적으로 두 판이 만나는 경계에서 화산 활동이 활발하다. 예를 들어 일본은 유라시아 판과 태평양 판이 충돌하는 과정에서 형성된 화산 열도다. 즉 태평양 해양판이 유라시아 대륙판 아래로 섭입되면서 용융되는 과정에서 교란된 마그마가 유라시아 판을 뚫고 분출하면서 만들어진 화산섬들인 것이다. 그러나 백두산은 그러한 판의 경계와는 상당히 멀리

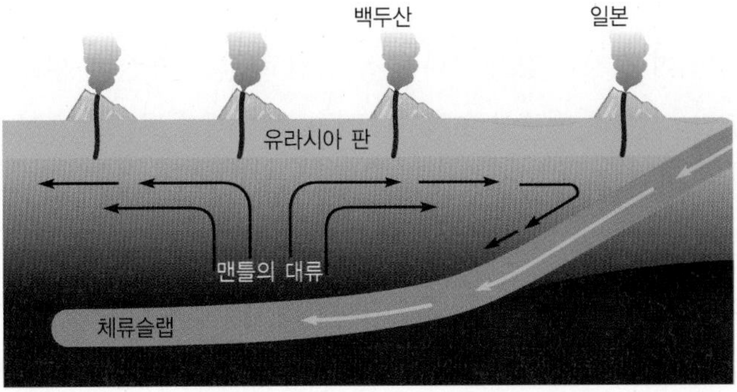

유라시아 판과 태평양 판의 수렴형 경계 무거운 태평양 판(오른쪽)이 가벼운 유라시아 판(산맥으로 표시) 아래로 섭입되면서 녹는다. 경계와 가까운 곳에서 화산이 분출하여 일본 열도가 생성되고, 남아 있는 태평양 판의 잔해가 완전히 용융되어 맨틀 속으로 흡수되기 직전에 분열을 일으킨다. 그때 발생한 맨틀의 교란으로 마그마가 위로 치솟아 화산 폭발이 일어난다. 백두산이 바로 이러한 위치에 있는 것으로 추정된다.

떨어져 있다. 그럼에도 불구하고 화산 활동이 일어나고 있는 이유는 일본 부근에서 섭입되는 태평양 판의 잔해가 맨틀 속으로 떨어지는 곳 위에 백두산이 위치해 있기 때문으로 추정된다. 즉 태평양 판은 섭입되면서 용융되지만 완전히 용융되기까지 상당한 거리를 비스듬하게 운동하는데 그 끝자락이 백두산 아래 약 670킬로미터 근처에 있다는 것이다. 이 때문에 백두산 아래 깊은 곳에서는 태평양 판의 잔해들이 가라앉으면서 심발 지진, 즉 지하 깊은 곳에서 발생하는 지진이 자주 발생할 수 있고 이 지진에 의해 지표 부근의 마그마가 충격을 받아 화산 활동이 일어나기 쉬운 조건이 형성되는 것이다.

백두산은 주로 2,700만 년 전에 시작된 화산 활동으로 생성되었다. 당시 현무암질의 마그마가 분출되어 두껍게 쌓이기 시작했으며 여러 차례의 대규모 분출로 인해 현재의 모습이 되었다.

흑룡이 숨어 있다는 것은 무슨 의미일까?

백두산은 화산 활동이 완전히 정지된 것이 아니라 잠시 쉬고 있는, 이른바 휴화산으로 분류된다. 비교적 최근인 조선 시대에도 화산재와 가스 분출이 몇 차례 있었다는 기록이 있다. 그러나 대규모의 폭발은 9~10세기에 있었으며, 당시 폭발은 과거 2,000년 동안 지구상에서 발생한 화산 활동 중에서 손에 꼽힐 정도로 큰 규모였다고 한다. 그 폭발로 백두산 부근 원시림이 완전히 불탔을 뿐만 아니라 막대한 양의 화산재가 동쪽으로 날려 갔다. 실제로 동해의 바닥과 멀리 떨어진 일본의 홋카이도에 5센티미터의 두께로 쌓여 있는 화산재가 바로 1,000여 년 전 백두산의 폭발로 생겨난 것이다. 일본에서는 이 화산재를 B-Tm 화산재[27]라고 한다. 아마도 당시에 분출된 대량의 화산재와 가스로 범지구적인 기상 이변까지 초래되었을 것이다.

그런데 최근의 연구 조사에 의하면 백두산 일대의 지진 빈도가 증가하는 등 화산 폭발의 징후가 점점 커지고 있다고 한다. 이에 따라 일부 지질학자들은 백두산이 휴화산이 아니라 활화산이라고 생각하고 있다. 즉 시간의 문제이지 언젠가는 본격적으로 활동을 개시한다는 것이다. 만일 백두산이 또다시 대규모로 폭발한다면 동북아에 미칠 영향은 심각하다. 10세기 폭발 당시 분출된 화산재는 한반도 전체를 수십 센티미터의 두께로 덮을 수 있는 양으로 추정되는데, 만일 그러한 규모의 폭발이 다시 있게 된다면 북한은 물론이고 남한도 인간이 살 수 없는 환경이 될지도 모른다. 2,000여 년 전 폼페이가 멸망한 것처럼 대규모 화산 활동에 의한 문명의 파괴는 지금도 가능하다. 그런 맥락에

27) 원래의 용어는 Baegdusan-Tomakomai ash이다.

서 발해의 멸망이 10세기 백두산의 폭발 때문이라고 주장하는 사람도 있다.

발해의 멸망과 백두산의 화산 폭발

926년 발해의 수도인 상경성에서 발해의 마지막 왕 대인선이 야율아보기가 이끄는 거란군에게 항복을 함으로써 발해는 공식적으로 멸망했다. 그러나 발해의 멸망 원인에 대해서는 내분설과 거란의 침입설 등 학자들 사이에서도 의견이 엇갈리고 있다. 이러한 가운데, 한 일본 학자가 백두산의 화산 폭발이 발해 멸망의 원인이라는 제3의 견해를 발표해 눈길을 끌었다. 실제로 발해의 멸망 시기와 백두산의 화산 활동 시기가 비슷하고, 일본 북부 지방의 지층 조사에서는 동해 바닥의 시추 결과와 같은, 백두산에서 방출된 화산재로 추정되는 물질이 대량 발견되었다. 이를 바탕으로 발해의 멸망을 화산 폭발로 인한 재해 때문이라고 주장했으나 정작 발해의 영토 내에는 그 당시 화산 활동의 흔적이 별로 없다. 아마도 백두산에서 분출된 화산재는 곧바로 동해로 날아가 버려 실제로 수도인 상경성에는 별로 피해를 주지 않았던 것 같다. 그런 이유로 대부분의 사학자들은 화산 폭발로 발해가 멸망했다는 주장에는 신빙성이 없다고 생각한다.

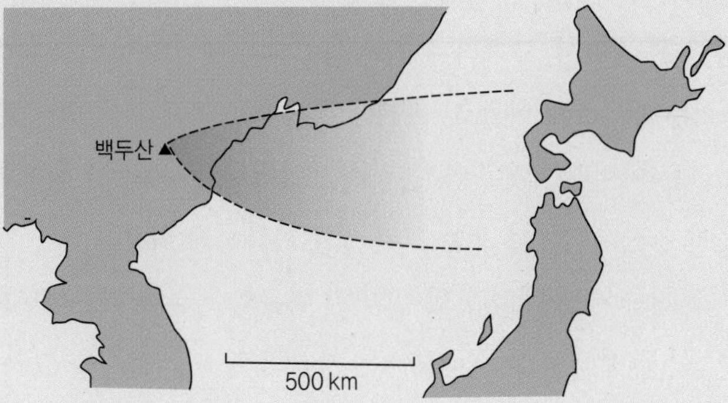

백두산의 화산재 퇴적 지역 | 10세기 백두산에서 분출된 화산재가 강한 편서풍을 타고 동해와 일본 북부에 침적되었다.

신의 분노

화산 폭발이나 지진과 같은 대규모의 지각 변동은 때로는 문명의 파괴로까지 이어진다. 그러한 큰 사건은 살아남은 자들의 기억에 남아 입에서 입으로 전해지는데 이것은 몇 세대를 거치면서 상당히 감상적인 형태의 신화로 변모한다. 예를 들면 많은 신화에서 대규모의 자연 현상은 신의 노여움으로 표현된다. 따라서 그러한 자연 현상이 다시 발생하면 나약한 고대인은 신의 분노를 가라앉히기 위해서 제사를 지내고 빌었다. 때로는 더 이상의 큰 피해 없이 신의 분노가 가라앉기도 했지만 인간의 간절한 기도에도 불구하고 국가 전체가 파멸되는 경우도 발생했다. 예로서, 크레타 문명의 쇠망 과정을 살펴보기로 한다.

미노스는 제우스의 아들로, 크레타 섬을 다스리는 왕이었다. 계산이 빨랐던 그는 아버지 제우스와, 농사에 도움을 주는 태양신 헬리오스만을 깍듯이 섬겼다. 헬리오스는 그런 그를 기특하게 여겼다.

"음, 그 친구 제법 예의가 있어. 역시 명문의 자손은 다르다니까."

미노스를 좋게 생각한 헬리오스는 자신의 딸 파시파에를 그와 결혼시켰다. 미노스는 파시파에를 위해 화려한 크노소스 궁전을 지었고 둘 사이에서는 페드라와 아드리아네라는 두 딸이 태어났다.

그런데 인색한 미노스는 섬에서 왕 노릇을 하면서도 정작 가까이에 있는 바다의 신 포세이돈에게는 별로 관심을 두지 않았다. 이에 화가 난 포세이돈은 미노스에게 직접 벌을 주려 하다가 무서운 제우스의 얼굴이 떠올라 다른 방법을 생각해 냈다.

포세이돈은 미노스의 가족을 괴롭히기로 작정하고 삼지창으로 바다를 가볍게 쳤다. 그러자 흰 파도가 거품을 일으키며 크레타 섬으로 밀려갔다. 바닷가에 다다른 흰 거품은 멋진 흰 황소로 변했다. 이를 보고받은 미노스는 그것이 포세이돈의 시험임을 짐작했다.

"흥, 큰아버지가 나를 시험하시는구나. 자신에게도 제물을 바치라는 뜻이겠지. 여봐라, 저 황소를 잡아 포세이돈 신에게 바쳐라."

그때 황소가 왕비 파시파에의 눈에 들어왔다. 왕비는 황소에게 홀린 듯이 말했다.

"참 아름다운 황소에요. 죽이지 말고 제게 주세요. 키워 보고 싶어요."

미노스는 사랑하는 아내의 부탁을 거절할 수가 없었지만 포세이돈의 뜻도 무시할 수 없었다. 한참을 궁리한 끝에 미노스는 흰 황소 대신에 늙고 병든 황소를 제물로 바쳤다. 이 소식을 듣고 포세이돈은 불같이 화를 냈다.

"예상대로 조카 녀석이 잔머리를 굴리는구나! 어디 두고 보자."

화가 난 포세이돈은 파시파에가 흰 황소를 사랑하도록 마법을 걸었다. 포세이돈의 계략대로 흰 황소에 대한 파시파에의 애정은 점점 깊어갔고 마침내 파시파에는 황소의 아이를 갖고 싶다는 황당무계한 생각까지 하게 되었다. 신화에서는 뜻이 있으면 항상 길이 있는 법이다. 파시파에는 당대 최고의 장인 다이달로스를 불렀다.

"부르셨습니까, 왕비 마마."

"당신이 최고의 장인이라고 들었어요. 저기 있는 흰 황소의 아이를 낳고 싶어요."

다이달로스는 왕비가 무엇을 원하는지 눈치를 채고 며칠 후 나무로 제작한 암소 한 마리를 끌고 왔다. 파시파에가 보니 다이달로스가 끌고 온 암소는 진짜 암소 같아 보였다. 파시파에는 나무 암소를 흰 황소가 있는 외양간으로 끌고 가서 나무 암소의 배 속으로 들어갔다. 나무 암소를 본 흰 황소는 진짜 암소인 줄 알고 짝짓기를 했다. 역시 신화에서는 불가능이란 없었다. 파시파에는 임신을 했고 얼마 후 출산을 했다. 그런데 태어난 것이 사람의 몸에 황소의 머리를 한 반인반수의 괴물 미노타우로스였다.

이 소식을 들은 미노스는 무척이나 창피해하며 투덜거리다가 다이달로스를 불러 크노소스 궁전 지하에 미궁 라비린토스를 짓게 하여 그곳에 미노타우로스를 가두어 버렸다. 그런데 문제는 사람 고기만 먹는 미노타우로스의 식성이었다. 한동안 죄수들을 먹잇감으로 넣어 주었으나 그것도 동이 나고 말았다.

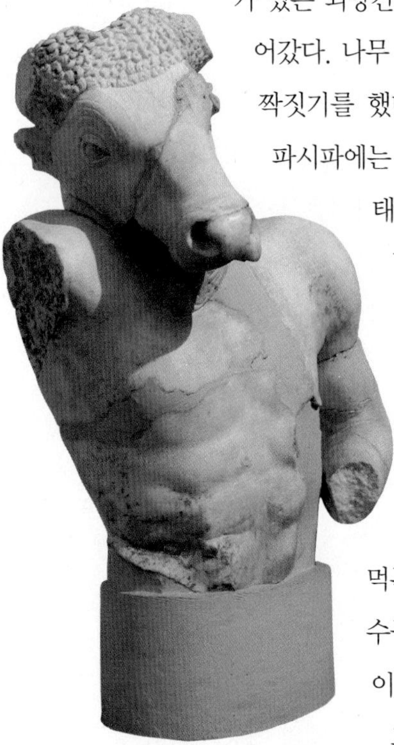

미노타우로스 크레타의 왕비 파시파에와 황소 사이에서 태어난 반인반수의 괴물이다. 테세우스의 손에 죽임을 당했다.

그 일로 미노스의 고민이 깊어지던 어느 날, 바다 건너 아테네로부터 비보가 날아들었다. 아테네의 한 체육대회에 참가한 크레타의 왕자 안드로게오스가 경기 중에 황소의 뿔에 받혀서 죽고 말았다는 것이었다. 이 소식에 미노스는 슬퍼했지만 슬픔은 오래가지 않았고 곧 그의 얼굴에는 희색이 돌았다. 그는 즉시 아테네로 사신을 보내 아들의 죽음에 대한 보상으로 매년 소년 소녀 각 7명씩을 보낼 것을 요구하는 한편, 함대를 동원하여 해상에서 무력시위를 하게 했다. 당시에는 크레타의 위력에 다른 도시 국가들이 벌벌 떨던 시대였다. 아테네는 어쩔 수 없이 크레타의 요구대로 조공을 바칠 수밖에 없었다. 그 바람에 아테네에서는 매년 조공 시기가 되면 젊은이들이 자신이 뽑히지 않을까 전전긍긍하게 되었다.

포세이돈과 동물의 관계는 어떻게 유래했을까? | 포세이돈은 제우스의 작은형으로, 큰형인 하데스와 함께 삼형제가 우주를 삼등분하여 다스렸다. 제우스는 하늘을, 하데스는 지하를, 포세이돈은 바다를 지배했다. 그러나 신화 초기부터 신들의 역할이 분배되어 있었던 것은 아니다. 포세이돈은 미케네 문명의 초기에 어딘가에서 수입된 신으로, 제우스 등 다른 신들의 등장으로 지배 영역이 바다로 바뀐 것으로 보인다. 결국 포세이돈은 바다에서는 폭풍우와 파도를 일으키고, 육지에서는 지진이나 홍수가 나게 하며 또한 강물을 마르게도 하는 상당히 바쁜 신으로 변화했다. 즉 포세이돈의 역할에 혼란이 있었던 것이다.

특히 포세이돈의 어원에 '대지의 지배자'라는 뜻이 있으며 자손을 만들거나 창조해 주는 신이었다는 견해에 비추어 보면, 사람들이 포세이돈을 말이나 황소로 형상화하거나 동물과 관련된 사건에 출연시킨 것이 이해가 된다.

포세이돈 포세이돈의 상징은 삼지창이다. 처음에는 대규모의 지각 변동과 기상 현상을 조종하는 전능한 신이었으나 제우스의 출현으로 그 역할이 축소된 것으로 보인다. B.C. 550년경 테라코타에 그려진 것이다.

말을 포세이돈과 연관시키는 것은 고대인이 하얀 거품을 일으키며 해안으로 쇄도하는 파도로부터 착상했을 것이라는 해석도 있지만, 고대인이 그렇게 감상적이었는지는 알 수 없다. 그보다는 크레타가 리비아로부터 말을 수입한 것과 관련이 있다는 견해가 더 설득력을 얻고 있다. 이에 대한 방증으로 포세이돈이 리비아로부터 전래되었다는 헤로도토스의 지적을 들 수 있다. 당시에는 리비아가 주요 말 수출국으로 명성을 떨치고 있었는데, 말을 싣고 항해할 때 항상 염려되는 것이 폭풍이었다. 그래서 무역상들은 바다를 지배하는 포세이돈이라는 신을 고안하여 그에게 제사를 지내고 잠잠한 바다를 기원했던 것이다. 그들에게 포세이돈은 바다의 지배자일 뿐만 아니라 말의 수호신이었다. 그리스 신화에서 포세이돈이 아리온, 페가수스 등과 같은 유명한 말들의 아버지로 등장하는 점이 이와 무관하지 않다.

이렇게 리비아로부터 수입된 포세이돈은 크레타 인의 고유한 신앙인 황소 숭배 사상과 합쳐진 듯하다. 크노소스 궁전 지붕에 있는, 황소의 뿔과 황소의 뿔을 잡고 황소를 뛰어넘는 운동선수의 조각 작품에서 볼 수 있듯이, 크레타에서는 황소를 숭배하는 신앙이 있었던 것으로 보인다. 그러한 황소 숭배 사상은 미노스의 출생 과정에서도 드러난다. 미노스는 제우스가 헤라의 눈을 피해 황소로 변신하여 여신 유로파를 크레타로 납치해서 낳은 자식이다. 아마도 미노스를 낳은 것은 제우스가 아니라 포세이돈이었을 것이다. 후대에 크레타 문명이 몰락하고 지배권이 그리스 본토로 넘어간 이후 포세이돈 대신에 제우스가 주인공인 신화로 변질되었을 가능성이 크다. 실제로 그리스 신화에는 포세이돈이 다른 신들과 다투는 장면이 여러 번 나오는데 그때마다 포세이돈이 진다. 꺼져 가는 문명에서는 인간만이 아니라 신들도 푸대접을 받는다.

크레타 인은 왜 황소를 숭배했을까? 황소 자체보다는 초승달 모양의 황소 뿔을 숭배했을 것이다. 고대인은 초승달 모양의 토지, 즉 우각호[28]가 풍요의 상징임을 알고 있었다. 그러나 많은 수의 우각호가 발달할 만큼 크레타는 큰 섬도 아니고 비가 많이 내리는 곳도 아니었기 때문에 그러한 신앙은 크레타 인이 원래 살던 곳에서 가져온 것으로 추측된다. 그곳은 수량이 비교적 풍부한 강 상류로, 소아시아나 이집트 남부로 추정된다.

크레타의 폐허와 황소 뿔 크레타 사람들은 황소로 상징된 포세이돈을 숭배했다. 그들은 포세이돈이 지진과 해일 등 무서운 재난을 일으킬 수 있다고 생각했다.

결국 포세이돈은 인간에게 풍요를 선물하고 때로는 폭풍우와 거센 파도와 지진을 일으켜 인간 세상을 지배하는

28) 강의 흐름이 바뀌어 만들어진 초생달 모양의 호수. 4장의 '풍요의 소뿔' 편 참조.

역할을 담당하고 있었던 것이다. 그 때문에 크레타 인은 포세이돈에게 말이나 황소를 제물로 바치며 자신들의 풍요와 안전을 기원했다.

포세이돈이 내린 징벌은 무엇을 의미할까? | 이 신화의 줄거리는 포세이돈이 크레타의 왕인 미노스에게 내린 벌로 태어난 미노타우로스를 먹여 살리기 위해서 크레타 사람들이 해마다 엄청난 희생을 감내해야 했다는 것이다. 무엇이 매년 14명의 젊은 목숨을 바치게 할 정도로 크레타 사람들을 그토록 필사적이게 만들었을까?

해답을 찾기 위해서는 미노타우로스로 표현된 포세이돈의 분노가 무엇인지 그 정체를 밝혀야 한다. 포세이돈이 화를 냈을 때 일어나는 자연 현상 중 폭풍우와 거친 물결은 흔히 일어나는 일일 뿐만 아니라 뭍에 사는 사람들에게는 큰 피해도 주지 않으므로 그러한 큰 희생을 하면서까지 포세이돈을 달래려고 하지는 않았을 것이다.

그러나 자주 일어나지는 않으나 화산과 지진은 문명 자체의 존립을 위태롭게 한다. 만일 크레타 주위의 어느 섬에서 화산 활동이 시작되고 땅이 흔들렸다면 주민들은 신의 노여움을 잠재우기 위해 필사의 노력을 했을 것이다. 평소 제사에서는 말이나 소 몇 마리를 죽여 물속에 던져 넣었다. 그러나 화산이 폭발하고 지진이 발생하자 소년과 소녀들을 제물로 바쳐야 한다는 제사장의 지시에 따라 그리스 각지로부터 소년과 소녀 들이 끌려와서 희생되었다.

그러나 이 견해로는 미노타우로스의 정체를 해명하지 못한다. 크레타 사람들이 고안한 미노타우로스는 무엇일까? 만일 누군가가 인육을 먹었다면 그것은 사람일 가능성이 크다. 인육을 먹어야만 했던 다급한

속사정은 물론 지각 변동이었다. 화산 활동이 시작되어 땅이 흔들리고 연기가 덮쳐 오자 다급해진 사람들은 신전으로 몰려가 신의 계시를 듣고자 했다. 그러자 제사장은 사람들에게 포세이돈의 노여움을 누그러뜨리기 위해서는 상상할 수 없는 희생을 감내해야 한다고 선언했다. 그 엄청난 희생이란 바로 인육을 먹는 일이었다. 이에 따라 사람들은 그리스 각지에서 납치 혹은 강압으로 끌려온 소년과 소녀 들을 죽여 피가 뚝뚝 떨어지는 인육을 먹는 참혹한 장면을 연출해 냈다. 만일 이 광경을 이성적인 사람들이 보았다면 인육을 먹고 있는 자들이 미노타우로스와 같은 괴물로 보이지 않았을까?

실제로 대규모 화산 폭발이 일어난 증거가 산토리니 섬에 있다. 산토리니의 고대 이름은 테라로, 크레타 북쪽 약 70킬로미터 지점에 위치해 있다. 현재는 이 섬이 5개의 조각 섬들로 구성되어 있지만 약 100만 년 전에 화산 폭발로 인해 처음 형성될 당시에는 지름 15킬로미터 규모의 둥근 모양을 한 하나의 섬이었다. 그 후 섬은 여러 차례의 폭발을 겪었는데, 섬의 화산재를 방사성 탄소 연대 측정법으로 조사한 결과 B.C. 1628년경에 대규모의 화산 폭발이 있었으며 그로 인해 섬은 5미터 두께의 화산재에 파묻힌 것으로 보인다. 뿐만

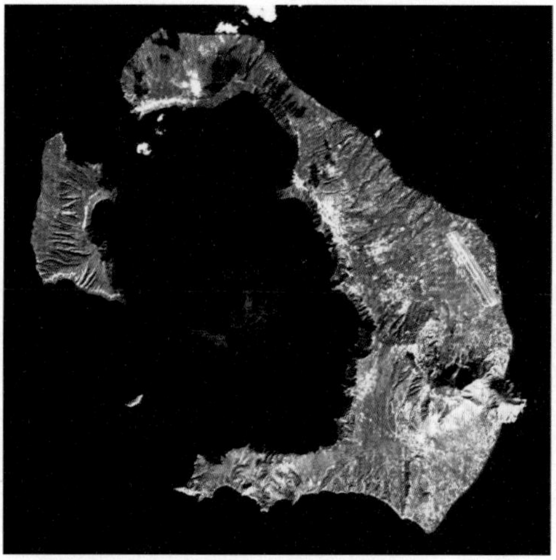

산토리니 섬 크레타로부터 북쪽으로 70킬로미터 떨어져 있는 섬으로, 다섯 개의 섬으로 이루어져 있다. 원래는 하나의 둥근 섬이었지만 여러 차례의 화산 폭발을 겪으면서 현재의 모양이 되었다.

아니라 폭발로 인해 섬의 절반 정도가 날아가 버렸다. B.C. 197년의 폭발은 그리스의 지리학자 스트라보가 '바다로부터 불꽃이 솟아 나와 나흘 동안 지속되었고 바다가 끓고 화염에 뒤덮혔다.' 라고 기록했다.[29] 이후 A.D. 726년, 1573년, 1650년에도 폭발하여 새로운 섬이 생겼을 뿐만 아니라 화산재가 멀리 터키 해안까지 날아가기도 했다.

여기서 우리가 주목하는 폭발 시점은 B.C. 1628년이다. 그 무렵에 크레타 문명은 이미 사양길로 접어들고 있었으며 테라의 화산 활동으로 번영하던 도시는 폐허가 되었을 것으로 추측할 수 있다. 본격적인 폭발이 있기 전 지속적인 지진과 소규모의 폭발은 대규모의 폭발을 예고했을 것이다. 이를 목격한 테라와 크레타의 주민들이 땅과 바다를 다스리는 포세이돈에게 제물을 바치고 제사를 지냈음은 충분히 짐작되는 일이다. 그러나 그러한 인간의 노력에도 불구하고 화산은 더욱더 큰 소리로 으르렁거리며 활동이 활발해졌다. 결국 사람들은 자신들이 신으로부터 버림받았다고 생각하고 각자의 귀중품을 챙겨 본격적인 폭발이 일어나기 전에 멀리 달아났을 것이다.

테라는 마지막 폭발로 완전히 파괴되었으며, 이는 크레타에 두 가지 영향을 미쳤을 것이다. 첫 번째는 화산재다. 화산재는 태양광을 가려 암흑 사태를 발생시키고 한파로 광범위한 지역에 걸쳐 농작물의 생육에 지장을 초래하여 기근이 들게 했을 것이다. 두 번째는 그보다 더 큰 피해를 직접적으로 입히는 엄청난 규모의 지진 해일이다. 섬이 날아갈 정도의 폭발이 있었다면 해저의 지진이나 섬의 함몰과 같은 지각 변동으로 큰 지진 해일이 일어나 수십 미터 높이의 파도가 인근 섬인 크레

---

29) Strabo(B.C. 64~A.D. 24)의 저서 《지리학(*Geography*)》의 내용.

타를 강타했을 것이다.

지리학자들의 조사에 따르면, 크레타의 해안에서 건축 자재, 도기, 음식물 등이 해양 생물의 잔해와 뒤섞인 채 발굴되었고 해안선으로부터 수백 미터나 떨어진 마을에서 바다를 향해 있던 벽들만 없어진 건물들이 발굴되었다. 이것은 지진 해일과 같은 높은 파도로 인해 해수가 육지로 침범해 왔기 때문에 일어난 것으로 추정할 수 있다. 테라의 중앙 부위가 함몰될 정도의 큰 지각 변동을 동반한 대규모의 화산 폭발은 2004년 수십만 명의 목숨을 앗아간 동남아시아의 지진 해일보다도 몇 배나 높은 파도를 일으켜 크레타를 강타했을 것이다.

테라의 일부 함몰과 사라진 대륙 아틀란티스를 연관 짓는 사람도 있다. 아틀란티스는 B.C. 350년경 그리스의 철학자 플라톤이 자신의 저서 《대화》에서 언급한, 바닷속으로 가라앉은 대륙이다. 플라톤은 많은 섬을 거느리고 번성하던 아틀란티스의 주민들이 너무나도 부도덕하여 대륙 전체가 바다 밑으로 완전히 가라앉았다고 했다. 이 이야기를 바탕으로 많은 학자들이 아틀란티스를 찾으려고 노력해 왔으나 아직까지 성공하지 못했다.

포세이돈 숭배는 크레타뿐만 아니라 그리스와 그 식민지에서 광범위하게 이루어졌으며, 해안 지역이 중심지를 이루었다. 선원들은 예측할 수 없는 폭풍우로부터 자신들이 무사하게 항해를 할 수 있도록 포세이돈을 섬겼던 것이다.

그리스 신화의 포세이돈 이외에도 황소로 형상화되는 남신이 있다. 바로 인도의 힌두교 신인 시바다. 파괴의 신으로 알려진 시바는 황소를 잘 타고 다녔으며 상징물 역시 포세이돈과 마찬가지로 삼지창이다.

미노타우로스의 역사적 정체는 무엇일까? | 미노타우로스는

계속 소년과 소녀 들을 잡아먹었을까? 이쯤에서 아테네의 신화 작가들에게 가장 총애를 받은 테세우스가 등장한다.

테세우스는 아테네의 왕 아이게우스와 코린트의 공주 아에트라 사이에서 태어났다. 아이게우스는 여행 중에 아에트라와 하룻밤을 보내게 되었는데 다음 날 아테네로 떠나면서 말했다.

"저기 바위 밑에 내가 쓰던 칼과 신발을 넣어 두었소. 만일 아들이 태어나면 바위 밑에 있는 물건들을 꺼내 나를 찾아오도록 해 주시오."

십수 년이 흘러 건장한 청년이 된 테세우스는 엄청난 무게의 바위를 들어 올려 칼과 신발을 꺼내서 아이게우스를 찾아갔다. 테세우스는 도중에 겪은 온갖 모험으로 이미 영웅으로 칭송을 받고 있었기 때문에, 그가 아테네의 궁전에 도착하자 아버지 아이게우스는 무척이나 기뻐했다. 자신에게 그런 늠름한 아들이 생겼으니 아무 두려울 것이 없다는 생각이 들었던 것이다. 아이게우스는 즉시 테세우스를 아테네의 왕자로 책봉했다.

그때까지도 아테네는 크레타에 매년 일곱 명의 소년과 소녀를 보내고 있었다. 크레타의 위협에 약소국 아테네는 어쩔 수가 없었다. 아이게우스로부터 이 이야기를 들은 테세우스는 제물이 되기를 자원했다.

"제가 제물이 될 소년들 속에 끼어 있다가 괴물을 처치하고 돌아오겠습니다."

"테세우스야, 미궁은 한번 들어가면 다시는 나올 수 없을 정도로 복잡하다는데 어떻게 내가 하나뿐인 왕자를 사지로 보낸단 말이냐?"

"꼭 괴물을 처치하고 돌아올 테니 염려하지 마십시오."

아이게우스는 걱정이 앞섰으나 아들의 결심을 꺾을 수 없었다.

크레타로 떠나는 날, 아이게우스는 테세우스에게 신신당부했다.

"해마다 크레타로 제물을 보낼 때 검은 리본을 돛대에 매달고 갔었다. 크레타 사람들에게 조공을 보낸다는 표식인 셈이지. 만일 네가 승리하고 돌아오면 흰 리본을 달아서 멀리서도 내가 볼 수 있게 해다오."

마침내 희생물이 될 소년과 소녀 들은 크레타로 떠났다. 섬에 도착한 그들은 미노스 왕을 알현하게 되었는데 마침 그 자리에 있던 공주 아드리아드네가 테세우스를 보았다. 죽음을 앞두고 초조해하는 소년 소녀 들 사이에서 테세우스는 단연 돋보였다. 두려움이 전혀 없는 늠름한 모습이었다. 아드리아드네의 가슴에 에로스의 화살이 꽂히면서 그녀는 한밤중에 테세우스의 숙소를 찾아갔다.

"테세우스 님, 실타래와 칼을 드릴 테니 괴물을 죽이고 섬을 탈출할 때 저를 데리고 가 주세요."

아테네 사람들에게 큰소리치며 오기는 했지만 뾰족한 대책이 없었던 테세우스에게 아드리아드네의 손길은 구세주의 도움과 다름없었다.

다음 날, 테세우스는 아드리아드네가 준 실을 조금씩 풀면서 미궁 속으로 들어갔다. 그리고 마침내 깊숙한 곳에서 반인반수의 미노타우로스를 만나 한바탕 격투를 벌인 끝에 그 괴물을 처치했다.

실을 따라 미궁을 빠져나온 테세우스는 급히 배에 올라 아테네를 향해 돛을 올렸다. 혹시나 미노스의 군사가 추격할지도 모른다는 염려 때문이었다. 그렇게 서두르다 보니 테세우스는 돛대의 검은 리본을 흰 리본으로 바꾸는 것을 잊고 말았다.

한편 멀리서 아들이 돌아오기만을 기다리던 아이게우스의 눈에 배가 보이기 시작했다. 그런데 자세히 보니 돛대에는 검은 리본이 달려 있었다.

"아아, 내 아들이 실패하고 괴물에게 잡아먹혔구나. 이제 내게는 더 이상 희망이 없다."

절망에 빠진 아이게우스는 절벽에서 바다로 몸을 던져 버렸다.

기쁜 마음으로 아테네에 도착한 테세우스에게는 아버지의 죽음이라는 비보가 전해졌고 그는 가슴을 치며 자신의 실수를 책망해야 했다. 그래도 왕위를 비워 둘 수 없어 아테네의 왕으로 취임했지만 아버지를 죽게 한 실수 때문인지 훗날 그는 영웅답지 않은 초라한 죽음으로 일생을 마감했다.

아버지를 배신하고 연인을 선택한 아드리아드네는 어떻게 되었을까? 여기에는 두 가지 이야기가 있다. 첫 번째는 테세우스가 깜빡 잊고 아드리아드네를 태우지 않고 아테네로 돌아왔다는 이야기와 두 번째는 함께 배를 타고 돌아오던 중에 여신 아테나의 지시에 따라 잠든 아드리아드네를 어느 섬에 버렸다는 이야기다. 선택은 독자의 몫이다.

그리스 신화에 등장한 테세우스는 페르세우스, 카드무스, 헤라클레스와 함께 그리스 인의 시조 영웅으로 여겨진다. 그러나 미노타우로스를 처치하여 더 이상 아테네의 소년과 소녀가 희생되지 않도록 한 테세우스는 실존 인물이 아니라, 아테네가 크레타로부터 해방된 것을 상징하기 위해 등장시킨 가공의 인물이라는 설도 있다. 그러면 미노타우로스는 크레타 왕국과 그 힘을 상징하는 셈이다.

최초의 나침반

"뭐야? 치우가 쳐들어오고 있다고?"

중국 한가운데를 다스리고 있던 황제는 신하의 보고를 받고 깜짝 놀랐다. 남쪽 변두리에 살고 있던 치우라는 흉악한 장수가 황제를 상대로 전쟁을 일으킨 것이다.

중국 신화에 따르면, 중국에는 동서남북과 중앙을 다스리는 다섯 명의 신이 있었는데 그중 황제는 가장 중요한 한가운데를 다스리는 신이었다. 반면에 치우는 변두리에 불과한 남쪽 지방의 신이었다. 모래, 돌, 쇳덩이를 주식으로 하는 치우는 머리에 소처럼 뿔이 나 있고, 황제가 가지고 있지 않은, 쇠로 만든 창과 도끼 등으로 무장하고 있었다. 뿐만 아니라 세상의 모든 도깨비들도 거느리고 있었다.

전력이 열세라고 느낀 황제는 평화 협상을 제의했다. 그러나 치우는 콧방귀를 뀌었다.

"흥, 무슨 말도 안 되는 평화야. 내가 중앙을 차지하는 것이 평화야!"

결국 황제는 치우와 일전을 겨룰 수밖에 없었다. 그는 곰과 호랑이 등 각종 맹수를 앞세워 치우를 물리치려고 했다. 그러나 아무리 맹수라도 철갑옷을 입고 철제 무기를 휘두르는 치우의 군사에게는 상대가 되지 않았다. 설상가상으로 치우의 부하인 도깨비들이 안개와 비를 일으켜, 황제의 군사들은 방향 감각을 잃고 어디로 도망가야 할지 몰라 전멸 위기에 놓이게 되었다. 그들은 후퇴할 길을 찾으려고 했지만 안개 때문에 도무지 길을 찾을 수가 없었다. 다급해진 황제는 군사 고문인 풍후를 찾았다.

"풍후, 한시가 급하다. 방향을 찾을 방도를 강구하라."

"이미 찾았습니다, 폐하."

"그래? 어서 말해 보거라."

"저 마차 위의 사람 모형이 보이십니까?"

"그래, 사람처럼 만들어진 모형이 하나 있구나."

"그 모형의 손가락이 가리키는 방향이 바로 남쪽이옵니다."

풍후의 말을 들은 황제는 버럭 화를 냈다.

"네 이놈! 누굴 놀리느냐! 마차를 이리저리 끌고 다니면 손가락도 따라 움직여서 다른 방향을 가리키게 될 것이 아니냐! 저 엉뚱한 놈을 당장 처형하라."

대로하는 황제에게 풍후가 손사래를 치며 말했다.

"잠깐 고정하시고 소신의 말을 끝까지 들으시옵소서. 저 모형은 특별한 쇠로 만들었기 때문에 마차가 어디를 가더라도 손가락은 항상 남쪽을 가리킵니다. 그래서 저 마차를 지남거(남쪽을 가리키는 마차)라고 하옵니다."

풍후의 말을 믿지 못한 황제는 사람을 시켜 수레를 돌려 보았다. 그런데 정말 신기하게도 손가락은 항상 한 방향만 가리켰다.

"과연 그러하구나. 어서 빨리 방향을 잡아 이 고비를 벗어나도록 하라."

황제의 군대는 지남거를 사용하여 간신히 치우의 포위망을 벗어날 수 있었고, 훗날 군대를 재정비하여 마침내 치우를 물리칠 수 있었다.

지남거의 사람 손가락은 무슨 극일까?

종이, 화약, 나침반은 중국인이 자랑하는 발명품이다. 그중에서 종이는 비교적 발명 연대와 발명자가 잘 알려진 편이지만 나머지는 그렇지 않다. 특히 나침반은 다른 나라에서도 사용되었을 가능성이 있어 중국인의 발명품이라고 주장하기에는 무리가 있다. 그렇지만 나침반을 대륙 간 항해에 최초로 사용한 사람들은 중국인이었다. 1405년부터 28년 동안, 명나라 영락제의 명을 받은 정화는 대선단을 이끌고 여러 차례에 걸쳐 동남아, 인도양은 물론 아프리카 동부까지 항해했다. 마젤란이 이끄는 에스파냐 선단이 대서양과 태평양을 건너 아시아까지 온 것은 그보다 약 100년 후인 1519년의 일이었다. 이와 같은 장거리 항해에는 나침반이 필수적이었기 때문에 중국인은 옛날부터 나침반을 발명하여 사용하고 있었다. 그러나 중국에서 초보적인 형태의 나침반이 실제로 사용되었다는 기록은 11세기경에 있었다.[30]

지남거 영구자석으로 팔을 편 사람의 모양을 만들어 수레에 장치한 것으로, 항상 남쪽을 가리킨다.

---

30) 1세기 왕충의 저술 《논형》의 시응 편에 "남쪽을 가리키는 국자를 땅에 던지면 손잡이가 남쪽을 가리킨다."라는 기록이 있고, 11세기 중엽에 집필된 《몽계필담》의 제24권 잡지에 "자석으로 바늘의 끝을 마찰하여 그것이 남쪽을 가리키게 할 수 있다."라는 기록이 있다. 또 12세기 초 주욱은 《평주가담》에 "흐린 날에는 지남침을 본다."라고 기록했다.

신화를 보면 과거 누군가가 지남거 형태의 나침반을 생각했거나 실제로 제작한 적이 있었던 것 같다. 신화에서 설명한 것처럼 지남거는 쇠로 만든 사람의 모형을 수레에 자유로이 회전할 수 있도록 설치한 장치다. 그러나 그렇게 만든 지남거가 제대로 동작했을 것 같지는 않다. 회전축의 마찰이 커서 자유로운 회전이 어렵기 때문이다. 따라서 지남거는 나침반이 발견되고 난 뒤인 역사 시대에 고안되었을 것이다. 그럼에도 불구하고 지남거 이야기가 황제 신화에 편입된 것은 옛날 중국인의 눈에도 쇳조각이 남북 방향만 가리키는 것이 신기하게 보였고, 그러한 신비한 현상을 이용할 수 있는 신은 황제뿐이라는 식으로 자신들의 조상인 황제를 미화하고 싶었기 때문으로 보인다.

지남거가 제대로 작동한다고 할 때 쇠로 만든 사람 모형의 손가락이 항상 남쪽을 가리키는 이유는 지구가 한 개의 거대한 자석이며 사람 모형도 자석이기 때문이다. 자석에는 반드시 성질이 다른 두 개의 극(끝단)이 존재하여 같은 극끼리는 서로 밀어내고 다른 극끼리는 끌어

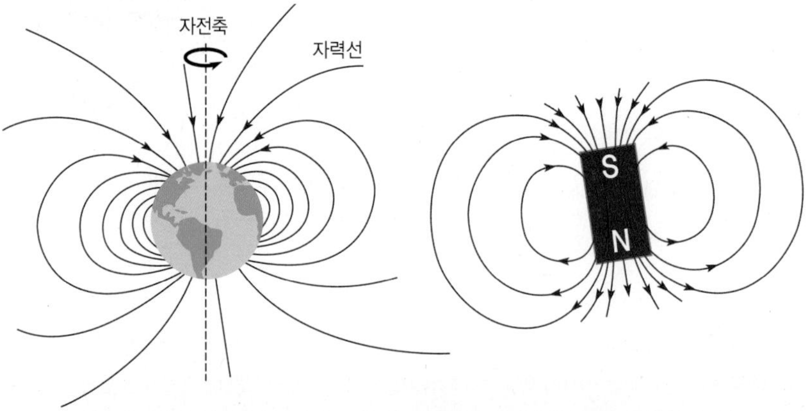

지구의 자기와 막대자석의 자기 지구의 자기를 막대자석의 자기에 비유할 수 있다. 지리적 북극은 S극에, 남극은 N극에 가까이 있지만 정확히 일치하지는 않는다.

당긴다. 이러한 자극, 즉 자석의 극을 N극과 S극이라고 하며 지구에는 각각 남쪽과 북쪽에 있다.

자석을 지구 표면에 두면 한 극은 지구의 북쪽에 있는 자극을 잡아당기고 다른 한 극은 지구의 남쪽에 있는 자극을 잡아당기기 때문에 자석은 남북 방향으로 정렬하게 된다. 이렇게 정렬된 자석의 북쪽 끝을 N극, 남쪽 끝을 S극이라고 한다. 지남거의 사람 손가락은 남쪽을 가리키기 때문에 손끝은 S극이다. 그러면 지구의 남쪽에 있는 자극은 사실 N극이고 북쪽에 있는 자극은 S극이다.

지구 자기는 어떻게 발생할까? | 지구 자기는 오랫동안 존재해 왔기 때문에 사람들은 지구를 마치 하나의 거대한 영구자석쯤으로 생각하는 경향이 있다. 실제로 암석을 조사해 보면, 지구 자기는 30억 년 이상 존재했던 것으로 추정된다. 그러나 지구 내부는 수천 도의 뜨거운 상태이며, 물리학 이론에 따르면 자석을 가열하면 자성을 잃게 되므로 비록 지구가 처음부터 자성을 가졌다고 하더라도 그 자성은 수십만 년 이내에 사라졌어야 한다. 그러므로 지구 내부에는 지구 자기를 지속적으로 유지시켜 주는 어떤 메커니즘이 존재한다고 해야 할 것이다. 그러나 지구 자기가 발생하는 원인을 완전하게 설명해 주는 이론은 아직까지는 없다. 다만 다이너모 이론이라는 것이 가장 설득력 있게 지구 자기의 발생에 대해 설명하고 있을 뿐이다.

다이너모라는 용어에는 발전기라는 의미가 내포되어 있으며, 다이너모 이론은 미약한 자기장 속에서 운동하는 전도성 물질에 유도되는 전류와 그 전류에 의한 연쇄적인 효과로 지구 자기가 발생한다는 것이

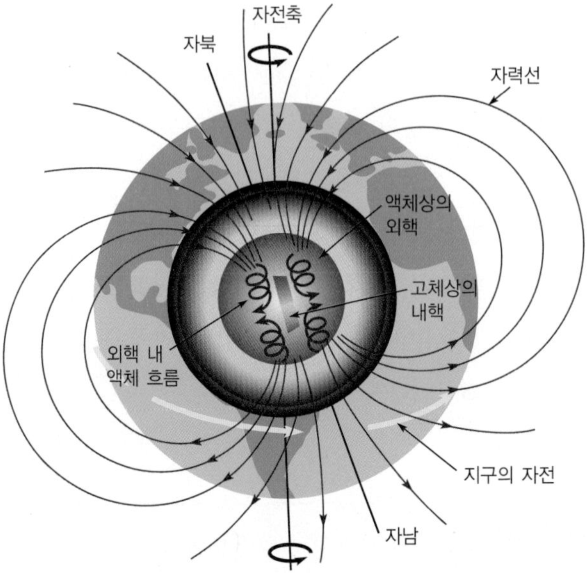

다이너모 이론에 따른 지구 자기의 발생 과정 외핵의 용융된 철의 나선형 운동으로 인해 지구 자기가 발생한다는 이론이다.

다. 그러나 다이너모 이론으로 지구 자기를 계산하는 과정은 아주 복잡하여 일반인들이 이해하기는 어렵다.

다이너모 이론의 본질을 어느 정도라도 이해하기 위해서는 먼저 지구의 내부 구조에 대한 이해가 필요하다. 지구는 층상 구조이며 지구 자기는 그중에서 외핵에서 발생하는 것으로 추정된다. 외핵은 용융 상태의 철로 채워져 있고 내부에서 발생하는 열로 인해 끊임없이 대류가 일어나고 있을 것이다. 뿐만 아니라 지구는 자전을 하고 있으므로 대류와 같은 운동을 하는 물질에 힘이 작용하여 운동 방향을 변화시킬 수 있다. 이런 상황에서 미약한 자기장이 존재한다고 가정하자. 그러면 전자기 유도 현상으로 액체 내에 전류가 발생하고 이 전류로 인해 새로운 자기장이 형성된다. 또한 액체 철의 운동과 자기장은 서로 영향을 주게 되며 적절한 조건하에서는 형성된 자기장이 사라지지 않고

전자기 유도

전류는 자기 작용을 일으킨다. 즉 도선에 전류가 흐르면 자기가 발생한다. 이를 이용하는 것이 바로 전자석이다. 고철상에 가면 큰 전자석이 쇠붙이를 들어 이동시키는 것을 볼 수 있다.

반대로 자기장에 대해서 상대적으로 운동하는 도선 고리에는 전류가 흐르게 되며 이 현상을 전자기 유도라고 한다. 화력, 수력, 원자력 발전소에서 이 방법으로 전기를 생산하고 있다.

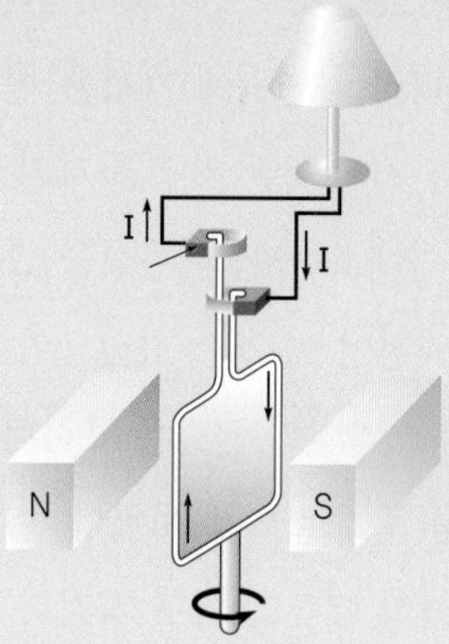

전자기 유도에 의한 전기의 발생 | 자기장 내에서 도선 고리가 회전하면 고리에 전류(I)가 흐르는 전자기 유도 현상이 발생한다.

영구히 존재하게 되는 것이다.

지구의 자전이 지구 자기의 형성에 중요한 역할을 한다는 사실은 금성의 경우와 비교하면 잘 알 수 있다. 즉 지구의 핵처럼 금성의 내부에도 용융된 철이 있지만 금성에 자기장이 없는 이유는 바로 금성이 243일을 주기로 아주 천천히 자전하기 때문이다. 그러나 지구의 자전이 지구 자기 발생 원인의 전부는 아니다. 왜냐하면 지구의 자전축과 자축(지구 자기의 북극과 남극을 잇는 축)이 서로 일치하지 않고 약 11.5도의 차이가 있기 때문이다.

지구 자기는 일정할까?

지구 자기는 일정하지 않고 세기와 방향이 시간과 장소에 따라 변하고 있다. 즉 1831년에 발견된 자북, 즉 자기의 북극은 계속 이동하여 현재는 최초의 발견 지점으로부터 약 1,100여 킬로미터나 떨어진 알래스카에 가까운 캐나다에 위치하고 있으며 지금도 매년 수십 킬로미터 정도 이동하고 있는 것으로 알려져 있다.

이러한 연속적인 자기장의 변화뿐만 아니라 불연속에 가까운 변화도 일어난다. 바로 '지구 자기의 역전'이다. 역전이란 지구 자기의 방향이 수천 년 이내의 비교적 짧은 시간에 반대로 바뀌는 현상을 말한다. 실제로 지구의 역사에서 지구 자기의 역전이 여러 번 있었으며 가장 최근에는 약 78만 년 전에 일어났다. 지구 자기의 역전은 규칙적으로 일어나는 것은 아니지만 평균 25만 년을 주기로 발생해 왔다. 이러한 지구 자기의 변화는 바로 불균일한 외핵의 대류와 지구 자전축 방향의 변화 때문에 일어나는 것으로 보고 있다.

지구 자기가 역전해 왔다는 사실을 어떻게 알 수 있을까? 이 문제를 풀기 위해서는 두 가지 자연 현상에 대해 알아야 한다.

첫 번째는 자화라는 현상이다. 자화는 자기를 띠지 않던 철이 다른 자석의 자기장에 의해서 자기를 띠게 되는 현상이다. 자화된 물체의 자기장의 방향은 기존 자기장과는 반대다. 예를 들어 쇠붙이를 영구자석 주위에 두면 영구자석의 N극과 가까운 쪽은 S극으로, 영구자석의

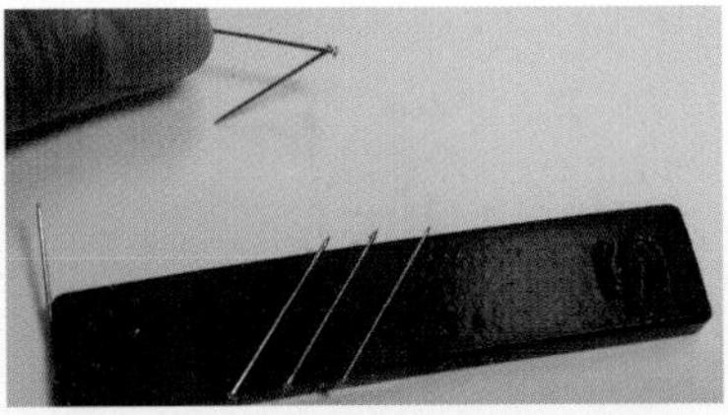

영구자석과 자화 영구자석 근처에 쇠붙이를 두면 쇠붙이도 자기를 띠게 되는 자화가 일어난다. 쇠붙이의 극은 자석의 극과 반대가 된다.

S극과 가까운 쪽은 N극으로 자화된다.

두 번째는 해양 지각 중에서 어떤 것은 갈라진다는 해저 확장 이론이다. 판구조 이론의 일부인 이 이론에 의하면, 해양 지각의 아래에 있는 맨틀로부터 마그마가 치솟아 분출하기 때문에 해양 지각이 양쪽으로 쪼개진다. 분출하는 마그마는 식어서 기존의 해양 지각에 더해지지만 쪼개진 해양 지각에는 양쪽으로 미는 힘이 작용한다. 따라서 마그마가 분출하는 중앙 해령으로부터 양쪽 방향으로, 냉각된 마그마가 해양 지각이라고 하는 컨베이어벨트에 실려 이동하는 것처럼 보이게 된다. 결과적으로 해저의 넓이가 커진다.

이제 이 두 가지 자연 현상을 결합해서 한 가지로 만들어 보자. 마그마에는 철이 함유되어 있다. 물리학의 이론에 따르면, 철은 마그마의 온도와 같은 뜨거운 상태에서는 자기를 띨 수 없다. 그러나 지상으로 분출되면 마그마는 식어서 암석이 되고 그 속에 있는 철은 당시에 존재하던 지구 자기장의 방향에 따라 자화된다. 한번 자화되면 암석은

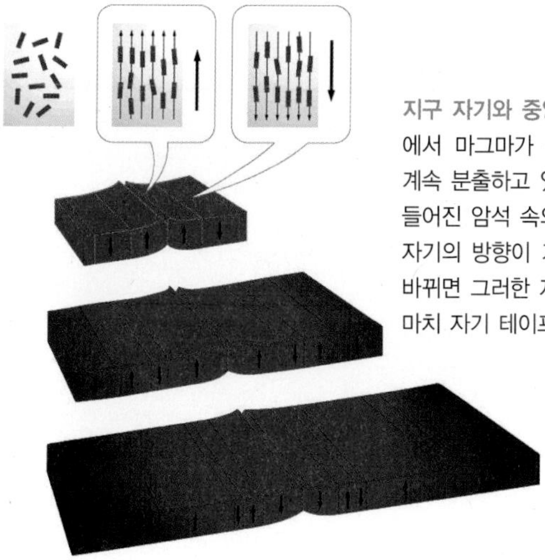

지구 자기와 중앙 해령 중앙 해령(해양 지각에서 마그마가 분출하는 곳)에서는 마그마가 계속 분출하고 있으며 이 마그마가 식어서 만들어진 암석 속의 철이 자화되어 당시의 지구 자기의 방향이 기록된다. 지구 자기의 방향이 바뀌면 그러한 자기 역전의 기록이 암석 속에 마치 자기 테이프처럼 남게 된다.

오랫동안 그 자성을 유지한다. 그런데 해저 확장이 일어나는 곳에서는 맨틀로부터 마그마의 분출과 냉각이 계속되므로, 만일 지구 자기의 방향이 역전된다면 그때마다 마그마가 굳어서 만들어진 암석은 반대 방향으로 자화될 것이다. 뿐만 아니라 암석은 해양 지각에 실려 양쪽으로 이동하기 때문에 마치 자기 정보가 수록된 자기 테이프와 같은 역할을 하게 된다. 실제로 해저 확장의 중심인 중앙 해령의 양쪽에 존재하는 암석에 수록된 자기의 방향은 서로 대칭적이며 여러 번 역전되었음이 확인되었다.

풍요의 소뿔

그리스 신화에서 칼리돈(그리스 남부 해안 지방)의 공주 데이아네이라는 절세미인으로 소문이 나 있었다. 그래서 전 세계의 수많은 영웅들이 찾아와서 그녀에게 구혼을 했다. 강의 신 아켈로오스도 그중 한 명이었다. 그는 황소, 용, 사람의 모습으로 변신해서 찾아갔지만 공주는 그를 아주 싫어했다. 그때 홀아비가 된 헤라클레스가 그 나라를 지나다가 역시 구혼을 하게 되었다. 아켈로오스와 헤라클레스, 어느 쪽도 양보할 기미가 없어 보이자 결국 왕은 격투로 판가름하라는 명령을 내렸다.

"두 사람이 격투를 하여 이긴 쪽이 공주와 결혼하라."

헤라클레스의 주 무기는 활과 곤봉이었고 아켈로오스에게는 무서운 뿔이 있었다. 드디어 두 영웅의 싸움이 시작되었다. 헤라클레스의 화살과 곤봉이 날아다녔고, 아켈로오스도 이에 지지 않고 날카로운 뿔을 앞세워 돌진했다. 한동안 두 영웅이 엎치락뒤치락 뒤엉켜 싸우다가 힘이 센 헤라클레스가 아켈로오스를 던져 버렸다. 그러자 아켈로오스는 뱀으로 변신했다. 이를 본 헤라클레스가 말했다.

"흥, 뱀으로 변했어? 내가 젖먹이 때 이미 뱀을 잡아 죽였다는 소문

헤라클레스와 아켈로오스 강의 신 아켈로오스와 영웅 헤라클레스가 싸우고 있다.

을 못 들었나 보군."

헤라클레스가 뱀으로 변신한 아켈로오스를 잡아서 쥐어뜯으려고 하자 아켈로오스는 금세 황소로 변했다. 헤라클레스는 황소의 뿔을 잡고 비틀었다. 그러자 한쪽 뿔이 부러지고 말았다. 뿔이 부러진 아켈로오스는 마침내 패배를 인정했다.

"내가 졌소. 공주와 잘 사시오. 그리고 이 신비한 뿔은 결혼 선물로 주겠소."

아켈로오스는 석류와 포도 등의 과일이 잔뜩 담긴 풍요의 뿔을 주고, 대신 자기의 부러진 뿔은 받아 갔다. 격투에 이긴 헤라클레스보다 더 좋아한 것은 데이아네이라였다. 두 사람은 결혼하여 필로스라는 아들을 낳고 한동안 행복하게 살았다. 그러나 그들의 결혼생활은 오래가지 못하고 비극으로 끝을 맺었다.

아켈로오스는 무엇을 상징할까?

강물의 흐름은 바뀐다. 유량뿐만 아니라, 지형에 따라 방향까지도 바뀐다. 그 과정을 자세히 살펴보면 다음과 같다. 강물에 의해 강의 가장자리가 침식되는데 단단한 곳보다는 약한 곳의 진행 속도가 빠르다. 그렇게 가장자리가 조금씩 침식되다가 흐름의 경로가 마치 뱀과 같은 사행천이 되기도 한다. 그러나 이 사행천도 오래 유지되지 못한다. 왜냐하면 흐름의 방향이 연속적으로 바뀌는 사행천의 가장자리는 더욱 빠르게 침식되기 때문이다. 어떤 경우에는 기존의 사행 경로 대신에 새로운 직선 경로가 형성되기도 하는데, 이 경우 남아 있는 사행 경로는 물의 유입이 줄어들어 호수가 된다. 이 호수는 마치 초승달이나 휘어진 소의 뿔 모양을 하고 있어 '우각호'라고 부른다. 우각호에는 상류에서 침식된

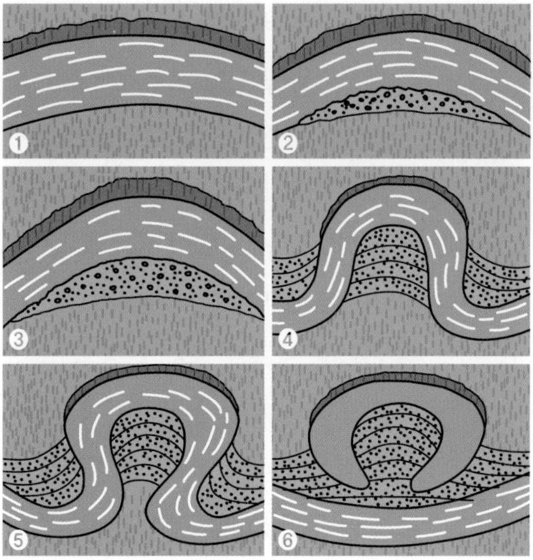

우각호의 형성 과정 퇴적과 침식에 의해 유로가 변하고 결국 호수가 만들어진다.

토양이 많이 쌓여 있고 그 속에는 많은 유기물이 포함되어 있다. 오랜 세월이 흘러 우각호의 물이 없어지면 그곳은 농사가 잘되는 풍요로운 토지가 된다. 아켈로오스는 거칠게 흐르는 강을 상징하고 풍요의 뿔은 바로 우각호를 상징하는 것이다. 실제로 아켈로오스 강은 그리스에서 가장 큰 강의 이름이다.

사행천과 말라버린 우각호 우각호는 하천의 흐름이 지속적으로 변해서 만들어진다. 그리고 물이 마른 후에는 퇴적층이 두꺼워 비옥한 토지가 된다.

농경의 풍요가 황소가 아닌 염소의 뿔로 상징되기도 한다. 그 내용은 제우스와 관련된 신화에서 찾을 수 있다.

제우스의 아버지 크로노스는 장차 자식들이 자기를 죽일 것이라는 예언을 듣고 자식들이 태어나는 대로 삼켜 버렸다. 그러나 막내 제우스는 어머니 레아가 염소의 요정인 아말테이아에게 부탁해서 숨겨 키웠기 때문에 무사할 수 있었다. 그에 대한 보답으로 제우스는 염소의 뿔 하나를 잘라서 원하는 것은 무엇이든 그 뿔 속에서 나오도록 하는 힘을 부여했다. 이 경우, 뿔은 원하는 것을 모두 제공해 주는 풍요의 상징이다. 두 가지 뿔의 형태가 크게 다르지 않기 때문에 고대인은 큰 구별 없이 염소나 소의 뿔을 풍요와 부의 상징으로 사용했을 것이다.

하천의 신과 여신

아켈로오스와 헤라클레스의 싸움과 같이 인간이 자연과 벌이는 투쟁이 상징화된 신화는 중국에서도 찾아볼 수 있다.

농사를 짓는 데 가장 필요한 것이 물이기 때문에 고대 중국인도 황허 강 유역에 정착했다. 황허 강은 중국의 북서부에서 발원하여 수천 킬로미터의 여정 끝에 서해로 들어간다. 수량은 양쯔 강에 미치지 못하지만 사막 지대를 거쳐 오기 때문에 수량의 변동이 심하다. 뿐만 아니라 강의 흐름이 수시로 바뀌어, 황허 강 유역에 정착한 고대 중국인은 치수에 골머리를 앓았다. 따라서 중국의 역대 제왕들은 이 변덕스러운 강이 범람하지 못하게 하고 강으로부터 안정적으로 물을 댈 수 있도록 하는 치수 사업에 국력을 기울였다. 중국의 신화에 나오는 삼황오제와 같은 인물들도 치수에 성공한 사람들이었을 것이다.

중국 신화에 등장하는 예는 활을 잘 쏘는 신이었다. 그는 열 개의 태양이 동시에 나타나 지상을 달굴 때 천제의 지시를 받고 아내 항아와 함께 지상으로 내려와 아홉 개의 해를 활로 쏘아 떨어뜨리고,[31] 가뭄을

31) 3장 '태양을 쏘아 떨어뜨린 신' 편 참조.

일으키는 괴물과 바람을 일으키는 거대한 새, 파도를 일으키는 구렁이, 마을을 덮치는 멧돼지 등을 모두 활로 처치하는 등 인간의 고충을 많이 해결해 주었다. 하지만 임무를 완수한 후에 천제의 노여움 때문인지 아내와의 불화 때문인지, 예는 하늘로 올라가지 못했다.

지상 세계를 방황하던 어느 날, 예는 낙수(황허 강의 한 지류)에서 한 절세미인을 보게 되었다. 그녀의 이름은 복비로, 복희의 딸이었으나 물을 건너다 빠져 죽은 여신이었다. 옛 시인은 마치 그녀의 모습을 본 듯이 다음과 같이 그렸다.[32]

"그녀의 모습은 날렵하기가 놀라 날아가는 기러기와 같고
유연하기는 구름 속을 노니는 용과도 같다.
멀리서 보면 아침노을 위로 떠오르는 태양처럼 빛나고
다가가면 녹색 물 위에 피어나는 하얀 연꽃처럼 아리땁구나.
몸매는 날씬하고 키는 아담하다.
어깨는 깎은 듯 반듯하고 허리는 비단으로 묶은 듯하구나.
길고 아름다운 목과 윤기 흐르는 피부
얼굴은 화장이 필요 없다.
곱게 빗어 올린 검은 머리
가늘고 긴 눈썹
붉은 입술 사이로 살며시 드러난 하얀 이
반짝이는 눈동자도 아름답고
두 뺨 위의 보조개는 사람을 유혹한다."

32) 삼국지의 주인공 중 한 사람인 조조의 둘째 아들 조식이 지은 《낙신부》.

마침내 예와 복비는 사랑에 빠졌는데, 문제가 있었다. 복비가 황허 강의 신인 하백의 아내였던 것이다. 하백 자신도 바람둥이였으나 예와 자신의 아내가 사랑하는 것은 참지 못했다. 결국 헤라클레스와 아켈로오스처럼 예와 하백은 결투를 하게 되었다. 하백은 흰 용으로 변하여 기세등등하게 싸움을 시작했으나 승부는 곧 끝이 났다. 예가 쏜 화살이 용의 왼쪽 눈에 명중하자, 용은 어딘가로 사라져 버렸다.

예와 하백의 싸움은 무엇을 상징할까? | 흰 용으로 변하는 하백은 거친 물결의 황허 강을 나타내고, 예가 용을 제압했다는 것은 둑을 만들어 물의 범람을 막는 인간의 노력이 성공했다는 것을 상징한다. 하백과의 싸움 이전에 예가 처치한 괴물들도 가뭄, 바람, 파도 등과 같은 험한 자연 현상을 상징하는 것으로 보인다.

아켈로오스는 헤라클레스와 싸우던 중 뱀으로 변신했었다. 뱀은 구비구비 흐르는 하천의 모양을 나타내고, 뱀이 인간을 공격하는 것은 험하게 흐르는 물이 인간에게 수재를 입힌다는 것으로 생각된다. 이렇게 굽이쳐 흐르는 하천이 뱀으로 묘사되고 인간이 뱀과 싸우는 이야기는 중국 신화에도 나타난다.

황허 강의 물결 황허 강은 사막을 통과하여 물색이 누렇고 자주 범람한다. 고대인은 황허의 험한 물길을 용이나 뱀으로 묘사했다.

전설적인 성군 중 한 명인 요

임금은 치수 책임자로 곤을 임명했다. 곤은 물길을 막아 치수에 성공하는 듯했으나 결국 실패하고 아들인 우가 그 일을 맡게 되었다. 그런데 하천을 지키는 수신이 우가 하는 일을 달갑지 않게 생각하여 상류라는 부하를 보내 우와 싸우게 했다. 상류는 사람 머리가 아홉 개 달린 거대한 뱀이었다. 그러나 우는 그 괴물과 싸워 이겼다.

탁류가 굽이쳐 흐르는 것을 뱀으로 묘사하고 여러 개의 지류가 합쳐져 큰 강이 되는 것을 아홉 개의 머리로 표현한 것이다. 우가 괴물 상류를 처치했다는 것은 바로 치수에 성공했다는 의미다. 실제로 우는 아버지 곤과는 달리 무조건 물길을 막는 대신 물이 다른 곳으로 흐르도록 해서 치수에 성공했다. 그 공로로 우는 요와 순의 뒤를 이어 중국의 임금이 되었고 전설상의 왕조인 하 왕조를 열었다.

파도와의 싸움

아틀라스는 제우스의 명령으로 하늘을 떠받치는 벌을 받고 있었지만 제우스의 아들인 헤라클레스가 프로메테우스를 고통으로부터 해방시켜 주었듯이 또 다른 제우스의 아들인 페르세우스가 그를 힘겨운 노역으로부터 풀어 주었다.

페르세우스는, 제우스의 여성 편력이 불러온 결과이긴 하지만 출생과정이 무척이나 신비롭다. 아르고스(그리스 남동부의 해안 도시)의 왕은 손자의 손에 죽을 것이라는 신탁을 받고 고민하다가 딸 다나에를 탑 속에 가두고 남자의 접근을 엄금했다. 그러나 제우스에게는 그런 조처가 아무 걸림돌이 되지 않았다. 그는 황금비로 변신하여 그녀를 찾았고 그 결과 페르세우스가 태어났다.

딸이 아들을 낳은 사실을 알게 된 왕은 모자를 나무 상자에 넣어 바다에 버렸으나 한 어부가 그들을 구조했다. 페르세우스가 장성했을 때 어부의 형이 다나에를 괴롭히자 페르세우스는 메두사의 머리를 가져다주는 조건으로 그자를 쫓아 버렸다.

메두사는 서쪽 끝 바닷가에 살고 있던 바다 신의 세 딸 중 한 명이었다. 그녀는 자신의 고운 머리카락을 항상 자랑하고 다녔다. 그러다가

메두사의 머리 메두사는 미녀였으나 아테나의 질투로 괴물로 변해 버렸다.

자만심에 빠져 자신의 아름다움을 아테나와 비교하는 '만행'을 저지르고 말았다. 이를 괘씸하게 생각한 아테나는 세 자매 모두를 괴물로 만들어 버렸다.

괴물 메두사는 영웅 페르세우스에게도 녹록치 않은 상대였다. 메두사의 머리카락은 수많은 뱀이 되어 소리까지 낼 뿐만 아니라 메두사의 눈을 보면 모두 돌로 변했기 때문이다. 고민하는 페르세우스에게 누나인 아테나는 방패 하나를 주면서, 메두사를 직접 쳐다보지 않고 방패를 통해 보면 돌로 변하는 일이 없을 것이라고 일러주었다. 페르세우스는 요정들로부터 몇 가지 무기를 더 입수한 뒤 서쪽 바다를 향해 긴 여행을 떠났고, 마침내 메두사가 있는 동굴을 찾아냈다. 그는 아테나가 시킨 대로 방패에 반사되는 메두사를 보면서 준비한 무기로 한바탕 격투를 벌인 끝에 그녀를 죽이고 그 머리를 잘라 자루에 담았다.

페르세우스는 돌아오는 길에 아틀라스가 있는 곳을 지나게 되었다. 마침 해가 기울어 페르세우스는 아틀라스의 처지를 모르고 하룻밤 묵어 갈 수 없냐고 물었다. 아틀라스는 평생 하늘을 받치고 있어야 하는 팔자인데 나그네가 잠자리까지 내어 달라고 하니 화가 났다.

"아니, 나도 땅에 등 붙여 본 지 오래되었는데 네까짓 녀석의 잠자리를 어떻게 봐주겠느냐!"

페르세우스는 아틀라스의 욕지거리에 발끈하여, 아무 말 않고 자루에서 메두사의 머리를 꺼내 아틀라스에게 보여 주었다. 그리고 소리쳤다.

"그래, 평생 그 자리에 서 있어라."

이미 죽었지만 메두사의 눈에는 눈을 마주친 사람을 돌로 변하게 하는 무서운 힘이 그대로 남아 있었다. 아틀라스가 메두사의 머리를 본 순간 그의 온몸은 돌처럼 굳어 버렸다. 아틀라스는 티탄 족의 신이었기 때문에 덩치가 매우 컸다. 그래서 굳은 아틀라스의 몸은 거대한 산맥이 되었다.

이와 같이 메두사의 머리가 맨처음 무기로 사용된 것은 페르세우스가 아틀라스를 만났을 때였고 그 때문에 아틀라스는 굳어서 산이 되어 버렸다. 이후에도 메두사의 머리는 몇 번 더 사용되어 공포의 위력을 발휘하다가 최종적으로는 아테나의 방패에 부착되었다. 그 방패의 이름이 바로 이지스(aegis)다.

페르세우스와 헤라클레스는 제우스의 아들들이다. 그들은 아버지의 명령에 따라 벌을 받고 있던 티탄 족의 신들을 죽게 하여 결과적으로 그들의 형벌을 끝냈다. 아틀라스는 페르세우스의 미움을 받아 산맥이 되었고, 프로메테우스는 헤라클레스의 도움으로 죽을 수 있게 되어 간을 쪼이는 고통에서 벗어났다.

고르곤 자매는 무엇을 상징할까? | 메두사로 대표되는 고르곤 자매를 거친 바다로 해석하는 사람들이 많다. 특히 뱀으로 변한 메두사의 머리카락이 소리를 내고 꿈틀거리는 것은 바닷가의 모든 것을 삼키는 파도를 연상시킨다. 뿐만 아니라 페르세우스가 고르곤 자매를 찾

험한 파도 여러 갈래로 찢긴 듯한 파도는 수많은 뱀으로 변한 메두사의 머리카락을 연상시킨다.

아 나선 방향도 멀리 서쪽에 있는 바닷가였다. 그러한 정황을 종합하면, 괴물 고르곤 자매가 사람과 재물을 삼키는 대서양의 거친 파도를 상징하는 것으로 볼 수도 있을 것이다.

현재의 아틀라스 산맥도 지중해의 서쪽 끝 대서양의 가장자리에 위치하고 있으므로 페르세우스가 아프리카 북서단의 어느 곳에서 메두사를 처치하고 돌아오는 길에 아틀라스를 만났다는 것도 일리가 있다. 결국 대서양의 험난한 파도와 싸우며 무역이나 어업에 종사하던 고대인의 경험이 메두사의 신화를 낳은 것으로 추측된다.

메두사의 눈을 본 사람들이 돌로 굳어 버렸다는 것은 거센 파도가 해안을 덮쳐 사람과 집을 쓸어 가고 무거운 바위만 남기는 흔한 자연 현상을 상징적으로 표현한 것으로 보인다. 또한 페르세우스가 사용한 방패는 그러한 파도로부터 인명과 재산을 보호하는 방파제로 볼 수 있다. 비록 규모는 보잘것없었겠지만 사람들은 방파제를 만들어 정박된 선박을 파도로부터 보호하려고 했던 것이다.

아틀라스가 변한 산맥은 어디에 있을까? | 아틀라스 산맥은 서북 아프리카의 모로코, 알제리, 튀니지에 걸쳐 동서로 뻗은 장장

아틀라스 산맥 지중해-대서양을 사하라 사막으로부터 분리하는 긴 산맥으로 8,000만 년 전에 유라시아 판과 아프리카 판이 충돌하여 형성되었다. 아프리카에 위치하지만 유럽 대륙에 있는 알프스 산맥의 연장이라고 한다.

2,400여 킬로미터 길이의 긴 산맥으로, 대서양에서 시작하여 지중해 중심까지 뻗어 있다. 판구조 운동을 포함하여 수십 억 년에 걸친 여러 가지 지각 변동에 의해 형성되었으며, 약 8,000만 년 전에 유라시아 판과 아프리카 판이 충돌하면서 현재의 모습이 되었다. 지금도 아틀라스는 하늘을 받치고 있는 셈이다. 그러나 살아 있는 몸이 아닌, 단단한 산이 되어 온몸으로 받치고 있다.

메두사와 페르세우스의 싸움을 거센 파도에 저항하는 인간의 노력으로 해석한다면 서쪽 끝이 대서양에 맞닿아 있는 아틀라스 산맥의 생성 과정도 자연스럽게 메두사의 신화에 녹아 들어간다.

우주 비행 사고

그리스 신화에서 최고의 기술자는 크레타 섬의 미궁 라비린토스를 설계한 다이달로스다. 미궁은, 한번 들어간 사람은 길을 찾지 못해 영원히 빠져 나오지 못할 정도로 구조가 복잡했다. 그러나 크레타의 공주가 간곡히 부탁하는 바람에 다이달로스는 미궁에서 길을 잃지 않고 살아 나가는 방법을 공주에게 알려 주고 말았는데 공주는 그것을 아테네의 영웅 테세우스에게 알려 주었다. 공주가 일러 준 대로 하여 테세우스는 미궁 속에서 반인반수의 괴물 미노타우로스를 죽이고 인질을 구출한 뒤 도망가 버렸다. 크레타의 왕 미노스는 책임을 물어 다이달로스와 그의 아들 이카로스를 섬에 가두어 버렸다. 그렇지만 당대 최고의 장인인 다이달로스는 새의 깃털을 밀랍으로 붙인 날개를 만들어 이카로스와 함께 섬을 탈출하기로 했다.

날기 전에 다이달로스는 이카로스에게 단단히 주의를 주었다.

“아들아, 반드시 하늘과 바다의 중간으로만 날아야 한다. 너무 높이 올라가면 태양의 열기에 깃이 타 버리고, 너무 낮게 날면 깃이 바닷물에 젖어 버릴 거야. 그리고 목동자리, 큰곰자리, 오리온자리와 같은 별자리에는 신경 쓰지 말거라. 나를 잘 보고 내가 하는 대로만 따라오너라."

이카로스는 처음에는 아버지를 잘 따라갔다. 그러나 차츰 날갯짓이 익숙해지니 더 높이 올라가 보고 싶은 욕심이 생겼다. 그는 아버지를 뒤로 하고 하늘 높이 솟아올랐다. 얼마나 높이 올라갔는지 태양의 열기에 날개를 붙인 밀랍이 녹으며 깃이 하나둘씩 떨어지기 시작했다. 그제서야 문제가 심각하다는 사실을 깨달은 이카로스는 빨리 아래로 내려오려고 했지만 이미 모든 깃이 다 떨어진 뒤였다. 그는 공중에서 맨몸을 허우적거리고 있을 뿐이었다. 이카로스는 아버지에게 도와달라고 소리쳤다. 그러나 최고의 장인도 아들의 추락에는 속수무책이었다. 이카로스는 아버지가 보고 있는 가운데 바다에 추락했다.

다이달로스와 이카로스 다이달로스는 당대 최고의 기술자로, 크레타 섬의 미궁을 설계했다. 이카로스는 그의 아들이다.

"이카로스야, 어디에 있니!"

애타게 이카로스를 찾던 아버지는 물 위에 뜬 깃털을 보고 아들의 주검을 찾아 근처 바닷가에 묻었다.

사람은 과연 날 수 있을까?

새와 비행기의 날개는 형태가 서로 비슷하다. 만일 날개 주위로 공기가 흐른다면 날개 위쪽에서는 유선(공기 분자의 이동 경로)의 간격이 좁아지고 아래쪽에서는 넓어진

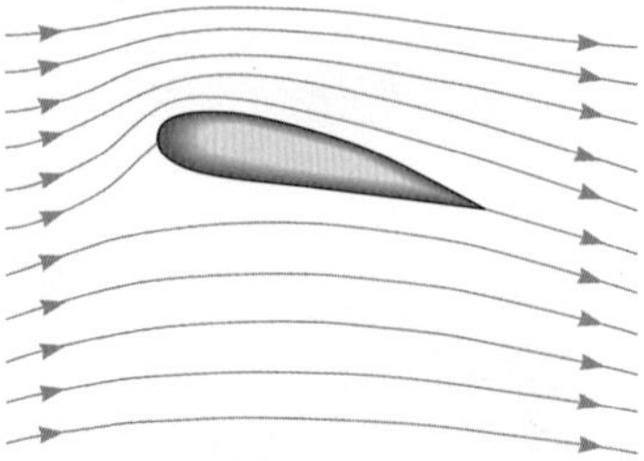

날개와 유선 날개 상하로 흐르던 공기는 위쪽으로 더 밀집된다. 그림에서는 유선이 조밀한 것으로 표현되어 있다.

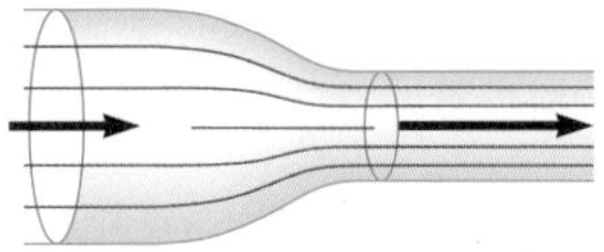

관의 크기와 유선 큰 관을 흐르던 유체가 작은 관 속을 통과하려면 유선의 간격이 좁아진다.

다. 날개 위쪽에서 유선의 간격이 좁아지는 것은 공기가 큰 관 속을 흐르다가 작은 관을 만날 때 유선이 촘촘해지는 상황과 비슷하다. 그런데 유선의 간격이 조밀한 작은 관 속에서는 유속이 크다. 왜냐하면 큰 관 속을 흐르던 많은 양의 공기가 작은 관 속에 누적되지 않고 흘러가려면 빨리 흘러야 하기 때문이다.

한편 압력과 유속은 상호 보완적인 성질이 있다. 즉 유속이 증가하면 압력이 감소한다. 따라서 유속이 큰 좁은 관 속과 날개의 위쪽에서는 압력이 낮아진다. 압력 차이가 발생하면 힘이 발생한다. 이는 바람이 부는 이치와 같다. 바람은 압력의 차이로 공기가 힘을 받아 이동하는 현상이다. 날개 상하에 압력의 차이가 발생하고 위쪽의 압력이 낮기 때문에 날개에는 위로 힘이 작용한다. 이 힘이 바로 양력이다.

양력을 발생시키려면 날개에 바람을 불어 주어야 하는데, 새는 날갯짓이나 자연적인 바람을 이용하고 비행기는 프로펠러나 제트 엔진의 추진력을 이용한다. 제트 여객기가 이륙할 때 엔진에서 나오는 바람은 자동차를 날릴 정도로 세다. 만일 사람의 팔에 날개를 달아 날려고 하면 새와 같이 날갯짓을 해야 하는데 60킬로그램중의 몸무게를 가진 사람의 경우 최소한 초당 120미터의 풍속이 필요하다. 초속 120미터의 바람은 초강력 태풍 때 부는 바람 세기의 두 배 정도다. 이런 강력한 바람을 일으킬 정도로 날갯짓을 할 수 있는 사람은 없다. 설령 어떻게 해서 사람이 날고 있다고 하자. 그러면 팔에 사람의 모든 체중이 작용한다. 그런 상태를 얼마나 오래 유지할 수 있을까? 양팔로 날고 있는 상태는 지상에서 양팔을 옆으로 쭉 펴고 서 있는 사람이 자기 몸무게의 절반에 해당하는 물체를 하나씩 쥐고 있는 상황과 비슷하다. 그런 상태를 오랫동안 지속할 수 있는 장사는 별로 없을 것이다. 날아가고 있는 비행기도 모든 중량이 날개에 작용하고 있다. 엄청난 힘이 날개에 작용하고 있기 때문에 날개는 튼튼하게 만들어져야 한다. 결론적으로 사람은 날기에는 신체적 조건이 좋지 않다. 새의 경우 뼛속이 비어 있어서 몸이 가볍고, 날개는 유선형이며 체구에 비해 비정상적일 정도로 크다. 이런 차이 때문에 새는 날 수 있지만 사람은 날 수 없다.

태양의 열기란 무엇일까? | 태양광은 전자기파의 일종이며 파장은 넓은 범위에 걸쳐 있다. 즉 태양광은 거의 연속적으로 다양한 파장의 전자기파가 혼합되어 있는 것이다. 그중에서 가시광선, 즉 사람의 눈에 보이는 전자기파의 성분이 전체 에너지에 가장 큰 기여를 한다.

태양광에는 가시광선보다 파장이 짧은 자외선(10~400 nm)과 파장이 긴 적외선(750 nm~1 mm)이 있다. 그러나 이들이 전체 태양광 에너지에 기여하는 정도는 크지 않다. 가시광선과는 달리 이것들은 사람 눈에는 보이지 않는다. 그러나 따뜻한 느낌, 즉 온기 등에 의해 그 존재를 느낄 수는 있다. 특히 사람의 피부는 적외선에 의한 열기를 잘 느

가시광선

가시광선은 파장이 400~750 nm(1 nm = 10^{-9} m)의 범위에 있는 전자기파로, 사람의 눈은 이 범위의 전자기파에만 반응하여 그 존재를 인식할 수 있을 뿐만 아니라 파장에 따라 빨강, 주황, 노랑, 녹색, 파랑, 남색, 보라색 등의 색상으로 느낄 수 있도록 진화되어 왔다. 빛이라는 용어는 가시광선과 같은 의미로 사용되고 있다.

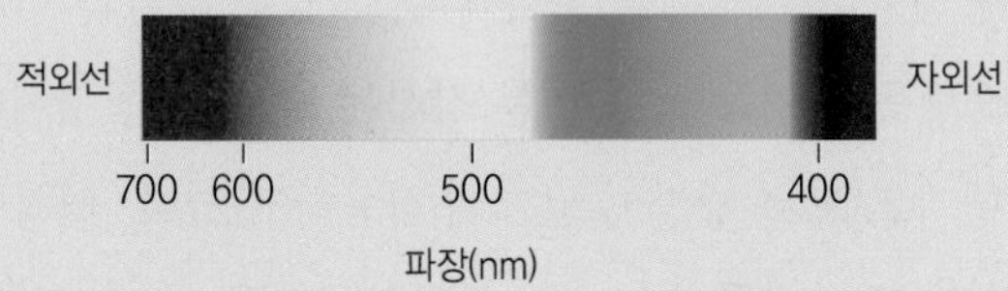

가시광선과 색상 | 가시광선은 파장이 400~750 nm의 범위에 있는 전자기파이며 사람의 눈을 통해 색상이라는 느낌으로 지각된다. 파장에 따라 보라색부터 빨간색까지 다양한 색상으로 느껴진다.

끼는데 이는 적외선이 피부 속으로 잘 침투하기 때문이다. 깜깜한 밤에 난로에 가까이 갔을 때 열기를 느낄 수 있는 것이 바로 그 이유다. 난로로부터 가시광선이나 자외선이 나오지 않더라도 눈에 보이지 않는 적외선이 많이 나오기 때문에 열기가 느껴지는 것이다. 다이달로스가 말한 태양의 열기는 바로 적외선이다.

이카로스는 얼마나 높이 올라갔을까? | 이카로스는 날개를 붙인 밀랍이 태양의 열기에 녹았기 때문에 추락하여 죽었다고 한다. 밀랍이 녹았다면 다이달로스가 말한 것처럼 태양의 직사 적외선이 직접적인 원인일 수도 있지만, 높은 기온 때문일 수도 있다. 전자의 경우는

지구를 떠나 진공 상태인 우주 공간을 지나 태양에 상당히 근접해야 일어날 수 있지만, 후자의 경우는 지구 표면 근처일 가능성도 있다. 일단 후자의 경우라고 가정하고 지구 상공의 어느 곳이 밀랍이 녹을 정도로 뜨거운지 알아보자. 그러면 이카로스는 그곳까지 올라간 셈이 된다.

먼저 밀랍이란 무엇이며 어떤 온도에서 녹는지 조사해 보자. 밀랍은 벌집에서 채취할 수 있는 끈적거리는 물질로, 녹는점이 섭씨 62~63도 정도다. 옛날에는 황초라고 하는 누런 초의 재료로 사용되었으나 지금은 황초 대신에 흰색의 양초가 사용된다. 밀랍이나 양초는 모두 파라핀이라는 물질이다.

지구 상공에서 공기가 있는 영역을 '대기권'이라고 하는데, 공기의 밀도 등 물리적 성질에 의해 몇 가지 층으로 나뉜다. 지표에 가장 가까운 층이 '대류권'이며 지표면으로부터 평균 10킬로미터 높이까지다. 지구 주위 공기의 90% 정도가 대류권에 있다. 에베레스트 정상에 만년설이 덮여 있다는 사실에서 볼 수 있듯이, 대류권 내에서는 높은 곳일수록 기온이 낮아진다. 대류권 내의 기온 범위는 섭씨 40~-65도 정도이므로 밀랍은 대류권에서는 녹지 않는다.

대류권 위의 대기층을 '성층권'이라고 하며 10~50킬로미터의 영역이다. 이곳에서는 온도가 점점 올라가지만 섭씨 0도 이상으로 올라가지는 않는다. 그러므로 여기서도 밀랍은 녹지 않았을 것이다.

성층권 위쪽 50~80킬로미터 부분의 '중간권'에서는 다시 온도가 내려가지만 그 위쪽 80킬로미터 이상의 '열권'에서는 온도가 계속적으로 올라간다. 그래서 지표면으로부터 수백 킬로미터의 고도에 도달해야만 밀랍이 녹을 것이라고 추정해 볼 수도 있지만 그렇게 간단히 결론을 낼 문제는 아니다.

'온도'라는 것은 기체 분자 한 개가 가진 평균 운동 에너지의 크기를 나타내는 수치다. 즉 온도가 높아서 뜨겁다고 하는 것은 기체 분자가 맹렬하게 운동하고 있다는 의미다. 또한 기체 분자는 물체에 충돌하여 가지고 있던 운동 에너지의 일부를 전달하기 때문에 물체의 온도가 올라가게 된다. 열권에서는 위로 올라갈수록 온도가 올라간다. 즉 기체 분자 한 개의 평균 운동 에너지는 분명 커진다. 그러나 기체의 밀도가 너무 희박해서 밀랍 덩어리를 녹일 수 있을 정도로 많은 수의 기체 분자가 존재하지는 않는다. 따라서 아무리 높이 올라가더라도 밀랍이 녹을 정도는 아닐 것이다.

물론 진공 상태의 우주 공간을 여행하여 태양에 가까이 가면 적외선을 포함한 전자기파의 에너지가 커지므로 밀랍이 녹게 되지만, 대류권 상층부나 성층권의 기온은 영하 수십 도로 매우 낮기 때문에 만일 이카로스의 날개가 분해되었다면 밀랍이 녹아서라기보다는 밀랍이 딱딱

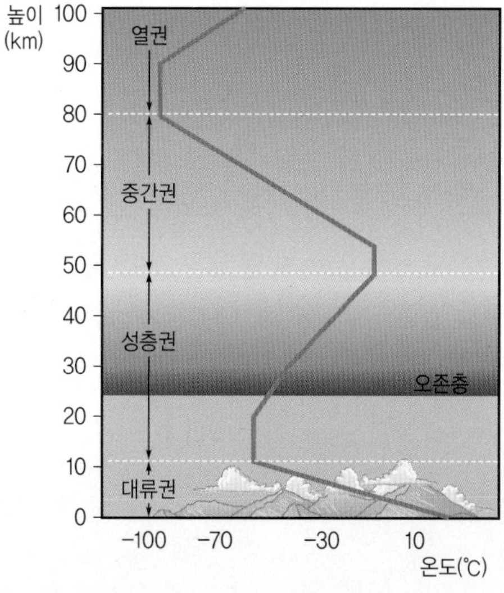

대기권의 층과 온도 변화 대기권은 지구 주변 공기가 존재하는 영역으로, 물리적 상태에 따라 몇 개의 영역으로 나뉜다.

하게 굳어서였을 것이다. 설령 그렇지 않았더라도 이카로스는 공기 부족으로 질식사하거나 얼어 죽었을 수 있다.

신화 속의 이카로스는 날개가 파손되어 추락하여 죽었다. 인류 최초의 우주 비행 사고였던 것이다. 그 사고는 너무 높이 올라가지 말라고 한 지상 통제소의 지시를 무시한 우주인에 의해 발생했지만, 사실 지상 통제소도 우주에 무엇이 어떻게 있는지 잘 몰랐던 것이 분명하다.

이카로스의 날개는 무엇을 상징할까? | 고대인의 배는 노를 사용하여 가까운 거리를 건너가는 정도에 불과했다. 고대 그리스와 로마의 전함도 전적으로 노예의 힘으로 항해했을 뿐이었다. 그러나 언제부터인지는 알 수 없지만 바람의 힘으로 항해하는 돛단배가 고안되어 당시 사람들의 눈에는 정말로 날아가듯 빠르게 항해하기 시작했다. 다이달로스가 고안한 날개는 실제로는 섬을 탈출하기 위한 돛이었을 것이다. 사람의 힘으로 기듯이 천천히 움직이는 배만 보아왔던 크레타인의 눈에는 하얀 돛을 단 돛단배가 마치 날개를 달고 바다 위를 날아가는 것처럼 비쳤을 것이다. 설계가 잘못된 돛 때문에 배 한 척이 전복되어 아들 이카로스는 익사했으나 다이달로스는 나머지 돛단배로 멀리 시칠리아 섬으로 도피했다.

제5장

땅을 지배하는 하늘

옛사람들은 하늘을 쳐다보면서 무슨 생각을 했을까? 그때도 지금과 마찬가지로 낮에는 해가 하늘을 가로질러 가고 밤에는 별들이 주기적으로 운동하고 있었다. 그러한 하늘의 모습은 큰 변화 없이 매일 되풀이되고 있었다. 얼핏 보면 너무나 따분하고 한가한 모습이었지만 고대인은 그 속에서도 신을 발견했다. 오히려 그들이 하늘에서 발견한 신은 여느 신보다 큰 능력을 가진 것처럼 보였다. 그것은 하늘에 있는 모든 것들이 인간의 접근을 허락하지 않는 높은 곳에 있고 마치 인간 세상을 내려다보면서 인간의 운명은 물론 자연 현상까지 지배하는 것처럼 보였기 때문이다.

만일 모든 별들이 완벽하게 규칙적으로 운행한다면 사람들은 그러한 별들의 모습을 규칙성과 불규칙성이 혼재한 지상의 자연 현상이나 사람의 운명과 관련시키려는 노력을 하지 않았을지도 모른다. 그러나 별들은 대부분 일정한 방식으로 운동하고 있는 것처럼 보이지만 그 속에도 약간의 불규칙성이 있다. 적어도 인생과 같은 백 년의 시간 범위 내에서는 그러하다. 약간의 변칙성을 보이면서도 대체로 규칙적으로 운동하는 그들을 고대인은 일찍이 신과 같은 존재로 보았던 것이다. 그 신들은 알 수 없는 위력을 소유하고 지상에서 일어나는 모든 일을 감시할 뿐만 아니라 자신들의 의지에 따라 지상에서 여러 가지 자연 현상을 일으키는 것처럼 보였다. 그에 따라 지상에서 일어나는 규칙적인 자연 현상도 신들이 변덕과 심술을 부리면 예측할 수 없는 방식으로 일어났던 것이다. 그럴 때마다 고대인은 하늘에서 일어나는 신들의 활동을 지상의 일과 관련시키거나 지상에서 경험한 지식으로 천상의 일을 이해하려고 했다.

고대인에 의해 신의 영역으로 표현된 우주와 그 구성단위들의 변화 과정은 천문학의 범주에서 설명될 수 있다. 천문학은 하늘에서 일어나는 일의 본질을 규명하는 과학의 분야이기 때문이다. 지구과학처럼 천문학도 보다 기초적인 과학을 기반으로 우주와 그 구성단위인 은하와 별의 성질과 변화 과정에 대해 설명한다.

시간을 건 내기

이집트 신화에서 누트는 하늘의 여신이고 게브는 대지의 신으로, 둘은 서로 사랑하는 사이였다. 모든 신들이 그들을 좋아했으며 지혜와 마술의 신 토드는 그들의 아들이 이집트를 통치하게 될 것이라고 예언까지 했다. 그러나 유독 태양신 라는 그들의 사랑을 싫어했다. 그래서 라는 누트가 출산할 수 있는 날은 존재하지 않을 것이라고 선언해 버렸다. 출산할 수 있는 날이 없다면 누트와 게브가 아무리 원하더라도 자식을 낳을 수 없게 된다. 누트는 게브의 자식을 간절히 원했으나 방법이 없었다. 그들은 토드를 찾아가 상의했다.

"지혜의 신 토드여, 라의 명령으로 자식을 낳을 수 있는 날이 없어졌다오. 그대의 지혜로 출산할 수 있는 날을 만들어 주시오."

그들을 불쌍히 여긴 토드는 달의 신 콘스를 찾아가서 게임을 하자고 꾀었다. 그래서 둘은 게임을 했으나 콘스가 지혜와 마술의 신 토드를 이길 수는 없었다. 게임에서 계속 지자 콘스는 화가 났다. 반면에 토드는 하품을 하며 여유를 보였다.

"좀 지겹지 않나? 이제 그만할까?"

"무슨 소리야, 금방 시작했는데!"

"혹시 내기를 하면 재미있을까?"

"내가 가진 것은 시간뿐이니 달빛을 비추는 시간을 걸도록 하지."

"좋아. 한 번에 하루의 70분의 1을 걸고 350판만 하세."

"흥, 그러지. 내가 지면 자네에게 한 판에 70분의 1일을 주도록 하지."

이렇게 내기 게임은 진행되었고 콘스는 350번 모두 지고 말았다. 결국 토드는 총 5일이라는 시간을 얻게 되었다.

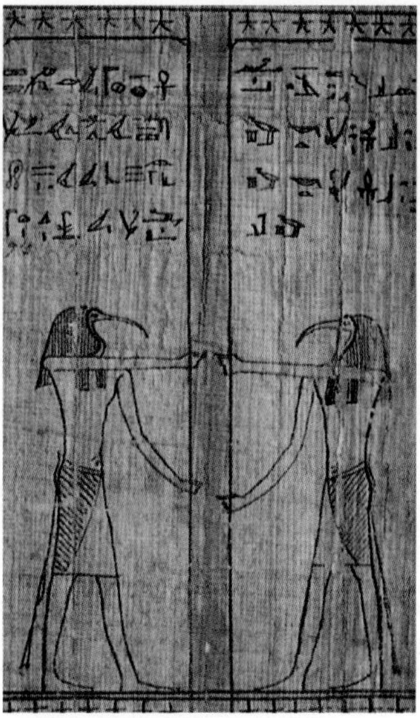

토드 이집트 신화에서 토드는 지혜와 측량의 신이다. 토드가 무엇인가를 측정하고 있는 그림이다.

게임에 이긴 토드는 누트에게 달려가 이 소식을 전했다. 기다리고 있던 누트는 이 5일 동안에 오시리스, 호루스[33], 세트, 이시스, 네프티스 이렇게 다섯 남매를 차례로 출산했다. 물론 이 5일은 원래 없는 날이었으니 출산을 하더라도 라의 명령을 어기는 것은 아니었다.

한편 콘스는 게임 때문에 체력이 약해져서 매달 수일 정도만 강하게 빛을 낼 수 있었고 나머지 기간에는 쇠진한 기력을 모아야만 했다.

시간의 단위와 달력은 어떻게 만들어졌을까? | 일상생활에서 사용하고 있는 시간의 단위로는 일(날), 월(달), 연(해) 등이 있는데 이

33) 후대에는 오시리스와 이시스의 아들로 등장한다.

들은 모두 지구와 달의 주기적 운동을 이용해 만든 것이다. 그중에서 가장 기본적인 것은 '일' 이다. '일' 이라는 시간은 태양의 남중, 즉 태양이 정남에 왔을 때부터 다음 남중까지 걸린 시간을 말한다. 이것은 지구가 자전, 즉 남극과 북극을 관통하는 축을 중심으로 마치 팽이처럼 도는 운동을 하기 때문에 만들어진 시간의 단위다. 즉 일은 지구의 자전 주기다. 만일 지구의 운동이 이것이 전부였다면 일상생활에서는 일이 가장 긴 시간의 단위로 남았을 것이다.

지구는 자전만 하는 것이 아니다. 태양으로부터 약 1억 5,000만 킬로미터의 거리에서 태양 주위를 도는 공전도 한다. 공전 운동을 하면서 지구가 우주 공간을 지나간 흔적이 공전 궤도이며, 지구가 이 공전 궤도를 한 바퀴 돌아 제자리로 돌아오는 데 걸리는 시간, 즉 공전 주기를 '연' 이라고 한다.

연과 일은 시간의 단위이기 때문에 연을 일로 표시할 수도 있다. 1년은 약 365일이다. 그래서 지구가 공전 궤도의 어느 한 점에 있을 때를 새해의 시작으로 삼고 하루하루 날짜를 세기 시작하여 365번을 센 순간 지구는 시작점으로 되돌아오게 된다. 그러므로 날짜와 공전 궤도상의 지구의 위치가 대략 일대일로 대응하게 된다. 계절은 공전 궤도상의 지구의 위치로 결정되므로, 첫째 날은 춥고 180일째 날은 덥다는 식으로 일과 계절도 서로 일치하게 된다. 그러나 세상일이란 그렇게 단순하지 않다. 10,000원이 정확히 10원짜리 동전 1,000개에 해당하는 것과는 달리 1년과 1일 사이는 그러한 정확한 정수 관계가 성립되지 않는다. 그 이유는 지구의 공전과 자전이 서로 연관된 운동이 아니고 지구가 한 번 공전하는 동안 자전하는 횟수는 365보다 약간 많은 365.2422이기 때문이다. 즉 지구가 공전 궤도를 따라 한 바퀴 돌아

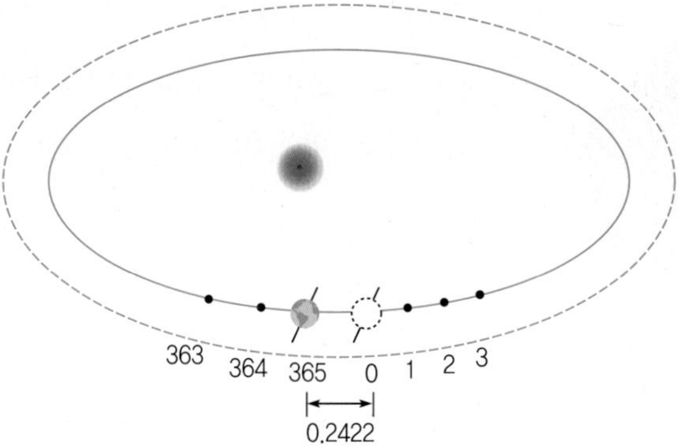

일과 연 지구는 태양 주위를 한 바퀴 공전하는 동안 365.2422회 자전한다.

와서 제자리에 오는 동안 자전은 365회보다 약간 더 많은 356+4분의 1바퀴만큼 한다. 이 때문에 만일 1년을 365일로 정하면 그 1년 동안 지구는 공전 궤도상의 출발점으로 돌아오지 못하고 약 4분의 1바퀴 남겨둔 위치에 오게 된다. 그리고 그 위치에서 새해가 다시 시작된다. 그다음 해에는 지난해의 4분의 1바퀴와 올해의 4분의 1바퀴가 누적되어 지구는 약 2분의 1바퀴만큼 못 미치는 곳까지만 오게 된다. 이런 식으로 여러 해가 지나면 누적된 궤도상의 거리가 점점 커지고 심하면 날짜와 계절이 일치하지 않게 된다.

오랜 세월이 흘러도 날짜와 계절이 일치하도록 하려면 1년을 365일로 고정하지 말고 조정을 해야 한다. 일단 매 4년마다 1년이 366일인 해를 두면 될 것 같지만 엄밀하게 보면 정답은 아니다. 왜냐하면 1년이 365.25일이 아니라 365.2422일로, 365+4분의 1일보다는 약간 짧기 때문이다. 365일인 해를 '평년', 366일인 해를 '윤년'이라고 하는데 윤년을 매 4년마다 두지 않고 조금은 불규칙적으로 두는 이유가 바로 여기에 있다.

일과 연은 태양에 대한 지구의 주기적 운동을 기준으로 만든 시간의

고대 이집트의 달력 기념비에 새겨진 것이다.

단위다. 그런데 지구상에 있는 사람들이 볼 때에는 마치 태양이 운동하는 것처럼 보이기 때문에 이러한 시간의 단위가 태양의 운동을 기준으로 만들어진 것으로 생각된다. 그래서 평년을 기본으로 하고 윤년을 적당히 넣어서 날짜와 계절이 잘 일치하도록 만든 달력을 '태양력' 이라고 한다. 현재 대부분의 국가에서 이 태양력을 사용하고 있다.

한편 지구 주위에는 달이 돌고 있다. 달은 태양의 빛을 반사하는데 태양-지구-달의 상대적 위치에 따라서 반사하는 표면의 모양이 달라지는 것처럼 보인다. 지구에서 관측된 달의 모양을 '위상' 이라고 하는데 위상은 초승달에서 보름달을 거쳐 그믐달로 변한다. 위상 변화의 주기를 '삭망 주기' 라고 하며, 29.53059일이다. 이로부터 '월' 이라고 하는 시간의 단위가 만들어졌으나 삭망 주기가 29와 30의 중간에 있으므로 월이 29일 혹은 30일이 될 수도 있음을 의미한다. 결론적으로 12달을 1년으로 하되 각 달에는 29일과 30일이 교대로 나타나도록 달력을 만들 수 있다. 그러면 1년은 354일이 되고 이것을 평년이라 한다. 그러나 삭망 주기가 정확히 29.5일이 아니기 때문에 세월이 지나면 날짜와 달의 실제 위상이 맞지 않게 된다. 이 때문에 윤일이라는 여분의 날을 삽입해야 한다. 이와 같이 삭망 주기인 월을 시간의 단위로 만든 달력을 '태음력' 이라고 한다. 그러나 이와 같은 순수한 태음력은 달의 위상을 기준으로 만든 것이므로 계절의 변화와는 무관해 농경 사회에서는 별로 도움이 되지 않았다.

지구에서 태양의 위치를 정확하게 측정하기 위해서는 상당한 노력

달의 위상 변화 태양, 달, 지구의 상대적인 위치에 따라 달의 위상이 결정된다.

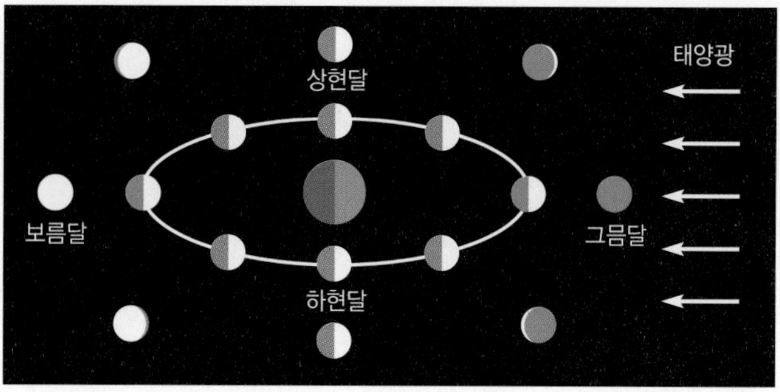

을 필요로 한다. 그래서 태양의 운동을 바탕으로 만들어진 태양력보다는 쉽게 관측할 수 있는 달의 삭망 주기를 기초로 한 태음력이 먼저 만들어지고 사용되었다. 그러나 태음력은 농경에는 별로 도움이 되지 못했으므로 이를 보정하여 계절의 변화와 일치하도록 만든 것이 '태음태양력'이다. 날짜가 계절과 일치하려면 1년을 지구의 공전 주기에 맞추어야 한다. 이 점에서는 태양력과 같다. 그러나 기본적인 시간의 단위가 삭망 주기인 월이며 지구의 공전 주기인 1년은 삭망 주기의 12.36827배이므로 1년을 12달로 하되 가끔 1년을 13달이 되도록 윤달을 넣어야만 한다. 우리나라를 포함한 동양에서 현재 사용하고 있는 음력이라고 하는 달력이 바로 태음 태양력이다.

토드가 따낸 5일은 어디에서 왔을까? | 처음에 이집트에서는 태음력을 사용하고 있었던 것 같다. 그것도 단순히 30일을 월이라는 시간의 기본 단위로 묶고 1년을 12달로 정했던 것 같다. 그러면 1년은 360일이 되는 셈이다. 이와 같은 태음력을 도입하여 한동안 사용하다 보니 날짜가 달의 삭망 주기나 계절과 일치하지 않는다는 것을 발견했

다. 토드는 이런 문제를 발견한 당시의 천문학자를 상징한다고 여겨진다. 즉 토드는 천문 관측을 통해, 당시 이집트에서 사용되던 달의 삭망주기를 기초로 한 태음력은 계절과 일치하는 실제의 날짜와는 매년 5일 정도 차이가 나며 세월이 흐를수록 그 차이가 누적되어 커진다는 사실을 알았던 것이다. 신화에서는 토드가 하루의 70분의 1이라는 시간을 걸고 콘스와 내기를 350번 했으며 토드가 이를 모두 이겨 5일을 벌게 되었다고 표현하고 있다.

토드는 태음력 대신에 태양력을 사용할 것을 주장했을 것이다. 그리하여 이집트에서도 태양력이 사용되기 시작했으며, 이를 기초로 B.C. 45년에 시저[34]의 명령으로 로마에서도 율리우스역이 만들어져 1582년 그레고리력이 나올 때까지 오랫동안 사용되었다. 그레고리력은 현대의 달력으로 이어졌다.

콘스의 기력이 쇠진해졌다는 것은 무엇을 의미할까? | 달의 위상은 초승달, 보름달, 그믐달의 순으로 변화한다. 그중에서 보름달일 때 햇빛을 반사하는 넓이가 가장 크기 때문에 가장 밝게 보인다. 이때가 콘스의 기력이 가장 세고 나머지 기간에는 약하다고 표현한 것이다.

34) Caesar(B.C. 100~B.C. 44). 로마의 정치가 겸 군인.

서툰 마부

그리스 신화에 나오는 파에톤은 인간 여성에게서 난, 태양신 아폴로의 아들이었다. 파에톤은 어머니와 같이 에티오피아에 살다가 자신이 아폴로의 아들이라는 것을 뒤늦게 알게 되었다. 파에톤이 기쁨에 들떠 그 사실을 확인하러 태양신의 궁전으로 갔을 때, 아폴로는 그를 끌어안았다.

"내 아들을 만나 기쁘구나. 첫 만남을 기념하기 위해 네가 원하는 것은 무엇이든지 들어주고 싶구나."

아폴로의 말에 파에톤은 기다렸다는 듯이 대답했다.

"태양 마차를 몰아 보고 싶습니다."

이 말을 들은 아폴로는 대답을 들어 보지도 않고 미리 약속해 버린 것을 후회했다.

"아들아, 다른 것은 몰라도 그것만은 어렵단다. 그것은 인간이라는 네 신분과 나이에 맞는 일이 아니야. 나 이외에, 심지어 신들의 왕인 제우스도 그 불타는 수레를 몰 수 없단다. 그러니 태양 마차를 몰고 싶다는 생각은 잊어 버리도록 해라. 그것은 네게 명예가 아니라 파멸을 가져다줄 것이다. 대신에 지상에서 할 수 있는 것은 어떤 것이라도 좋으니 다른 것을 말해 보거라."

그러나 파에톤은 굽히지 않았다. 자신이 아폴로의 아들이란 것도 자랑스러웠지만 태양 마차를 몰아 자신의 존재를 온 세상에 알리고 싶었던 것이다. 아들의 고집을 꺾을 수 없다는 것을 안 아폴로는 아들을 마차가 있는 곳으로 데리고 갔다.

파에톤이 황금으로 만들어진 마차를 보고 입을 다물지 못하는 사이, 어느덧 새벽의 신이 새벽이 왔음을 알렸다. 아폴로는 시종을 시켜 말들을 배불리 먹이고 마차에 단단히 매라고 지시했다. 또한 화염에 견딜 수 있는 영약을 파에톤의 얼굴에 발라 주었다. 아폴로는 이미 불행을 예감했지만 그래도 파에톤에게 신신당부했다.

"아들아, 채찍은 쓰지 말고 고삐를 단단히 붙들고 있어야 한다. 고삐를 놓치면 말을 제어할 수 없게 되니 내가 한 말을 꼭 기억하거라. 그리고 궤도를 달릴 때에는 왼쪽으로만 돌아야 한다. 너무 높이 오르지도 말고 너무 낮게 내려가지도 말거라. 너무 높으면 하늘에 있는 신들의 거처를 태우게 되고 너무 낮으면 지상 세계를 태울 수가 있다. 이제 모든 것을 네 운명에 맡길 수밖에 없구나. 자, 이제 갈 시간이다."

태양 마차를 몰게 되었다는 것에 정신이 팔린 파에톤에게 아폴로의 당부가 들릴 리가 없었다. 파에톤은 아버지에게 작별 키스를 하는 둥 마는 둥 하고 마구간의 문이 열리자마자 넓은 우주 벌판을 향해 힘차게 말을 내몰았다. 그런데 얼마 안 가서 말들은 마차가 평소보다 가볍다는 것을 알고 함부로 날뛰기 시작했다. 결국 마차는 정해진 길에서 벗어났다. 파에톤은 겁이 났지만 마차를 멈추는 법을 몰랐다. 또 그럴 힘도 충분하지 못했다.

마차는 먼저 큰 곰과 작은 곰을 불길로 그을렸다. 다음은 뱀이었다.

뱀은 북극에서 똬리를 틀고 동면 중이었는데 열을 받자 몸이 풀려 어디론가 도망을 가 버렸다. 부근에서 양을 치고 있던 목동도 깜짝 놀라 어쩔 줄을 몰라했다.

파에톤이 발아래 까마득히 떨어져 있는 지상을 내려다보니 아찔하여 다리가 덜덜 떨리고 마침내는 정신까지 혼미해졌다. 그제야 파에톤은 아버지의 충고를 무시하고 아버지의 마차를 몬 것이 후회되기 시작했다. 그러나 그 시간에도 마차는 어딘가를 향해 달려가고 있었다. 파에톤은 이제 어디가 어딘지 분간도 할 수 없게 되고, 고삐를 늦추어야 할지 풀어 주어야 할지도 몰랐다. 그러던 중 하늘에 흩어져 있는 괴물들의 모습이 시야에 들어왔다. 그중에서 전갈이 독액을 흘리며 달려드는 모습을 발견하고는 깜짝 놀라 고삐를 놓치고 말았다. 말들은 자신들을 제어하던 고삐가 풀린 것을 알고는 제멋대로 달리기 시작했다. 말들은 마차를 높이 끌고 올라가 별 사이를 헤치며 돌아다니다가 불쑥 아래쪽으로 내려갔다. 달의 여신 아르테미스는 오빠의 마차가 자기보다 낮은 곳을 달리는 것을 보고 깜짝 놀랐다.

구름은 연기를 내기 시작했고, 산 정상에는 불이 붙었다. 초목이 불

파에톤의 추락 1605년 루벤스의 작품으로, 양팔을 벌리고 죽어 있는 인물이 파에톤이다.

에 탔고, 들판도 메말라 갔다. 에티오피아 인의 피부가 시커멓게 변했고, 리비아의 사막도 바짝 말라 버렸다.

열기에 못 이긴 사람들은 물론 신들까지도 제우스에게 살려 달라고 호소했고, 결국 제우스는 신들의 회의를 소집했다. 아폴로도 그 회의에 참석했으나 파에톤의 처형을 막을 수는 없었다. 마침내 비정한 제우스는 손자 파에톤이 모는 마차를 향해 번개를 던졌다. 번개 소리에 놀란 말들은 뿔뿔이 흩어졌다. 마구와 수레의 파편이 사방으로 튀었으며 파에톤은 불길에 휩싸인 채 연기를 내며 거꾸로 떨어졌다. 사람들은 그것을 보고 별똥별이 떨어지는 것으로 생각했다.

파에톤의 시신은 강에 떨어졌는데 그의 누이들은 오빠의 비극적인 운명을 슬퍼하다가 포플러 나무가 되었고, 그녀들이 흘렸던 눈물은 호박이 되었다고 한다.

화상을 방지하기 위한 영약은 무엇이었을까?

태양과 지구 사이에는 공기가 없다. 따라서 만일 태양으로 인해 화상을 입는다면 그것은 태양의 직사광선 때문이다. 한여름 바닷가에서 피부에 화상을 입는 것과 같은 이유다. 태양광에는 가시광선만 있는 것이 아니라, 눈에 보이지는 않지만 적외선과 자외선도 있다. 태양광의 어떤 성분이 화상을 입게 할까?

일반적으로 전자기파는 파장이 짧을수록 다른 물질을 변화시킬 수 있는 능력이 크다. 이를 '전자기파는 파장이 짧을수록 에너지가 크다.' 라고 표현한다. 결과적으로 적외선보다 가시광선이, 가시광선보다 자외선이 에너지가 더 크다.

전자기파 중에서 사람의 피부를 노화시키거나 태우는 것은 가시광선보다 파장이 짧은, 즉 에너지가 큰 자외선이다. 자외선도 파장에 따라 세분하여 UV-A, UV-B, UV-C로 부른다. 이들 중 UV-C가 가장 파장이 짧아 에너지도 가장 크다. 태양광에는 이들 모두가 포함되어 있지만 다행히도 가장 에너지가 큰 UV-C의 대부분은 오존층에서 흡수되어, 지표면까지 도달하는 양은 그리 많지 않다. 그러나 파장이 긴 UV-A와 UV-B는 오존층에서 제거되는 양이 적어 상당량이 지표면까지 도달한다. 이들 중 UV-A의 양은 계절이나 시간대에 따른 변동이 별로 없이 비교적 일정한 편이지만 UV-B는 변동이 심하다.

피부에 도달한 자외선의 일부는 반사 혹은 산란되지만 나머지는 침투한다. UV-A는 상피를 통과하여 진피까지 침투하며, 단백질을 변

상피와 진피

상피는 피부의 가장 바깥층으로, 평균 두께는 0.1밀리미터 정도이고, 그 아래의 진피는 그보다 4배 정도 두껍다. 진피에는 상피나 땀샘, 모근, 신경 등으로 영양분을 보내는 혈관이 있다. 진피는 각종 자극을 느끼지만 상피는 그렇지 않다. 상피에서는 아래의 진피에서 공급된 영양분이 단지 확산에 의해 퍼질 뿐이다.

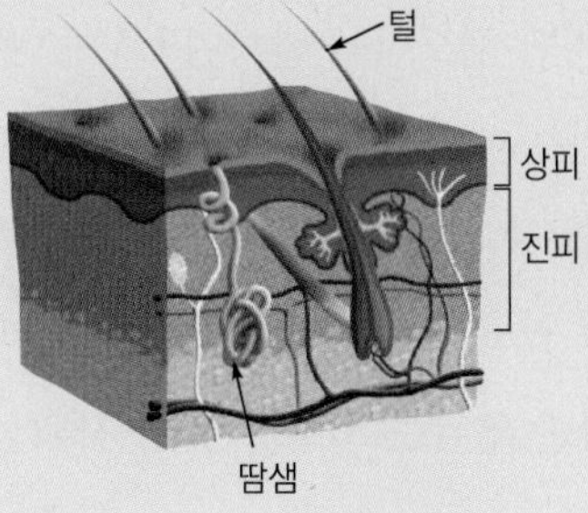

피부의 구조 | 피부는 바깥의 상피와 내부의 진피로 구성되어 있다. 진피에는 땀샘, 모근, 혈관, 신경 등의 조직이 있으나 상피에는 특별한 것이 없다.

형시켜 주름, 기미 등을 만들어 피부 노화를 유발한다. 또한 멜라닌을 증가시켜 색소 침착을 일으킨다.

UV-B는 진피까지 침투하지는 않지만 에너지가 크므로 상피에서 홍반, 화끈거림, 물집, 발진 등과 같은 화상을 일으키고 피부암과 같은 치명적인 질병을 유발하기도 한다.

결국 태양광에 의한 피부 손상은 주로 자외선이 그 원인이며, 자외선이 피부에 닿지 않게 하려면 자외선 차단제를 바르면 된다. 자외선 차단제는 시중에서 흔히 선크림이라고 불리며, 자외선을 반사하거나 스스로 흡수하여 피부 속으로 침투하지 못하게 하는 물질을 포함하고 있다. 그러한 물질로는 옥시벤존($C_{14}H_{12}O_3$)과 같은 유기물, 이산화티타늄(TiO_2), 산화아연(ZnO) 등과 같은 무기물이 있다.

어떤 방식으로든 자외선이 피부에 침투하지 못하게 하는 것이 자외선 차단제의 목적이며 그러한 정도의 척도로서 SPF(Sun Protection Factor)를 사용한다. 어떤 제품의 SPF는 그 차단제를 바른 사람과 바르지 않은 사람이 입는 화상 정도가 서로 비슷하게 될 때까지 걸리는 시간의 비를 나타낸다. 예를 들어 SPF 10의 제품을 바르고 햇빛에 120분간 노출되었을 때와 바르지 않고 12분 동안 노출되었을 때의 화상 정도가 비슷하다. 따라서 SPF가 클수록 차단 효과가 크다. 그러나 엄밀히 말하자면 SPF는 UV-B의 차단 정도만을 말하며 UV-A에 대한 지수는 아니다. 시중에 나와 있는 대부분의 자외선 차단제에는 UV-B의 차단 능력을 말해 주는 SPF 수치만 표시되어 있으나 다행히 UV-A도 비슷한 정도로 차단할 수 있도록 여러 가지 물질이 혼합되어 있다. 아폴로가 파에톤에게 발라준 영약은 SPF가 높은 자외선 차단제였을 것이다.

아폴로는 왜 궤도를 왼쪽으로만 돌라고 했을까? | 지구에서 보면 태양은 매일 동쪽에서 서쪽으로 운동하는 것처럼 보인다. 따라서 태양 마차도 그 방향으로 몰고 가야 할 것이다. 아폴로가 왼쪽으로 돌라고 당부한 부분에서, 아폴로의 마구간의 출입문이 북쪽으로 향해 있었음을 알 수 있다. 그러면 마구간에서 나온 마차는 좌회전을 해야 서쪽으로 달릴 수 있게 된다.

해는 항상 동에서 떠서 서로 진다. 그 방향은 바뀐 적이 없다. 그것은 지구가 꾸준히 같은 방향으로 자전을 하고 있기 때문이다. 그러면 왜 지구는 한 방향으로만 자전을 할까? 그것은 자연의 법칙 중 하나인 각운동량 보존 법칙이 적용되기 때문이다. 각운동량은 자전이든 공전이든 돌고 있는 물체의 질량, 크기, 회전 속도에 의해 결정되는 개념이며 각운동량 보존 법칙은 외부의 영향이 없는 한, 각운동량은 변하지 않는다는 것을 의미한다. 그에 따라 회전하는 물체는 회전 방향뿐만 아니라 회전 속도까지도 일정하게 유지되는 것이다. 결국 아폴로는 파에톤에게 각운동량 보존 법칙을 지키라고 요구한 셈이다.

회전하는 물체에 마찰력과 같은 외부 요인이 있을 경우에는 이야기가 달라진다. 자전거의 바퀴에 작용하는 브레이크처럼 마찰력이 작용하면 각운동량이 변화한다. 그런데 엄밀히 말하자면 지구의 자전 운동에도 그러한 브레이크가 작용하고 있다. 바로 바닷물이 그 일을 하고 있다.

바닷물도 지구의 일부로 지구와 같이 자전 운동을 하고 있지만 액체이기 때문에 달의 만유인력에 의해 운동하는 데 약간의 제한을 받게 된다. 그 때문에 바닷물은 지구의 자전에 의한 각운동량을 감소시키고 있다. 즉 자전 속도가 줄어드는 것이다. 이에 따라 현재는 지구의 자전 주기가 하루이지만 지구 생성 초기에는 5시간 정도였다고 한다. 그동안 바닷물의 마찰로 하루의 길이가 점점 늘어난 것이다. 따라서 지구 생성 초기에는 아폴로가 아주 바빴을 것이다. 5시간 만에 지구를 한 바퀴 돌아야 했으니 말이다. 그래도 예나 지금이나 방향은 바뀌지 않았다.

파에톤은 어디를 돌아다녔을까? | 신화에서, 태양이 매일 새벽에 출발하여 하늘을 가로질러 가는 것은 태양의 일주 운동을 의미한다. 일주 운동에 의해 태양이 매일 하늘을 동에서 서로 가로질러 가는 것처럼 보이지만, 실제로는 지구가 자전하기 때문에 나타나는 현상이다. 그런데 지구가 자전하는 것은 지구를 제외한 전 우주가 한꺼번에 반대 방향으로 도는 것과 동일하기 때문에 실제로 태양과 다른 별들 사이의 상대적인 위치가 달라지는 것은 아니다.

물론 엄밀히 말하자면 하루 동안에도 태양은 연주 운동을 하기 때문에 황도를 따라 약간은 이동한다. 그러나 그 크기는 무시할 수 있을 정도다. 즉 태양이 황도상의 어느 별자리 근처에 있었다면 그다음 날에도 거의 그 자리에 머물고 있을 것이다. 따라서 일주 운동으로, 태양이 별자리 사이를 이동하는 것으로는 보이지 않는다. 그러나 낮에는 별을 볼 수 없기 때문에 옛날 사람들은 하루 동안에도 태양이 이 별자리에서 저 별자리로 이동하는 것으로 생각했을 것이다.

실제로 밤에 별을 보고 있으면 별들도 태양처럼 동에서 서로 지는 것을 볼 수 있다. 만일 별을 낮에도 볼 수 있다면 태양과 별은 똑같이 동에서 서로 운동한다는 사실을 깨달았을 것이다.

별자리 큰곰자리와 작은곰자리는 북쪽에 있지만 뱀자리와 전갈자리는 남쪽에 있다.

태양은 매일 동쪽에서 뜨기 때문에 파에톤은 동에서 서로 마차를 몰았어야 했다. 그러나 파에톤은 맨 먼저 큰곰자리와 작은곰자리로 갔으니 북쪽으로 간 것이다. 그 근처에 목동자리도 있다. 그런데 뱀자리는 현재 그곳에 있지 않고 남쪽 하늘에 있다. 태양 마차가 너무 뜨거워서 뱀이 남쪽으로 도망간 것이다. 그 이후에 파에톤은 남쪽으로 간 것을 알 수 있다. 전갈자리가 남쪽에 있기 때문이다. 결국 파에톤의 경로는 북쪽에서 남쪽 방향인 셈이다. 해가 북쪽에서 떠서 남쪽으로 졌으니 사람은 물론 신들까지 놀랐을 것이다.

태양이 달보다 더 멀리 있다는 사실을 어떻게 알았을까?

'달의 여신 아르테미스는 오빠의 마차가 자기보다 낮은 곳을 달리는 것을 보고 깜짝 놀랐다.' 라고 하는 대목이 있다. 이것은, 평소에는 태양이 달보다 멀리서 돈다는 것을 의미한다. 옛날 사람들은 이를 어떻게 알았을까?

먼저 달은 그 표면을 관찰할 수 있다. 옛날 사람들은 달 표면의 어둡고 밝은 부분을 두고 사람이나 동식물의 형상으로 상상도 했지만, 태양에서는 그런 것을 관찰하기가 어렵다. 그런 이유로 태양보다는 달이 가깝다고 느꼈을 것이다.

두 번째로는 일식이다. 일식은 달이 태양을 가리는 현상이다. 즉 지구와 태양 사이에 달이 끼어들기 때문에 발생하는 현상이다. 따라서 태양보다는 달이 우리와 더 가깝다. 이와 같이 옛날 사람들도 일식의 원인을 알았던 것으로 짐작된다. 실제로 그리스 신화의 다른 버전에는 다음과 같은 구절이 있다.

> "이 광경을 지켜보고 있어야만 했던 파에톤의 아버지 아폴로의 얼굴은 깊은 슬픔으로 창백해졌다. 그날 하루 동안 지상에는 햇빛이 없었고 무서운 불길만이 지구를 밝히고 있었다."

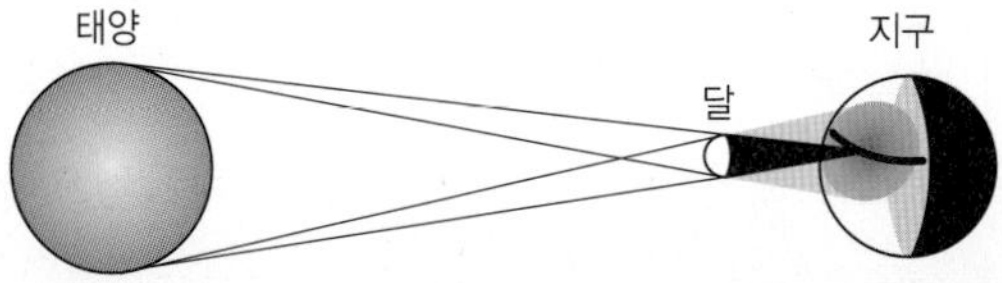

일식 태양과 지구 사이에 달이 끼어들어 태양을 가리기 때문에 나타나는 현상이다. 따라서 달이 태양보다는 가까이 있다.

이는 달이 태양을 가리는 일식 때문에 한동안 어두웠다는 사실을 표현한 것 같다. 이와 같이 고대 그리스 인은 일식에 관심을 가졌고 그 원인에 대해서도 어느 정도 알고 있었던 듯하다.

에티오피아 인의 피부색은 언제 검게 변했을까? | 파에톤이

태양 마차를 너무 땅 가까이로 모는 바람에 에티오피아 인의 피부가 타서 검게 변했다고 한다. 그러면 그 이전에는 에티오피아 인의 피부가 검지 않았다는 것인데, 과연 그럴까?

현생 인류의 기원이 아프리카라고 하는 데에 이견이 있는 사람은 거의 없다. 그런데 현생 인류가 언제 아프리카로부터 나왔는지에 대해서는 크게 두 가지 견해로 나뉜다. 수십만 년 전 또는 수백만 년 전에 나왔다는 견해가 바로 그것이다. 두 견해 중 현생 인류가 불과 수십만 년 전에 아프리카에서 나왔다는 아프리카 기원설이 지배적이다. 이에 따르면 현생 인류 사이의 피부색과 해부학적 차이는 비교적 최근에 발생한 것이다. 즉 수십만 년 전에 아프리카를 출발한 소수의 인류 조상이 시나이 반도를 지나 유럽과 아시아 방면으로 퍼져 나가면서 서로 다른 진화의 길을 선택한 것이다.

에티오피아 인 대부분의 아프리카 인은 피부색이 검다. 강한 태양 광선으로부터 피부를 보호하기 위한 오랜 진화의 산물이다.

아주 먼 과거에 인류의 발생과 활동지가 주로 적도 부근의 아프리카였기 때문에 피부색은 정도의 차이이지 전체적으로 검은색이었을 것으로 추정된다. 그런데 그리스 신화가 형성되던 시기는 대체로 수천 년 전이므로 당시의 아프리카에는 백인이 살고 있지는 않았을 것이다. 그럼에도 불구하고 그때 에티오피아 인이 백인이었다면 역이주의 가능성을 생각해 보아야 할 것이다. B.C. 722년경에, 에티오피아에 정착한 유대인이 있었는데 그들은 솔로몬 대왕과 시바 여왕 사이에서 태어난 자손들이라고 한다. 그들을 유대인 중에서 팔라샤(Falasha)라고 부른다. 만일 그들이 솔로몬 대왕의 혈통이라면 그중 일부는 백인이었거나 아프리카 원주민보다는 피부색이 밝은색에 가까웠을 것이다. 파에톤의 신화에서 말하는 에티오피아 인은 그들을 말하는 것이 아닐까?

리비아 사막은 언제 어떻게 생성되었을까? | 리비아 사막은 리비아의 서남쪽에 있는 사하라 사막을 말한다. 사하라는 북회귀선(위도 23도 26분) 근방에서 모리타니, 알제리, 니제르, 차드, 리비아, 이

현재의 사하라 사하라는 현재 생물이 살기 힘든 사막이지만 과거에는 초원 지대였다.

몬순과 사바나 기후

몬순은 계절에 따라 부는 바람이다. 아프리카 대륙에서는 여름 동안 가열된 공기가 상승하면서 습도가 높은 해양의 공기가 유입되어 비가 내린다. 즉 몬순에 의해 우기가 찾아오는 것이다.
열대 지방 중에는 연중 비가 많이 내려서 숲이 발달한 곳이 있다. 타잔이 활동하는 정글이 그런 곳이다. 그러한 숲을 열대 우림이라고 하며, 덥고 다습한 기후를 열대 우림 기후라고 한다. 반면에 덥지만 몬순에 의해 우기에만 비가 집중되고 건기에는 거의 오지 않는 곳이 있다. 이러한 곳 중에서도 비교적 강우량이 적은 곳은 무성한 숲 대신에 초원이 형성된다. 이러한 곳의 기후를 사바나 기후라고 한다.

집트, 수단 등 여러 나라에 걸쳐 아프리카 북부의 대부분을 차지하고 있고, 한반도 넓이의 약 50배 정도로 넓은 사막이다. 사하라의 연중 강우량은 몇십 밀리미터에 불과하여 그 어느 사막보다도 생물의 서식에 열악한 환경이다. 그러나 사하라의 기후는 대규모로 변화해 왔음이 연구 조사로 밝혀졌다. 뿐만 아니라 그러한 사하라의 환경 변화는 현재의 우리에게 여러 가지 교훈을 주고 있다.

과학자들의 조사에 따르면, 마지막 빙하기가 끝날 무렵인 1만 2,000년 전에도 사하라는 사막이었다. 그러나 빙하기가 끝난 후 사하라에 몬순(monsoon), 즉 계절풍이 찾아와서 비가 내리기 시작했다. 그리하여 사하라는 사막이 아니라 생물이 서식하는 사바나 기후대의 초원으로 변화했으며 약 1만 년 전부터는 사람이 살기 시작한 것으로 추정된다. 사하라에는 그 시대 사람들이 남긴 도자기와 암각화 같은 유물과 유적이 지금도 발견되고 있다. 암각화로 그려진 동물로는 타

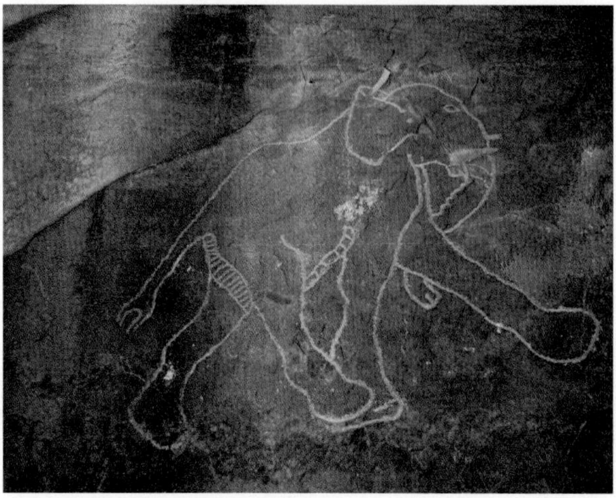

사하라 사막에서 발견된 선사시대의 암각화 당시 사하라가, 코끼리가 살 수 있을 정도로 초목이 무성했던 곳이었음을 말해 준다.

조, 기린, 코끼리 등이 있으나 멸종한 동물도 있다. 당시의 풍요한 자연 환경을 말해 주고 있는 것이다.

그러나 약 6,000년 전에는 몬순의 한계가 남쪽으로 내려가서 사하라가 서서히 건조 지역으로 변하기 시작했고, 결국 약 3,000년 전에는 사막으로 바뀌어 버렸다. 그 후부터 사하라에는 더 이상 사람이 살 수 없게 되었다.

학자들은 이렇게 사하라의 기후가 크게 변화한 데에는 지구 자전축 기울기의 변화에 따른 일조량의 변화가 가장 중요한 역할을 한 것으로 보고 있다. 실제로 1만 년 전에는 자전축이 지금보다 더 많이 기울어 있었다. 이로 인한 일조량의 변화와 함께 대기와 지면의 조건이 기후 변화에 크게 영향을 미쳤을 것이다. 뿐만 아니라 학자들은 이러한 지구 자체의 조건과 더불어 원시 인류가 초원에 가축을 사육하면서 초목이 사라져 사막화가 가속되었다고 보고 있다. 실제로 사하라에는 약 6,000년 전부터 가축이 도입되기 시작하여 3,000년 전까지 염소나 양과 같은 가축이 많이 사육되었다는 증거가 있다. 다시 말해 사하라는 푸른 초원 지대였지만 강우량이 많지 않아서 간신히 생태계를 유지할 수 있는 정도였다. 그런데 사람들이 정착해 살면서 많은 수의 가축을 사육함으로써 초원 지대가 황폐해지는 사막화가 가속된 것이다. 비슷한 이유로 오늘날 중국 북부 지역에서도 사막화가 가속되고 있으며, 그 때문에 우리나라로 매년 불어오는 황사의 양이 많아지고 있다. 결국 사하라의 사막화는 인류 최초의 환경 파괴의 결과라고 볼 수 있다.

그런데 1만 2,000년 전 사하라가 초원으로 변해 가던 과정과 비슷한 현상이 현재 부분적으로 나타나고 있다. 즉 지난 20년 동안 사하라 일부 지역에 비가 내려 서서히 녹색화가 진행 중이고, 그 결과 뱀이나 전갈 한 마리도 보이지 않던 곳이 지금은 풀밭으로 변했다. 이와 같이 사하라의 기후는 계속해서 변하고 있으며 이러한 변화 과정을 잘 이해하면 온난화 등에 의한 지구 환경의 미래를 예측하는 데 중요한 단서를 얻을 수 있을 것이다.

학자들은 사하라의 기후 변화가 인류의 진화와 문명의 형성에 큰 영향을 미쳤다고 생각한다. 그들은 사하라의 기후가 좋아서 그곳에 사람이 살고 있었을 때에는 이집트와 메소포타미아에 문명의 흔적이 없다가 사하라가 사막화된 후에 그들 지역에 문명이 형성되었다는 사실에 주목하고 이집트 문명과 메소포타미아 문명을 사하라에 거주하던 선진 문명의 인류 집단이 사막화를 피해 이주하여 건설한 것으로 설명하고 있다. 그렇다면 사하라는 사라진 최초 문명의 발상지인 셈이다. 뿐만 아니라 사하라의 사막화는 사하라를 떠난 인류가 지구상의 여러 곳으로 흩어져 서로 다른 모습의 부족과 민족으로 분리되는 중요한 동기가 되었을 것이다.

파에톤이 제우스의 번개를 맞은 곳은 어디쯤이었을까? 번개는 대류권에서만 발생하는 현상이다. 대류권의 높이는 10킬로미터 정도이므로 파에톤의 고도는 10킬로미터 이하였을 것이다. 제우스는 신들의 왕이었지만 그 힘이 우주에까지는 미치지 못했다.

호박은 어떻게 만들어질까? 여기서 말하는 호박(amber)은 채소가 아니라 노란색의 보석을 말한다. 다이아몬드나 사파이어 등과 같은 보석은 무기물이다. 다시 말해서, 생물이 아닌 지질 활동 등으로 만들어진 것이다. 반면에 진주와 호박도 보석으로 취급되지만 이것들은 생물의 활동으로 만들어진 유기물이다. 진주는 조개의 체내에서 비교적 짧은 시간 내에 만들어지지만, 호박은 주로 침엽수림이 땅속에 매몰된 후 나무에 들어 있던 송진과 같이 끈적끈적한 수액인 레진(resin)이 수백만 년 이상의 긴 시간에 걸쳐 변화하여 만들어진 일종의 화석이다. 대부분의 호박은 나이가 3,000만~1억 년이며, 발견된 것 중에서 가장 오래된 것은 3억 4,000만 년이나 되었다.

벚나무의 레진 레진은 나무의 상처에서 분비되는 매우 끈적거리는 액체다.

레진은 여러 가지 유기물이 혼합된 물질로서 알코올, 아세톤, 휘발유와 같은 유기 용매에 녹는다. 나무에서 유출된 레진은 휘발성 물질이 증발하면 딱딱해진다. 그러나 호박이 되기 위해서는 단순한 농축뿐만 아니라 중합과 같은 화학적 변화도 필요하다. 그러한 과정은 최소한 10만 년 이상에서 수백만 년까지 걸린다. 이렇게 만들어진 호박은 유기 용매에도 잘 녹지 않게 된다. 호박은 유기물로서 평균적인 분자식은 $C_{10}H_{16}O$이다.

호박 속에 갇힌 거미 호박은 나무의 레진이 오랜 기간에 걸쳐 변형된 것이다. 간혹 생물이 그 속에 갇혀 있는 경우도 있다.

호박은 다른 광물성 보석과는 달리 플라스틱과 분간이 어려울 정도로 무르기도 하지만 간혹 곤충, 나뭇잎 등과 같은 생물이 그 안에 갇힌 채로 발견되는 경우도 있어서 고대 생물을 연구하는 데 귀중한 자료가 된다. 영화 〈쥬라기 공원〉에서는 호박 속에 갇힌 모기가 죽기 직전에 빤 공룡의 피를 추출하여 공룡을 부활시켰다.

중합

짧은 유기물 분자들이 일렬로 연결되어 긴 분자가 되는 과정을 말한다. 만들어진 분자는 매우 크며 이를 고분자라고 한다. 예를 들면 단백질은 아미노산의 중합체이고 폴리에틸렌은 에틸렌의 중합체다.

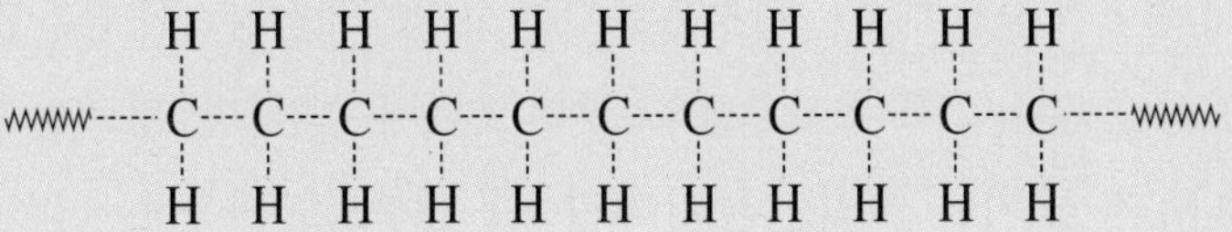

폴리에틸렌의 구조 | 폴리에틸렌은 에틸렌(CH_2)의 중합체다. 즉 여러 개의 에틸렌이 연결된 거대 분자인 것이다.

레진을 많이 분비하는 나무는 소나무와 같은 침엽수이지만 벌들은 포플러 나무의 레진을 더 좋아하는 것 같다. 벌들이 수집한 레진은 벌의 몸에서 분비되는 밀랍과 혼합되어 벌집을 수리할 때 접착제로 사용된다. 레진과 밀랍의 혼합 물질을 프로폴리스(propolis)라고 하는데 레진에는 살균 성분이 포함되어 있어서 민간에서는 프로폴리스를 상처 치료에 사용해 왔다.

파에톤의 누이가 포플러 나무가 되었고 누이들의 눈물, 즉 포플러 나무의 수액이 호박이 되었다는 것은 과학적으로도 가능한 일이다. 다만 옛날 사람들이 어떻게 해서, 호박이 나무의 수액에서 만들어진다는 것을 알아냈는지 궁금할 뿐이다.

추락하는 파에톤의 정체는 무엇일까? | 별똥별은 작은 천체 조각이 지구의 만유인력에 끌려 떨어지는 중에 공기와 마찰하여 연소하는 것이다. 대부분은 지상에 닿기 전에 타서 사라져 버리지만 덩치가 큰 것은 지면에 충돌하기도 한다. 이러한 운석들 중 일부는 숲에 떨어져 산불을 일으키는 경우도 있다. 고대인의 눈에는 이러한 자연현상이 신비하고 인간 이상의 초자연적인 힘이 관여한 것으로 보였을 것이다. 결국 불에 타면서 추락하는 파에톤의 이야기는 제법 규모가 큰 운석이 떨어져 숲을 태우는 광경을 목격한 고대인의 상상력이 만든 것일 가능성이 크다. 그러나 북유럽으로부터 호박이 수입되던 경로가 포플러 나무가 줄 지어 서 있는 론 강(프랑스를 남북으로 관통하는 강)이었기 때문에 이 신화의 기원이 혹시 중부 유럽이 아니었을까 하는 의심이 들게 한다.

해와 달 쏘기

옛날에는 하늘에 해나 달이 지금과는 달리 둘 이상 있었지만 신이 그중에서 몇 개를 활로 쏘아 떨어뜨렸다는 이야기가 우리 신화에도 있다. 그것은 바로 대별이와 소별이의 신화다.

이 세상이 만들어지고 얼마 되지 않았을 때 인간 세상에서는 수명장자라는 못된 인간이 사람들을 괴롭히고 있었다. 이에 하늘을 지배하는 천지왕이 그를 벌하기 위해 인간 세상으로 내려왔다가, 일을 마치고 하늘로 올라가기 전에 총명부인이라는 여자와 인연을 맺게 되었다.

총명부인과 사흘을 지낸 후 천지왕은 떠날 준비를 하며 그녀에게 말했다.

"나는 하늘 세계를 다스려야 하니 하늘로 올라가야 하오. 우리가 맺은 인연으로 아들 둘이 태어날 것이니 이름을 대별이와 소별이라고 지으시오. 그리고 이것은 아들들이 나를 찾아오려면 필요한 것이니 잘 간직해 두도록 하오."

천지왕은 총명부인에게 박 씨 두 개를 주고는 홀연히 하늘로 사라져 버렸다.

천지왕의 말대로 곧이어 아들 쌍둥이가 태어나 총명부인은 그들을 대별이와 소별이라 불렀다. 그렇게 태어난 대별이와 소별이는 어느 누구보다도 총명했다. 총명부인은 처음에는 아이들에게 출신을 숨겼지만 세월이 흘러 아이들이 장성하자 출생의 비밀을 밝히기로 했다.

"이제 너희도 장성했으니 너희들의 출신에 대해 말해 주려고 한다. 너희들의 아버지는 바로 하늘에 계신 천지왕이시다. 그분이 떠나기 전에 너희들이 하늘로 갈 수 있도록 박 씨를 주고 가셨다."

총명부인은 깊숙이 간직하고 있던 박 씨를 내어놓았다.

대별이와 소별이는 그 박 씨를 받아 정성껏 심고 가꾸었다. 그러자 이내 싹이 터서 무서운 속도로 자라기 시작하더니 박덩굴이 마침내 구름을 뚫고 하늘 끝까지 올라갔다. 대별이와 소별이는 어머니에게 하직 인사를 올리고 덩굴을 하나씩 붙잡고 하늘로 올라갔고, 한참을 오른 뒤에야 마침내 하늘의 궁전에 도착하여 천지왕을 만나게 되었다.

천지왕은 신하를 시켜, 삼천 근이나 되는 무쇠로 만든 활과 화살을 가져오게 했다.

"너희들이 내 자식인지 스스로 증명해야 한다. 지금 인간 세상에는 해와 달이 두 개씩 있어 낮에는 너무 뜨겁고 밤에는 너무 춥다고 한다. 너희들이 그 활로 해와 달 하나씩을 떨어뜨리도록 해라."

이에 대별이와 소별이는 인간 세상으로 내려와 동쪽 바닷가로 갔다. 첫 번째 해가 중천에 떴을 때 두 번째 해가 떠오르기 시작했다. 먼저 대별이가 활을 힘껏 당겨 뜨고 있는 해를 쏘았다. 화살은 해의 중앙에 명중하여 해를 산산조각 냈다. 조각난 해는 동쪽 하늘의 별들이 되었다. 다음은 소별이 차례였다. 소별이가 서산으로 넘어가는 달 하나를 쏘자 역시 달은 산산조각 나서 서쪽 하늘의 별들이 되었다. 천지왕은 마침내 대별이와 소별이를 아들로 인정하고 각각 저승과 이승을 다스리는 대별왕과 소별왕으로 임명했다.

이와 같이 대별왕과 소별왕의 신화에서도 해와 달이 복수로 나타났으며 신들이 활을 쏘아 하나씩 떨어뜨렸다. 이 과정에서 태양과 달의 파편이 별이 되었다고 한다.

별들은 쌍으로 만들어졌을까?

하늘에 있는 별들의 3분의 1 정도가 둘 이상의 집단으로 존재하는 것으로 추정된다. 그러나 별의 종류에 따라 쌍성 혹은 단체로 존재하는 비율이 다르다. 예를 들어 태양과 비슷한 별들의 경우, 그 비율은 57 % 정도에 이른다.

쌍성은 역학적으로 서로 상대방을 구속하여 안정된 궤도를 유지하고 있는 두 별을 말한다. 별이 쌍성을 이루는 가장 큰 이유는 성간 물질에서 여러 개의 별들이 한꺼번에 생성되었기 때문이다.

쌍성의 두 별은 질량 중심이라고 하는 두 별 사이의 특별한 점을 중심으로 돌고 있으므로 보는 방향에 따라 한 별이 다른 한 별을 가리기

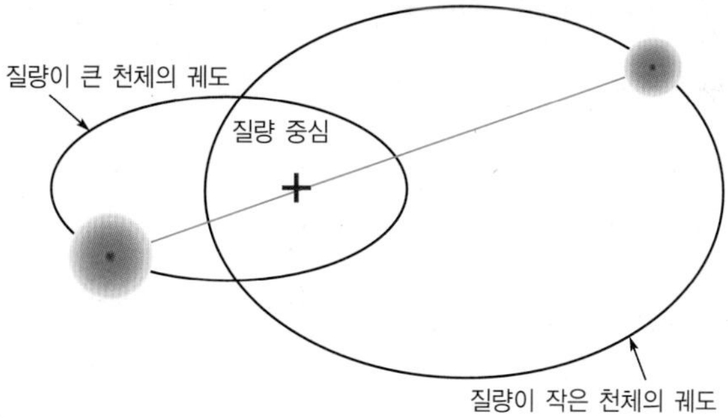

쌍성 두 개의 천체가 역학적으로 결합되어 공통의 중심(질량 중심) 주위로 돌고 있는 것을 말한다.

도 한다. 그 때문에 밝기가 변하고 이를 이용해 쌍성의 존재를 확인할 수도 있다.

삼천 근이면 어느 정도 무거울까? | 1근은 600그램중의 무게에 해당하므로 3,000근이면 무려 1,800킬로그램중, 즉 1.8톤이다. 이 정도면 우주로 쏘아 보내는 로켓의 무게에 비교될 정도다. 로켓은 화학 연료를 사용하여 발사되지만 아무리 신이라고 해도 그렇게 무거운 화살을 탈출 속도로 쏘아 대기는 쉽지 않은 일이다. 그렇다고 하더라도 화살의 질량 1,800킬로그램은 태양의 질량 2×10^{30}킬로그램에 비하면 아무것도 아니다. 설령 그러한 화살이 태양에 명중하더라도 태양이 파괴될 것 같지는 않아 보인다.

달이 두 개면 더 추워질까? | 태양이나 달과 같은 천체의 밝기는 관례적으로 밝기 등급을 사용하여 표시한다. 밝기 등급은 수천 년 전 고대 그리스의 히파르코스[35]가 고안한 것이다. 그는 눈으로 볼 수 있는 별들 중에서 가장 밝은 것을 1등급, 가장 어두운 것을 6등급으로 정했다. 오늘날에는 관측 기술의 발달로 아주 어두운 별도 관측할 수 있으므로 밝기 등급을 보다 엄밀하게 정하고 있다. 그 규정에 따르면 한 등급의 차이는 실제 밝기로 2.512배다. 예를 들어 태양과 보름달은 각각 −26.7, −12.7등급이므로 차이는 14등급이다. 따라서 태양은 보

35) Hipparchus(B.C. 190~B.C. 120). 그리스의 천문학자이자 지리학자 겸 수학자.

름달보다 2.512를 14번 곱한 수인 약 40만 배만큼 밝다.

달이 아무리 어두워도 한 개가 비추는 것보다는 두 개가 비추는 것이 더 밝고 에너지도 크다. 그러나 에너지로 따진다면, 태양 상수, 즉 지표면 1제곱미터의 넓이에 도달하는 태양광 에너지는 1,370와트인 반면, 이에 대응하는 월광 에너지는 1제곱미터당 1밀리와트 정도로 태양 상수의 백만분의 1 이하다. 이와 같이 월광 에너지는 태양광 에너지에 비해 매우 작아서 몇 개로 비추든 지구의 기온을 올리기에는 역부족이다. 이렇게 달빛에 의한 효과가 미미하다 보니 옛날 사람들은 달의 숫자가 많을수록 더 춥다고 생각한 것이다.

별은 다른 천체의 파편으로 만들어질까? 연구 결과에 의하면, 현재 우리에게 빛을 보내고 있는 별의 내부에는 여러 가지 원소가 존재한다. 주성분은 수소와 헬륨이지만 탄소, 산소, 네온, 철 등도 있다. 그런데 우주가 생성되었을 때에는 수소와 헬륨만이 존재했다. 따라서 제1세대 별들은 이 수소와 헬륨이 농축되어 이루어졌을 것이다. 그러나 별 내부의 핵융합 과정에 의해 철과 그보다 가벼운 원소들이 새롭게 만들어졌다.

아주 무거운 원소는 무거운 별이 갑자기 밝아지는 초신성이 되는 과정에서 합성되고 그와 동시에 생성된 원소들은 폭발에 의해 우주 공간으로 흩어진다. 그러면 우주에 처음부터 존재한 수소와 헬륨, 그리고 폭발에 의해 뿌려진 무거운 원소들을 재료로 하여 다음 세대의 별이 만들어진다. 결국 별이 다른 별을 재료로 하여 만들어지는 것은 사실이다.

해와 경주한 신

중국 신화에서 과보는 몸집이 거대한 신이었다. 그는 누런 뱀을 한 마리씩 양쪽 귀에 걸고 양쪽 손에도 쥐고 다녔는데, 그에게 뱀은 일종의 액세서리 같은 것이었다. 어느 날 과보는 해가 뜨고 지는 것을 보면서 이런 생각을 하게 되었다.

해와 달리기를 하는 과보 과보는 몸집이 거대한 신으로, 해와 달리기 하다가 지쳐서 죽었다. 사진은 허난 성 자오쭤 시에 있는 조각상이다.

"하루 종일 달려서 저녁 때 저쪽 언덕까지 갈 정도면 별로 빠른 것도 아니잖아. 누가 빠른지 시합 한번 해볼까?"

마침내 과보는 해와 달리기를 시작했다. 그는 큰 걸음으로 산과 들을 성큼성큼 건너 해를 쫓아갔다. 한참을 달리자 목이 말랐지만 참고 달렸다. 그러나 어느 순간이 되자 목이 타서 더 이상 경주를 할 수 없을 정도가 되었다.

"에이, 경주는 다음에 하고 물이나 마시자."

달리는 것을 멈추고 좌우를 둘러보니

황허 강과 웨이수이[36] 강이 도랑물처럼 흐르고 있었다. 그는 벌컥벌컥 두 강물을 모두 마셔 버렸다. 그러나 두 강물도 거인 과보의 갈증을 채우기에는 모자랐다.

"갈증만 간신히 면했구나. 물이 더 필요해."

과보는 머나먼 북쪽에 있는 대택[37]이라는 큰 호수가 생각났다. 그는 북쪽으로 발길을 옮겼다. 그러나 그곳까지는 너무나 멀었다. 결국 과보는 대택에 이르기도 전에 갈증을 이기지 못하고 그만 죽고 말았다.

과보가 쓰러진 곳에서는 거대한 복숭아나무 숲이 생겨 났는데 바로 그의 지팡이가 자란 것이다. 지금도 그는 복숭아나무 뿌리를 통해 원하던 물을 실컷 빨아 마시고 있다고 한다.

태양을 따라잡으려면 얼마나 빨라야 할까? | 태양이 동쪽에서 떴다가 서쪽으로 지는 것처럼 보이는 것은 태양이 지구 둘레를 돌고 있기 때문이 아니라 지구가 팽이처럼 자전을 하고 있기 때문이다. 따라서 만일 과보가 지구의 자전 방향과 반대 방향(동→서)으로 자전 속력과 똑같이 지구 주위를 돈다면 태양은 마치 정지해 있는 것처럼 보이게 될 것이다.

지구의 자전 주기는 하루 24시간이다. 지구를 공처럼 둥근 것으로 생각하면 적도의 둘레는 4만 192킬로미터다. 만일 과보가 적도를 따

---

36) 황허 강의 지류 중 하나.

37) 러시아의 바이칼 호수로 추정된다.

마하수

음속(초당 340미터)을 마하 1이라고 한다. 이와 같이 물체의 운동 속력을 음속의 배수로 나타낸 것이 '마하수'이며, 음속보다 빠른 경우, 즉 마하수가 1 이상인 경우를 '초음속'이라고 한다. 물체가 음속을 돌파할 때는 충격파가 발생하여 큰 소리가 난다.

초음속에 의한 충격파 | F-18 전투기가 초음속을 돌파하는 순간, 충격파(압력의 파동)가 발생하여 구름이 형성되고 있다.

라 뛰었다면 그 속력이 시속 1,674.7킬로미터여야만 해와 동일하게 달릴 수 있다. 이는 마하 1.36의 초음속에 해당한다. 그렇게 빨리 달렸으니 당연히 기운이 빠져 죽었을 것이다. 적도가 아니라 중위도 지방이었더라면 달려야 할 둘레가 작기 때문에 과보는 초음속으로까지 달릴 필요는 없었을 것이다. 예를 들어 위도 45도인 곳에서는 마하 0.96의 속력으로 달리면 되는데, 하지만 그 또한 엄청난 속도다.

과보의 이야기가 우리에게 전하는 것은 무엇일까? | 사람들에게 하루라는 시간은 제법 길게 느껴진다. 따라서 동에서 서로 움직이는 태양을 그리 빠르지 않은 것으로 여겨, 간혹 태양과 경주를 하려

는 충동을 느낀 엉뚱한 사람들이 있었을 것이다. 그러나 위의 계산 결과와 같이 빠른 비행기라면 몰라도 단순히 뛰어서는 태양을 따라갈 수 없음을 알게 된다. 과보의 이야기는 아마도 실제로 태양과 경주를 벌린 용맹한 몇 사람의 체험담을 바탕으로 인간이 감당할 수 있는 일의 한계에 대해 이야기한 것 같다. 현대 중국인은 자신을 과대평가하는 사람을 과보에 비유한다고 한다.

주제는 다르지만 북유럽의 창조 신화에 태양이나 달을 따라 잡으려는 이야기가 있다. 스콜과 하티라고 하는 늑대들이 태양과 달을 붙잡으려 평생 그들 뒤를 따라 달렸다. 때로는 늑대들이 성공하여 태양이나 달을 무는 일이 있었는데 이를 일식과 월식의 원인으로 여겼다. 늑대들은 하늘에서 태양과 달을 따라 다녔기 때문에 지상에서보다 더 빠르게 움직였어야 했을 것이다.

자라는 신

대부분의 신화에는 창세, 즉 세상을 만드는 과정이 포함되어 있다. 그러한 창세 신화에 따르면, 옛날 사람들은 아주 먼 과거의 어느 날 우주가 신비스러운 과정으로 만들어졌으며 그 후 계속해서 변화해 왔다고 생각했던 것 같다. 예를 들어 중국 신화에서는 반고라는 거인이 자라면서 하늘을 밀어 올려 우주가 커졌고 그의 몸은 우주의 물질적 재료가 되었다고 한다.

현재의 모습으로 만들어지기 이전에 세상은 무엇인지 모를 정도로 뒤죽박죽 혼란한 상태였으나 모양은 마치 달걀과 같았다. 그리고 그 속에서 반고가 자고 있었다. 1만 8,000년이 지난 후 마침내 반고가 깨어났다.

"어~ 잘 잤다. 1만 8,000년이나 자 버렸네. 이제 슬슬 일어나 볼까?"

반고가 긴 잠에서 깨어난 이 사건을 천지개벽이라고 하는데 그때부터 반고가 이 세상을 만들기 시작했다고 보기 때문이다. 천지가 개벽할 때 맑고 가벼운 양기는 위로 올라가 하늘이 되었고, 탁하고 무거운 음기는 아래로 내려가 땅이 되었다.

반고는 하루에 한 장(약 3미터)씩 성장하기 시작했다. 그러다 보니 살고 있던 세상이 너무 작아졌다. 그는 키가 자라는 만큼 하늘을 밀어 올렸다. 그래서 하늘도 날마다 한 장씩 높아지고 반대로 땅은 한 장씩 두꺼워졌다. 이러기를 1만 8,000년, 어느 덧 하늘은 끝이 보이지 않을 정도로 높아졌고 땅은 끝없이 깊어지게 되었다.

반고 중국 신화의 창조신으로 그의 성장으로 우주가 커졌고 그의 신체는 우주의 물질적 근원이 되었다.

그리고 자연물도 반고가 창조했다. 즉 반고의 숨결은 바람과 구름이 되었고, 목소리는 천둥이 되었다. 태어난 지 수만 년이 지나자 반고도 늙어 갔다. 노쇠해진 반고는 마침내 쓰러져 죽고 말았다. 반고가 죽자 눈은 해와 달, 손과 발은 산, 피는 강물과 바다, 살은 논과 밭, 머리털과 수염은 별, 몸에 난 털은 초목, 치아와 뼈는 광물과 보석이 되었다.

반고와 같은 신에 의한 우주의 창조는 이집트 신화에서도 찾아볼 수 있다. 즉 혼돈으로부터 무엇인가 정리된 것이 나타나고, 그로부터 우주가 만들어지며 작았던 우주가 점점 커지는 것이다. 그러나 혼돈의 본질은 서로 다르다. 중국 신화에서는 달걀과 같은 무엇이 창조의 원점이었지만, 이집트 신화에서는 보다 구체적으로 물이 창조의 원점으로 나타난다.

이집트 신화에서, 우주가 존재하기 이전에는 어둠 속에서 끝이 없는 혼돈의 물인 눈(Nun)만이 존재했다. 눈으로부터 세상의 창조주인 아툼이 나왔다. 아툼은 눈의 어둠으로부터 나온 빛이며 우주의 기본으로

누트를 들어 올리는 슈 공기의 신 슈가 하늘의 여신 누트를 들어 올려 공간을 만들고 있다.

서 최고의 권위와 힘을 소유하고 있었다. 아툼이 창조주였으므로 아툼 이전에는 하늘이나 땅이 존재하지 않았다.

아툼은 매일 일해서 태양, 달, 별, 도시를 창조했다. 그가 흘린 땀이 신이 되고, 그의 눈물로부터 인간이 나왔다. 마지막으로 지구의 동식물은 단순히 아툼이 그 이름을 부름으로써 만들어졌다.

아툼이 스스로 공기의 신 슈와 습기의 신 테프누트를 낳았고, 이들 두 신은 하늘의 여신 누트와 대지의 신 게브를 낳았다. 그런데 누트와 게브는 서로 사랑하여 항상 꼭 껴안고 있었기 때문에 아툼이 나무와 산을 만들 공간이 없었다. 그래서 아툼은 슈에게 명령했다.

"게브와 누트 사이에 들어가서 누트를 들어 올리도록 해라."

슈가 누트를 들어 올려 공간이 생기자 아툼이 만든 피조물들이 자리를 잡을 수 있게 되었다.

이집트 창조 신화의 특징 중 하나는 하늘이 여성, 땅이 남성으로 표현되는 점이다. 다른 지방의 신화에서는 이를 찾아보기가 힘들다.

우주는 점점 커져 왔을까?

우리와 가까이 있는 자연은 끊임없이 변화하고 있지만 밤하늘을 관측해 보면 어제와 오늘이 다르지 않다. 우주는 마치 적막에 싸여 전혀 변화가 없는 것처럼 보인다. 그럼에도 불구하고 중국 신화와 이집트 신화에서 보듯이 옛날 사람들은 우주가 처음에는 작았으나 점점 커져 왔다고 생각했다. 옛날 사람들이 이렇게 우주가 먼 과거의 어느 순간에 창조되어 꾸준하게 변화해 왔다고 생각을 한 것은 뜻밖이다.

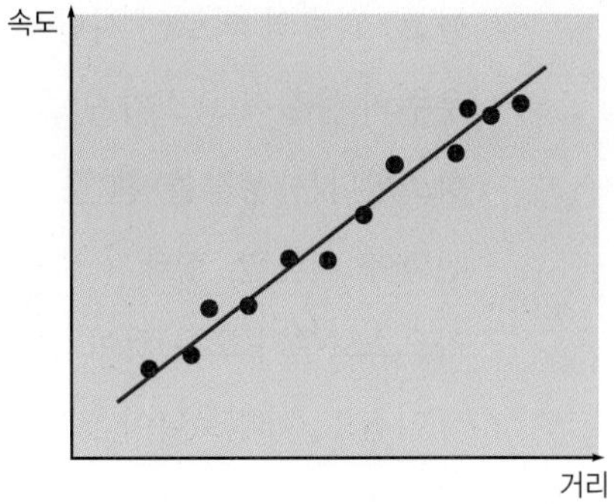

허블의 법칙 은하의 후퇴 속도와 거리는 비례한다.

현대 천문학의 발전과 함께, 옛날 사람들의 생각이 옳다는 사실이 입증되었다. 바로 1929년 허블[38]의 관측 결과에 의해서다. 허블은 먼 은하가 내는 빛을 분석하여, 모든 은하들이 서로 후퇴하며 그 후퇴 속도는 거리에 비례한다는 사실을 발견했다. 즉 두 배 멀리 있는 두 은하는 두 배 빨리 멀어져 가고 있다는 것이다. 이를 '허블의 법칙'이라고 하며 이것은 현대 천문학의 기초가 되었다.

허블의 법칙은 우주가 팽창하고 있다는 사실을 말해 주고 있다. 결국 옛날 사람들이 생각한 것처럼 우주는 점점 커져 온 것이다.

처음에 우주는 혼돈 상태였을까?

물을 창조의 원점으로 본 사람들은 고대 이집트 인뿐만 아니라 고대 바빌로니아 인도 있다. 그들은 각각 혼돈의 물인 눈과 티아마트의 존재를 가정했다. 눈의 후손인 아툼은 자신의 체액으로 신과 인간, 동식물을 창조했고, 티아마트의 후손인 마르두크는 티아마트의 몸을 두 조각 내어 땅과 하늘을 만

38) Edwin Hubble(1889~1953). 미국의 천문학자.

들고, 괴물의 피로는 사람을 만들었다. 중국 신화에서 반고의 몸으로 우주의 물질적 요소가 만들어진 것과 유사하다. 혼돈으로부터 무엇을 창조한다는 생각을 한 것은 고대 그리스 인도 마찬가지였다. 그리스 신화에 의하면, 형태가 없는 혼돈의 공간인 카오스가 존재했으며 이 카오스로부터 모든 것이 창조되었다고 한다.

이집트, 바빌로니아, 그리스, 중국의 신화에서, 창조의 원점은 다르지만 상태는 공통적으로 혼돈이다. 혼돈이란 완전한 무질서 상태를 말한다. 과연 우주에는 원점이 있었으며 그 상태는 혼돈이었을까?

계속 커져 가는 물체를 촬영한 동영상을 거꾸로 돌리면 어떻게 보일까? 큰 물체가 점점 작아지다가 마침내는 점으로 보일 것이다. 이와 마찬가지로 우주가 계속 팽창해 왔다면 과거 어느 시점에서는 크기가 없는 순간이 존재했을 것이다. 즉 무한히 작은 씨와 같은 것이 팽창을 시작하여 현재와 같이 엄청나게 큰 우주가 된 것이다.

지금 우리의 우주는 공간과 그 공간 속에 존재하는 많은 물질로 구성되어 있다. 물질로는 우리 주위에 보이는 작은 먼지에서부터 지구, 태양, 별, 은하 등 셀 수 없이 많은 것들이 있다. 만일 과거의 어느 한 순간에 우주의 크기가 점과 같이 작았다면 그렇게 엄청난 양의 물질도 그 속에서 상상할 수 없을 정도의 고농도로 압축되어 있었을 것이다. 당연히 그러한 우주의 상태를 지금과 같다고 볼 수는 없다.

현존하는 물질은 모두 우리가 잘 알고 있는 구성단위들로 만들어져 있다. 예를 들어 물질은 원자로 이루어져 있고 원자는 전자와 원자핵으로, 원자핵은 양성자와 중성자로, 양성자와 중성자는 그보다 작은 쿼크(quark)라는 기본적인 입자들로 구성되어 있다. 그러나 무한히 작은 점과 같은 크기의 공간에 우주의 모든 물질이 집중된다면 그 밀도는 무한대에 가깝다. 그러면 그 물질의 상태에 대해 말해 주는 물리학의 법칙은 존재하지 않는다. 즉 우리는 그 물질의 본성을 알 수 있는 도구를 가지고 있지 않은 것이다. 따라서 그러한 물질의 상태를 혼돈이라고 부를 수밖에 없을 것이다.

우주의 물질은 언제 어떻게 생성되었을까?

이집트 신화의 아툼은 자신의 체액으로 물질을 창조했지만 반고는 자신의 몸으로 우주의 물질을 창조했다. 그런 면에서 반고가 보다 현실적이라고 할 수 있다.

우주의 팽창이나 물질의 변화와 같은 우주의 진화 과정을 설명하는 이론을 '우주론' 이라고 한다. 즉 우주론은 우주가 어떻게 태어나서 어떤 방식으로 변화해 나가고 있는지에 대해 알려 주는 이론이다. 아인슈타인의 상대성 이론, 입자 물리학 등을 기초로 한 현대 우주론에 따르면, 우리의 우주는 점과 같은 크기로 약 140억 년 전의 빅뱅(big bang), 즉 대폭발과 함께 시작되었다고 한다. 빅뱅으로 태어난 우주는 처음에는 그 크기가 점에 불과했으나 그동안 점점 커져 왔으며 지금도 커지고 있다. 빅뱅 이전에 극도로 압축되어 있던 물질도 우주의 팽창과 더불어 변화해 왔다.

빅뱅은 일종의 폭발과 같아서 물질 입자에는 무한에 가까운 속도를 주고 엄청난 에너지의 빛을 창조했다. 그와 동시에 우주는 팽창을 시작했다. 팽창하는 우주에서 입자들과 빛의 에너지는 점점 감소한다. 즉 우주의 온도가 내려가는 것이다. 어느 정도 시간이 경과했을 때 현존하는 기본 입자, 즉 더 이상 쪼개지지 않는 물질의 구성단위들이 생성되었다. 그리하여 한동안 우주에서는 기본 입자들과 빛이 뒤섞인 채로 존재했다.

빅뱅 후 약 3분이 경과하자 현재 우주의 기본적인 원소인 수소와 헬륨의 원자핵이 만들어졌다. 어느 정도 물질적인 면에서 정리가 되기 시작한 것이다. 당시 우주의 온도를 고려하면 이때 만들어진 헬륨의 존재비는 25 % 정도로 추산되며 이는 측정값과 거의 같다.

그래도 우주는 뜨거웠다. 우주에는 전자가 널려 있었으나 원자핵은 전자를 붙들어 원자가 될 수 없었다. 왜냐하면 큰 에너지의 빛이 충돌하면 원자와 같은 복잡한 구조의 물질은 생성되자마자 산산이 부서지기 때문이다. 결과적으로 우주에 돌아다니는 입자들 대부분이 전기를 띠고 있었다. 그 때문에 빛, 즉 전자기파는 멀리 갈 수 없었다. 전자기파는 전기를 띤 입자와 쉽게 상호작용을 하기 때문이다.

헬륨의 존재비

빅뱅과 함께 원시 우주에서 합성된 원소는 수소와 헬륨이 거의 전부였다. 이들보다 더 무거운 원소는 별이 형성되고 난 뒤에 별의 내부와 초신성의 생성 과정에서 합성되었다. 원시 우주에서 합성된 가벼운 원소의 양은 당시 우주의 상태와 관련이 있으므로 이론적으로 이들 원소의 상대적인 양을 예측할 수 있다. 계산에 의하면 헬륨의 존재비, 즉 수소의 질량에 대한 헬륨의 질량은 대략 25 % 정도로 추정된다.
다른 무거운 원소와는 달리 헬륨이 별에 의해 생성된 것이 아니라 빅뱅의 직접적인 생성물이었다는 증거는 우주의 어느 곳을 관측하더라도 헬륨의 존재비가 약 25 %로 일정하다는 점이다. 심지어 별과 가까운 곳에서도 이 값은 크게 달라지지 않는다. 별의 연료가 수소이고 핵융합 반응 후의 산물이 헬륨이기 때문에 우주의 헬륨이 주로 별에 의해 생성된 것으로 오해할 수도 있지만 사실은 그렇지 않다.

30만 년이 경과하자 우주의 온도가 상당히 내려갔다. 마침내 원자핵은 전자를 붙들어 중성 원자, 즉 수소와 헬륨 원자가 되었고, 전자기파는 마음대로 우주를 돌아다닐 수 있게 되었다. 우주의 팽창은 계속되었고 그로 인해 전자기파의 에너지도 계속 감소하여 파장이 길어지고 있었다. 그리하여 140억 년이 지난 오늘날, 우주 초창기에 만들어졌던 강력한 전자기파는 섭씨 −272.42도의 차가운 물체에서 나오는 전자기파처럼 아주 긴 파장의 형편없이 미약한 전자기파가 되었다. 이 전자기파는 오늘날 우주 배경 복사로 관측되고 있다.

우주는 팽창을 멈출까?

반고는 어느 시점에서 하늘을 들어 올리는 것을 중단했다. 이와 같이 우주의 팽창도 언젠가는 중지될까?

우주 배경 복사

일반적으로 전자기파는 광원에서 나온다. 예를 들어 태양빛은 태양에서 나오고 TV 전파는 방송국의 안테나에서 나온다. 그런데 우주 모든 곳에는 딱히 어느 특정한 곳에서 오는 것이 아니라 모든 방향에서 오고 있는 전자기파가 존재한다. 그 때문에 이를 '배경'이라는 수식어를 붙여 '우주 배경 복사'라고 한다.

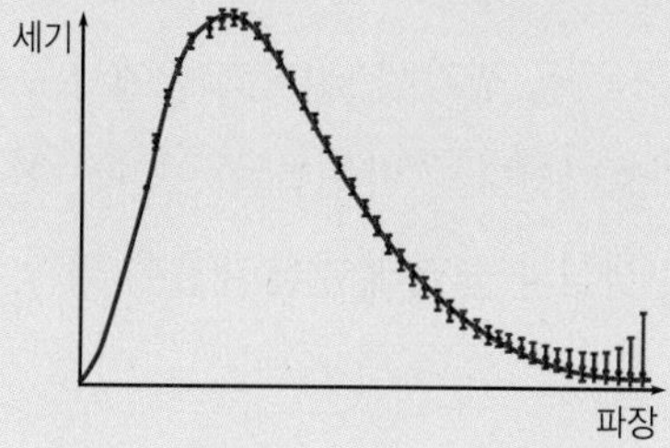

우주 배경 복사의 스펙트럼 | 수신된 배경 복사의 스펙트럼(점)은 섭씨 −272.42도의 물체에서 방출되는 전자기파의 스펙트럼(곡선)과 놀라운 정밀도로 일치한다. 스펙트럼은 전자기파의 세기를 파장별로 분석한 것이다.

현재 우주가 팽창하고 있다는 데 이의를 제기하는 사람은 별로 없다. 그만큼 빅뱅 우주론이 여러 가지 관측 자료에 의해 뒷받침되고 있는 것이다. 그러나 이론적으로 우주의 팽창이 영구히 지속될 것인가에 대해서는 통일된 견해가 없다. 우주의 팽창 지속 여부는 현재의 팽창 속도와 우주 내에 존재하는 물질의 양이 결정하는데 그들에 대한 관측 자료가 정확하지 못하기 때문이다.

하늘을 향해 쏘아 올린 물체가 지구로 되돌아오는지의 여부는 얼마나 빠르게 물체를 쏘아 올렸는지와 지구의 만유인력이 얼마나 세게 물체에 작용하는지에 달려 있다. 즉 물체의 속력이 크고 지구의 만유인력이 약하면 물체는 지구에서 영원히 멀어지지만, 물체의 속력이 작고 만유인력이 세면 물체는 다시 지구로 떨어지게 될 것이다.

이와 마찬가지로 우주에 물질이 충분하지 않다면 빅뱅에 의한 팽창은 영구히 지속되겠지만, 우주에 많은 물질이 존재한다면 팽창은 언젠가 중지될 것이다. 그러면 우주는 빅뱅 원점을 향해 다시 수축하게 될 것이다. 그러나 관측에 근거한 현재 천문학계의 주류 견해는 가속 팽창, 즉 팽창의 속도가 점점 빨라지고 있다는 것이다.

우주 팽창의 지속 여부에 대해 현대인이 확실한 답을 갖고 있지 못한 반면, 고대 인도인은 이미 오래전에 이 문제에 대한 해답을 얻었던 것 같다.

고대 인도인은 셀 수 없이 많은 신들을 생각해 냈다. 그중에서 우주 창조의 역할을 담당하는 신이 브라흐마였다. 《마누법전》이라는 힌두교의 경전에는 다음과 같이 우주의 생성과 소멸에 대한 내용이 있다.

"브라흐마가 잠에서 깰 때 모든 세상도 다시 의식을 차리고 그가 잠이 들면 모든 세상도 눈을 감는다. 이렇게 하여 브라흐마가 모든 생물과 무생물을 깨어나게 하고 다시 잠들게 하여 소멸시키는 것이다.”

이와 같이 고대 인도인은 브라흐마가 잠에서 깨어나고 다시 잠드는 것에 의해 우주의 창조와 파괴가 반복되는 것으로 보았다.

같은 경전에 시간의 길이에 대한 언급이 있다.

“이제 창조자 브라흐마의 하루와 시간의 단위에 대해 들어 보라. 인간의 1년은 신의 하루다. 신들의 시간 단위를 유가라고 하며, 우주의 여명기인 4,800년간의 크리타 유가 이후 3,600년의 트레타 유가, 2,400년의 드와파라 유가가 있고, 마지막 파멸의 시대인 1,200년의 칼리 유가가 있다.

이렇게 해서 네 유가 1만 2,000년이 1마하 유가이고, 1,000마하 유가가 브라흐마의 낮이요, 또 그만큼의 유가가 브라흐마의 밤이다.”

신화의 내용에 따르면, 각각 1,000마하 유가의 낮과 밤, 즉 2,000마하 유가가 브라흐마의 하루다. 신의 1년이 인간의 360년이고 1마하 유가가 신의 햇수로 1만 2,000년임을 이용하면, 2,000마하 유가는 인간의 햇수로 $12,000 \times 2,000 \times 360 = 8,640,000,000$년이다. 즉 고대 인도인은 86억 4,000만 년을 주기로 우주의 생성과 파괴가 반복된다고 보았던 것이다.

빅뱅 우주론으로 말하자면, 고대 인도인이 생각한 우주는 진동 우주

브라흐마 창조자 브라흐마는 유지자 비슈뉴, 파괴자 시바와 함께 힌두교의 가장 중요한 세 신 중 하나다.

로, 팽창과 수축을 반복한다. 이 우주에는 물질이 충분하여 빅뱅에 의해 팽창하던 우주는 어느 시점이 되면 스스로의 만유인력에 의해 팽창을 중지하고 수축을 시작한다. 결국 빅뱅 직전의 상태로 되돌아와서 또다시 새로운 빅뱅을 일으키며 이를 무한히 반복하는 것이다. 그러나 현대 천문학으로 계산하면 현재 우주의 나이는 140억 년 정도이고 지금도 계속 팽창을 하고 있다. 따라서 고대 인도인이 생각한 우주의 팽창 기간 43억 2,000만 년과는 상당한 차이가 있을 뿐만 아니라 우주는 영원히 팽창할 것으로 보이기까지 한다. 그러나 우주 진화의 역사를 정확히 알지 못하기 때문에 140억 년이라고 하는 우주의 나이가 반드시 옳다고 볼 수 없으며, 우주의 팽창이 영구히 지속될 것이라고 단언할 수도 없다.

기울어진 하늘

중국 신화에서 전욱은 황제의 자손이었고 공공은 염제의 자손이었다. 두 집안은 조상 대대로 원수같이 지냈는데, 공공은 전욱이 별 능력이 없음에도 조상 덕으로 중국의 대부분을 지배하고 있는 것이 늘 불만이었다. 마침내 중국을 통차지하기 위해 공공은 전욱을 상대로 전쟁을 일으켰다. 양국은 일진일퇴의 접전을 거듭하다가 부주산에서 최후의 결전을 벌이게 되었다. 부주산은 하늘을 떠받치고 있는 거대한 기둥이었다.

아침부터 시작한 전투는 오후쯤 승패가 서서히 드러나기 시작했다. 공공의 군대가 전욱의 군대에 밀리기 시작했던 것이다.

"아니 이럴 수가! 전욱이 나보다 강하단 말이냐!"

공공은 아무리 생각해 보아도 전욱이 자신보다 나은 점을 찾을 수 없었다. 때문에 지금의 패배를 인정할 수 없었다. 그러나 눈앞에서는 아군이 밀리고 있었다. 공공은 무능한 전욱을 쫓아내고 자신이 중국을 지배하려던 일생일대의 계획이 실패로 돌아갔다는 사실과, 자신에게 패배를 안겨 준 상대가 다름 아닌 전욱이라는 데 자존심이 크게 상했다.

"내가 그자보다 못한 것이 무엇이란 말이냐! 도망가서 비굴하게 사느니 차라리 죽자. 그러나 무의미하게 죽을 수는 없다!"

곰곰이 생각하던 공공은 벌떡 일어나, 온몸의 힘을 모아 부주산으로 돌진했다.

와지끈!

공공이 머리로 부주산을 들이받은 것이다. 땅이 요란하게 흔들렸고, 놀란 사람들이 밖으로 뛰쳐나와 보니 하늘을 받치고 있던 부주산이 무너지고 있었다.

"큰일 났다!"

하늘이 무너지고 있으니 도망갈 곳도 없었다.

사람들이 공포에 떨고 있을 때 다행히 여와가 나타났다.

"부주산이 무너졌구나. 새 기둥이 필요해."

새 기둥을 찾기 위해 주위를 살피던 여와는 마침 그곳을 지나가던 자라 한 마리를 발견했다.

"옳지, 자라의 다리를 쓰면 되겠구나."

공공의 최후 전욱과의 전쟁에서 패한 공공은 하늘을 받치고 있던 부주산을 들이받았다. 사진은 쓰촨 성 더양 시에 있는 조각이다.

여와는 자라의 네 다리를 잘라 무너진 기둥을 대체했다. 그런데 짧은 다리를 서쪽에 받치는 바람에 하늘은 서쪽으로 기울었고, 그 바람에 모두 서쪽으로 미끄러지는 현상이 생겼다. 한편 공공이 부주산을 들이받은 충격으로 하늘의 여기저기에 구멍이 났는데 여와가 오색 돌을 달구어 구멍을 메웠고, 그 돌들이 모두 별이 되었다.

별이 미끄러진다는 생각은 과학적일까? 비는 아래로만 떨어지고, 산 위에 있는 돌도 아래로만 구른다. 이와 같이 지표 근처에 있는 물체는 모두 낮은 곳으로 운동하려 한다. 우리는 이러한 현상을 매일 보고 있지만 이를 지구와 물체 사이에 작용하는 만유인력 때문이라고 생각하지는 않는다. 아마 옛날 사람들도 그러한 현상을 일상적으로 보고 특별한 의미를 부여하지는 않았을 것이다. 그러나 18세기의 뉴턴은 예외였다. 일설에는 그가 사과가 떨어지는 것을 보고 지구와 물체 사이에 잡아당기는 힘이 존재한다는 것을 알았다고 하는데, 비단 아래로 떨어지는 것이 사과뿐이었을까?

뉴턴 이전에도 지구가 물체를 잡아당긴다는 것을 느낀 사람이 있었을 것이다. 그러나 뉴턴이 위대한 것은 거기에서 그친 것이 아니라 지구와 물체 사이에 작용하는 힘이 동일한 방법으로 천체, 즉 하늘에 있는 별들 사이에도 작용한다는 사실을 깨달았다는 데 있다. 천체는 규모도 크고 사람이 우주로 나갈 수도 없기 때문에, 지구와 달 혹은 지구와 태양 사이에 그러한 힘이 존재한다는 사실을 입증하는 것은 불가능하다. 그럼에도 불구하고 뉴턴은 천재적인 영감으로 지구뿐만 아니라 우주에 있는 모든 물체에 적용되는 보다 일반적인 만유인력의 법칙을 발견해 냈다.

뜨거운 돌로 하늘을 메우고 있는 여와 전욱과 공공의 싸움으로 하늘에 구멍이 나자 여와는 그 구멍을 뜨거운 오색 돌로 메웠다고 한다. 이 상은 광둥 성 선전 시에 있는 여와의 상이다.

뉴턴이 그러한 발견을 한 데에는 행운도 있었다. 뉴턴의 생존 당시 유럽에는 이미 지구가 둥글다는 사실이 알려져 있었다. 구는 크기가 유한하고 중심도 있다. 따라서 뉴턴은 만유인력의 법칙에 필수적인 천체 사이의 거리나 질량 등의 개념을 쉽게 생각해 낼 수 있었을 것이다. 그러나 만일 지구가 고대의 중국인이 생각했던 것처럼 무한히 넓은 평면과 같은 형태라면 중심도 없고 질량도 알 수 없다. 그런 경우에는 아리스토텔레스처럼 질적인 과학은 가능했을지라도 뉴턴과 같은 양적인 과학은 불가능했을 것이다.

만유인력을 발견할 수 있었던 것은, 지구와 하늘에서 자연 현상은 동일한 방식으로 일어난다는 우주 설계의 경제 원칙을 인정했기 때문이다. 만일 지구에서 일어나는 자연 현상과 우주의 다른 곳에서 일어나는 자연 현상이 서로 다른 종류라면 우주는 지극히 비효율적으로 설계된 것이다. 왜냐하면 우주의 장소마다 서로 다른 자연법칙이 적용되기 때문이다. 다행히도 만유인력의 법칙은 우주에 있는 모든 물체에 차별 없이 적용된다.

부주산의 신화는 고대 중국인이, 왜 하늘의 별들은 매일 동쪽에서 떠서 서쪽으로 지는가를 설명하기 위해 생각해 낸 것 같다. 신화에서 고대 중국인은, 지상에 있는 물체가 경사면에서 아래로 미끄러지듯이 하늘에 있는 별들도 기운 쪽으로 미끄러진다는 우주 설계의 기본 원리를 적용했다. 즉, 지상에 있는 물체와 다를 바 없이 하늘에 있는 별들에도 동일한 자연법칙이 적용된다는 것을 인정한 것이다. 이와 같이 비록 만유인력의 법칙으로 이어지지는 못했지만 자연법칙은 천상의 물체에도 차별 없이 적용된다는 생각이 2,000여 년 동안 중국인의 사고를 지배했다. 이는 천상과 천하가 별개의 세계라고 하는 아리스토텔레스의 위계론보다 진일보한 것이다. 그럼에도 불구하고 부주산의 신화가 황당무계한 이야기로 그치고 만 것은 더 이상 문제를 깊이 생각해 보지 않았기 때문이다. 만일 한 단계 더 나아가 서산 너머로 진 별들이 어떻게 다음 날 동쪽에 다시 나타날까를 생각해 보았다면 부주산의 신화에 그치지 않고 과학적인 발견으로 이어졌을 수 있었을지도 모른다.

별의 색상은 온도와 관계가 있을까? 별의 온도와 밝기 사이의 상관관계를 표시한 그래프를 'H-R도(Herzsprung-Russell diagram)' 라고 부르며, 이는 천문학에서 가장 중요한 도표 중 하나다. 이 도표의 수평축과 수직축은 각각 별의 온도와 절대 밝기를 나타낸다. 그런데 온도에 따라 별의 색상이 다르게 관측되므로 온도 대신에 O, B, A, F, G, K, M 등 주로 색상으로 분류한, 이른바 분광형으로

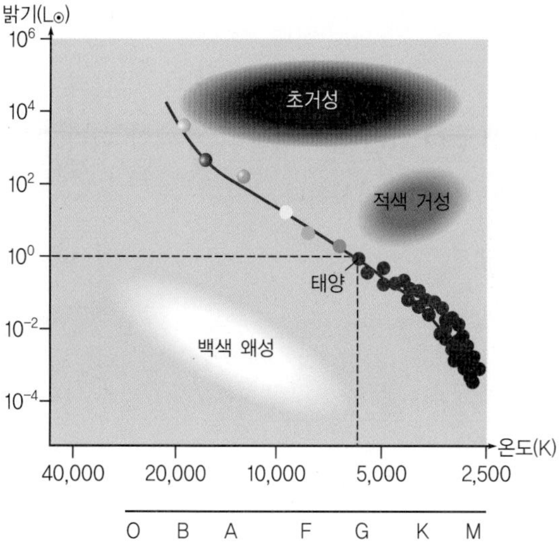

H-R도 별의 밝기와 온도 사이의 관계를 나타내는 도표다. 대부분의 별은 대각선상의 주계열에 속한다($L_\odot$는 태양의 밝기).

절대 밝기

별의 밝기는 거리에 따라 다르므로 모든 별을 동일한 거리에 두고 밝기를 비교하는 것이 공평하다. 절대 밝기는 32.6광년의 거리에서 관측했을 때의 밝기를 말한다. 1광년은 빛이 1년 동안 가는 거리다.

표시하기도 한다. O형 별이 온도가 가장 높아서 청백색으로, M형은 온도가 가장 낮아서 적색으로 빛난다. 예를 들어 표면의 온도가 섭씨 6,000도 정도인 태양은 G형, 9,500도인 직녀성(Vega)은 A형으로 분류된다.

도표를 보면 가장 뜨거운 별인 O형 별이 가장 밝고 M형 별이 가장 어둡다는 것을 알 수 있다. 이렇게 뜨거운 별이 밝은 이유는 별의 질량과 관계가 있다. 별은 질량이 클수록 더 많은 에너지를 방출하여 밝고 뜨거워지기 때문이다. O형 별은 태양 질량의 60배, 가장 어두운 M형은 0.3배 정도다.

대부분의 별들은 H-R도상의 대각선 위에 놓여 있다. 약간의 폭을 가지고 있는 이 대각선상에 놓여 있는 별의 집단을 '주계열'이라고 한다. 태양은 여러 면에서 평범한 주계열성이다.

제6장

삶과 죽음의 간격

생명의 본질은 현대 과학으로도 쉽게 이해되지 않는 측면이 있다. 그에 따라 생명 현상은 자연법칙에 구애받지 않는 신적인 존재의 개입으로 일어난다는 목소리가 지금도 작지는 않다. 그러나 그러한 사람들도 생물이 전혀 생명력이 없는 원자와 같은 물질의 구성단위로 이루어져 있다는 사실에는 모두 동의한다. 따라서 만일 신이 생물을 포함한 이 세상을 창조했다면, 그가 생물이나 무생물에 공통적인 질료를 사용하는 경제 원칙을 선택했다고 보아야 할 것이다. 생물의 질료가 하찮은 무생물의 질료와 동일하다는 측면을 주목하는 과학자들은 생명 그 자체에 큰 의미를 부여하지 않는다. 그들은 생물을 생존과 번식을 위해 고도로 조직화된 물질의 집단으로 볼 뿐이다. 생명의 본질에 대한 이러한 논쟁은 쉽사리 끝나지 않을 것으로 보인다.

그렇다면 고대인은 생명을 어떻게 보았을까? 고대인은 현대인보다도 대체로 생물과 무생물 사이의 간격을 더 작게 보았던 것 같다. 그들은 생물과 무생물 사이의 변환이 가능하고 죽음으로부터의 소생도 가능하다고 생각했다. 그렇다고 해서 그들이 생물과 무생물을 전혀 경계가 없는 것으로 보았다고는 할 수 없다. 예를 들어 고대인은 생물과 무생물 사이의 변환 과정에서 주술적인 행위를 하거나 특별한 물질을 사용하곤 했다. 그것은 고대인이 생명 현상을 무생물 사이의 변화보다는 한 차원 높은 것으로 여겼기 때문일 것이다. 이런 면을 보면, 고대인은 대체로 생물-무생물 사이의 연속성을 바탕으로 생물에 대한 약간의 특수성을 인정한 생명관을 가졌다고 할 수 있다.

많은 신화가 그러하지만 생명 현상과 관련된 신화에는 특히 기원적인 내용이 많고, 신화에 나타난 고대인의 생명 현상에 대한 경험담은 피상적이고 그리 다양하지도 않다. 그것은 고대인의 관찰 능력에 비해 생명 현상이 그렇게 단순하지 않기 때문이다. 그 때문에 생명 현상과 관련된 신화로부터 찾아낼 수 있는 고대인의 경험은 다른 분야보다 빈약하며, 그나마도 여러 면에서 현대 과학과 충돌을 일으키고 있다. 따라서 생명 과학의 분야에서는 단편적으로 존재하는 신화 자료를 현대 과학의 이론과 법칙으로 진실성 여부를 따져 보는 정도에 만족해야 할 것이다.

여신의 실수

그리스 신화에 등장하는 에오스는 새벽을 상징하는, 부드럽고 사랑스러운 여신이다. 에오스는 매일 새벽을 열어 태양신 아폴로가 태양 마차를 끌고 나갈 수 있게 해 주었다. 그런데 이와 같은 부드러운 이미지와는 어울리지 않게, 에오스는 비극적인 사랑만 했다. 에오스의 사랑이 모두 비극으로 끝난 것은 질투심이 강한 미의 여신 아프로디테의 마법 때문이었다. 아프로디테는 자신의 연인 아레스가 에오스를 짝사랑하자 질투심에 불타 에오스가 끊임없이 인간 남자를 사랑하게 만들었을 뿐만 아니라, 그 사랑이 모두 비참하게 끝맺도록 마법을 걸었다. 마법의 결과, 에오스가 사랑한 남자는 모두 불행한 최후를 맞았고, 그럼에도 불구하고 에오스는 애정의 늪에서 헤어나지 못하고 끝없이 다른 남자를 찾아다녔다.

에오스의 첫 번째 연인은 거인 사냥꾼 오리온이었다. 오리온은 아프로디테의 마법으로 비극적인 죽음을 맞는다. 그런데 오리온의 죽음에 관해서는 여러 이야기가 있다. 그중 하나는 오리온이 처녀성을 상징하는 여신 아르테미스가 쏜 화살에 죽었다는 것이다. 오리온이 아르테미스의 분노를 사 에오스의 애원에도 불구하고 아르테미스가 그를 죽였다는 이야기다.

오리온은 바다의 신 포세이돈의 아들로 태어나, 물속에서도 걸어 다닐 수 있는 능력을 부여받았다. 뿐만 아니라 사냥에도 천부적인 능력이 있어서 세상을 돌아다니며 사냥만 하고 살았다. 아프로디테의 마법에 걸린 에오스는 그런 오리온을 멋지게 보았고 사랑하게 되었다.

그러던 어느 날, 오리온은 사냥감을 찾아 돌아다니다가 아무 생각 없이 아르테미스의 정원에 있던 사슴을 죽이고 말았다. 아르테미스는 때로는 잔혹한 행동도 서슴지 않는 성깔 있는 여신이었다. 아르테미스는 오리온을 죽이기로 작정했다. 에오스는 이를 눈치채고 아르테미스에게 사정했다.

"제발 오리온을 죽이지 말아 줘. 부탁할게."

하지만 아르테미스의 대답은 단호했다.

"안 돼."

에오스는 아르테미스를 따라다니며 눈물로 애원했다. 아르테미스는 그런 에오스가 귀찮아졌다.

"귀찮게 구는군. 그럼 이렇게 하지."

아르테미스는 에오스에게 오리온을 살릴 수 있는 길을 제안했다.

"오리온에게 멀리 도망가라고 해. 수평선에서 그 녀석의 머리가 보일락 말락 할 때까지는 활을 쏘지 않겠어. 그 이후에 내가 활을 쏘아서 만일 못 맞추면 그 녀석의 명이 긴 것으로 생각하고 살려 주도록 하지."

에오스가 생각해 보니 아무리 활쏘기의 명수인 아르테미스이지만 저 멀리 수평선에 있는 오리온을 맞출 수 있을 것 같지는 않았다.

"좋아, 그렇게 해."

그러나 그것은 에오스의 실수였다. 에오스가 아르테미스의 활 솜씨를 과소평가한 것이다. 약속대로 오리온이 물속을 걸어 멀리 수평선까지 도망갔을 때 아르테미스는 큰 활을 들었다. 그리고 아르테미스가 쏜 화살은 거침없이 날아가 정확히 오리온을 맞혔다. 맥없이 그 자리에 쓰러지는 오리온을 보고 에오스는 정신이 아득해졌다. 오리온의 시체가 파도에 떠밀려 해안으로 들어오자 비로소 정신을 차린 에오스는 목 놓아 슬피 울기 시작했다. 한참을 울던 에오스는 제우스를 찾아가서 사정했다.

"오리온을 매일 볼 수 있도록 별자리로 만들어 주세요."

에오스의 간곡한 부탁으로 오리온은 별자리로 다시 태어날 수 있었다.

수평선은 얼마나 멀리 있을까? | 바다를 보면 저 멀리 끝이 있는 것처럼 보이는데 그것은 지구가 둥글기 때문이다. 둥근 선으로 보이는 이 곡선을 수평선이라고 하며, 수평선까지의 거리는 기하학적으로 계산할 수 있다. 계산상의 편의를 위해 지구를 완벽한 구라고 생각

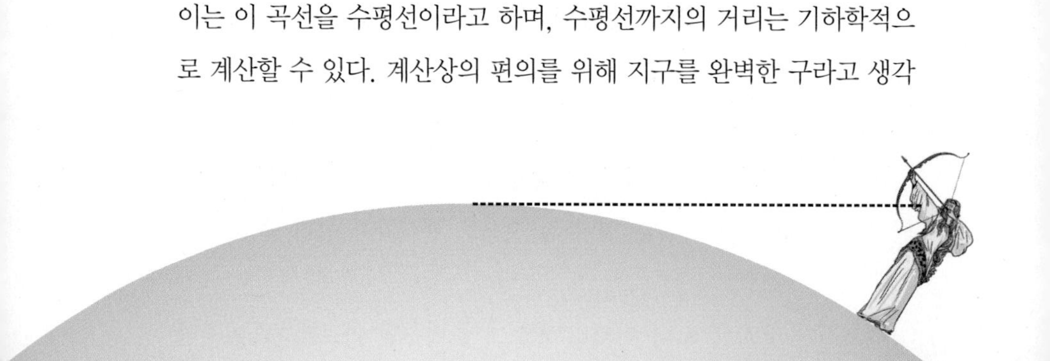

수평선 수평선(혹은 지평선)은 지구가 둥글기 때문에 만들어지는 시야의 한계다.

하고 신들의 키를 2미터 정도로 보면, 수평선까지의 거리는 대략 5킬로미터가 된다. 물론 더 높은 곳에서 보면 이 거리는 더 길어진다.

화살의 속도는 얼마였을까? 물체를 지면에서 비스듬히 던지면 땅에 떨어지는데, 이때 물체가 가장 멀리 도달하기 위해서는 물체를 지면과 45도의 각도로 던져야 한다. 물체는 수평 방향으로도 운동하지만 지구의 만유인력 때문에 비행 도중에도 계속 낙하한다. 그러다 물체는 결국 지면에 닿게 되므로 더 이상 운동할 수 없게 된다. 이 도달 지점까지의 거리를 최대로 하려면 45도의 각도로 물체를 던져야 한다는 것이다. 그런 전제로 5킬로미터의 거리까지 도달하기 위한 화살의 속도는 초당 220미터다. 현대식 소총탄의 속도가 초당 1,000미터 정도인 것에 비교하면 느리지만, 마하 0.64에 달하는 아주 빠른 속도다. 또한 공기의 저항을 감안하면 실제로는 초음속에 근접하는 속력으로 쏘아야 수평선까지 도달할 수 있다. 신이 아니면 그렇게 빠른 화살을 쏠 수 없다.

에오스의 불행은 그것이 끝이 아니었다. 시간이 흘러 오리온에 대한 기억이 희미해질 때쯤 에오스는 트로이의 왕자 티토노스를 사랑하게 되었다. 그런데 티토노스도 인간이기 때문에 언젠가는 죽게 될 것이 분명했다. 오리온의 죽음을 목격한 에오스는 제우스에게 간청했다.

"제발 티토노스가 죽지 않고 영원히 살게 해 주세요."

"그건 내 맘대로 되는 것이 아니야. 모이라이들이 좋다고 하면 그렇게 해 줄 수 있지."

에오스와 티토노스 에오스가 젊은 트로이의 왕자 티토노스를 데려가고 있다. 티토노스는 수금을 쥐고 있다.

결국 제우스는 운명을 결정하는 세 여신 모이라이들의 동의를 받아 티토노스가 불사의 몸이 되도록 해 주었다. 그러나 사랑에 빠진 에오스가 빠뜨린 것이 있었다. 티토노스의 불사는 얻어 냈지만 젊음을 약속받지 못한 것이다. 당연히 티토노스는 점점 늙어 갔다. 머리카락은 백발이 되고, 피부는 미라처럼 쭈글쭈글해졌다. 이가 빠지고 목소리도 변했다. 그러나 에오스는 그러한 모습의 티토노스도 사랑했다. 몸을 가누지 못하는 티토노스를 위해 침상에서도 잘 볼 수 있도록 새벽마다 하늘을 붉게 물들여 주었다. 또한 그들 사이에는 멤논이라는 아들이 있었는데, 안타깝게도 트로이 전쟁에서 아킬레우스에게 죽임을 당하고 말았다. 상심한 에오스는 매일 눈물을 흘렸는데, 지금도 새벽이면 풀잎에 맺히는 이슬이 바로 에오스의 눈물이라고 한다.

노화는 어떻게 일어날까?

노화는 생물이 나이듦에 따라 각종 대사 기능이 저하하는 현상이다. 노화로 인해 생물은 죽거나 질병에 걸릴 확률이 커진다. 따라서 수명 연장을 위해서는 노화의 메커니즘을 먼저 이해해야 한다.

미리 말하자면, 아직까지 노화의 원인에 대한 완전한 이론은 없다. 현재까지 제안된 이론은 여러 가지가 있는데 크게 두 부류로 나눌 수 있다. 노화의 원인이 생물 내부에 있느냐 혹은 외부에서 오느냐에 따른 것이다.

내부에서 발생하는 원인에 의해 노화가 진행된다고 설명하는 프로그램 이론은 생물의 내부에는 유전적으로 프로그램되어 있는 일종의 생체 시계가 존재하여, 그것이 생물의 각 부분이 언제 어떤 식으로 노화가 될지 통제한다는 것이다. 프로그램 이론에 따르면, 생물의 유전자에 노화의 전 과정이 이미 프로그램화되어 있기 때문에 생물이 살아가면 이 유전자가 프로그램에 따라 계속적으로 발현되어 노화가 일어난다고 한다. 이를 뒷받침하는 자료로 연어의 생애를 들 수 있는데, 연어는 바다에서 하천으로 회귀하여 알을 낳고는 수 주 이내에 체형의 급격한 퇴화 현상을 보인다. 그러나 미성숙한 연어에서 생식 능력을 제거하면 이런 변화는 매우 느리게 나타난다. 사람에게 일어나는 조로 현상도 인체 내부의 문제, 즉 유전적 결함 때문에 발생하는 것이다.

연어의 퇴화와 사람의 조로 현상의 직접적인 원인은 호르몬의 기능에 있다. 이와 같이 프로그램이 호르몬의 조절을 통해 노화를 일으킨다고 보는 것이 호르몬 이론이다. 호르몬 이론에서는 신경계와 내분비계가 노화의 결정적인 역할을 하는데 이들의 기능이 제대로 발휘되지 않을 때 호르몬의 균형이 깨지고 인체가 이에 영향을 받아서 노화가 일어난다고 본다. 예를 들어 여성에게 일어나는 폐경은 여성 호르몬이 더 이상 생산되지 않을 때 나타나며, 성장의 중지는 성장 호르몬의 결핍으로 나타난다. 이와 같이 나이가 들어감에 따라 신체에서 분비가 중단되는 호르몬의 수가 늘어난다.

염기, 염기 서열, DNA, 유전자

DNA는 디옥시리보뉴클레오티드라고 하는 단위체가 여러 개 연결되어 가닥을 형성하고 있는 중합체다. 그런데 다른 중합체와 달리 DNA는 이러한 가닥 두 개가 서로 마주 보며 나선형으로 꼬여 있다. 그런 구조를 유지할 수 있는 것은 각 가닥에서 '염기'라고 하는 작은 구성단위가 마치 손처럼 뻗어 나와 상대 가닥의 염기와 결합해 있기 때문이다. 두 가닥은 이중 나선 구조를 유지하고 있으며, 서로 마주 보고 결합한 두 염기를 '염기쌍'이라고 한다.

염기에는 네 종류가 있는데 아데닌, 티민, 시토신, 구아닌이다. 이들을 A, T, C, G라고 표시한다. DNA에는 이들 염기가 어떤 순서로 나열되어 있는데 이 순서를 '염기 서열'이라고 한다. 염기 서열이 바로 생물의 형태와 성질을 결정하는 유전 정보다.

유전 정보는 수천에서 수백만 개의 염기쌍으로 이루어진 정보의 단위로 나눌 수 있다. 나누어진 정보 단위는 생물체 내에서 합성될 단백질의 종류를 결정한다. 이렇게 특정한 단백질을 나타내는 정보의 단위를 '유전자'라고 한다. 인간의 DNA에는 약 30억 개의 염기쌍이 존재하며 그들로부터 10만여 개의 유전자가 형성되는 것으로 알려져 있다.

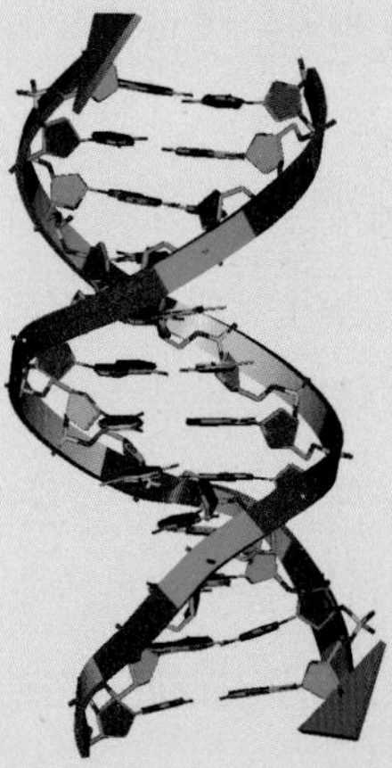

DNA의 단순 모형도 | DNA는 염기의 종류에 따라 네 가지의 단위체(청, 녹, 적, 황으로 표시)가 길게 연결된 중합체이며, 그러한 중합체 두 개가 서로 마주 보고 결합하여 나선형을 이루고 있다. 이를 '이중 나선'이라고 한다. 단위체 하나하나마다 염기를 포함하고 있으며, 마주 보고 결합한 염기를 염기쌍이라고 한다. 염기들의 순서가 염기 서열이고 다수의 염기 서열이 특정한 유전자를 이룬다.

프로그램 이론 중에서 보다 미시적인 관점의 이론이 텔로미어 이론이다. 텔로미어는 DNA의 양 끝에 붙어 있는 특정한 염기 서열이 수천 번 이상 되풀이되는 부위다. 사람의 경우는 'TTAGGG'라는 염기 서열이 반복된다. 반복 횟수는 나이에 따라 다르며, 신생아의 경우 8,000회, 노인은 1,500회 정도다. 즉 나이가 많을수록 텔로미어의 길이가 짧은 것이다.

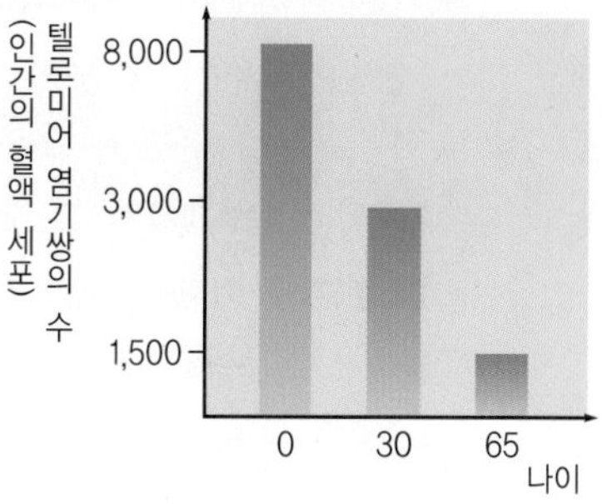

나이에 따른 텔로미어의 길이 변화
텔로미어는 나이에 따라 짧아진다.

나이에 따라 텔로미어의 길이가 다른 이유는 무엇일까? 생물의 세포 중 일부는 생성과 파괴가 반복된다. 세포의 생성은 분열을 말하며 세포의 분열을 위해서는 DNA의 복제가 필수적이다. 그때 DNA의 일부인 텔로미어도 당연히 복제되지만 복제될 때마다 그 길이가 30~200 염기쌍만큼 짧아진다. 생물은 나이가 많을수록 세포의 분열 횟수가 많고 그에 따라 텔로미어의 길이도 짧아진다.

텔로미어의 길이는 노화와 어떤 관계가 있을까? 세포 분열이 약 50회에 이르면 텔로미어는 더 이상 짧아질 수 없기 때문에 더 이상의 세포 분열도 불가능하다. 그러면 새로 태어나는 세포는 없고 죽는 세포만 있게 된다. 뿐만 아니라 텔로미어가 감싸고 있었기 때문에 작동을 하지 못하던 일부 유전자가 노출되어 작동을 하게 된다. 그 결과, 유해 단백질이 합성되고 그러한 단백질이 조

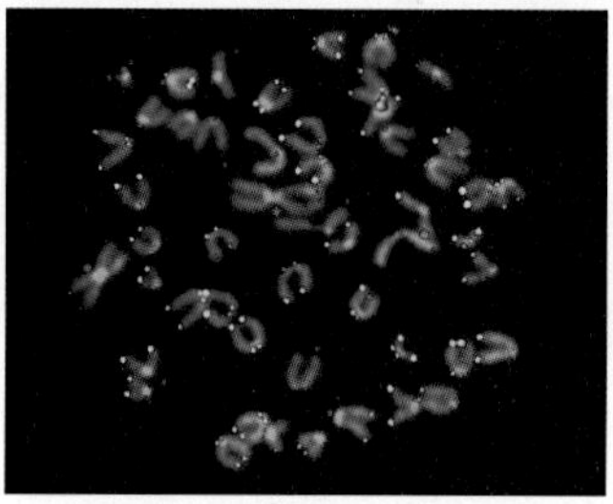

텔로미어 염색체 사진이다. 사진에서 노란색으로 빛나는 부분이 텔로미어다.

세포의 분열

세포의 분열은 크게 핵 분열과 세포질 분열 두 가지로 진행되는데, 이 중에서 핵 분열이 먼저다. 세포질이란 세포에서 핵을 제외한 나머지로서 미토콘드리아 등의 각종 소기관이 포함되어 있다.

핵 내에 있는 DNA는 두 배로 복제된다. DNA는 단백질과 결합하여 점점 굵어져 특정 화학약품으로 염색이 되는, 이른바 염색체가 된다. 세포의 양 끝에서 방추사가 나타나 염색체의 쌍을 분리하며 반대 방향으로 끌고 간다. 염색체 주위로 두 개의 핵막이 형성된다. 세포질이 분리되어 두 개의 세포가 되며 분열 후 각 세포에는 원 세포와 동일한 염색체가 존재하게 된다.

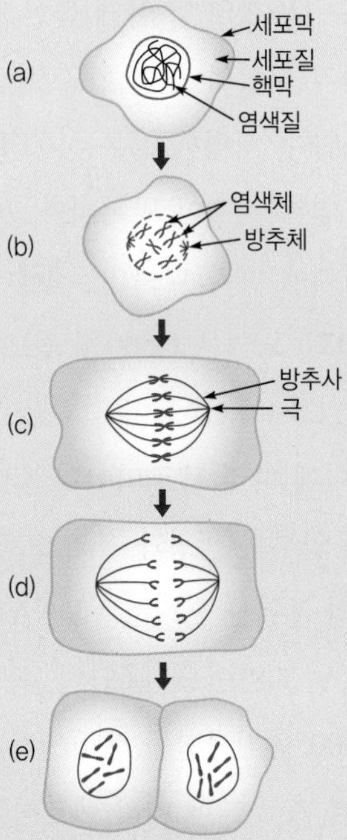

세포 분열 과정의 모식도 | 세포는 염색체의 분열로 시작하여 세포질의 분리로 완성된다.

직에 피해를 주어 노화가 일어나게 된다. 텔로미어는 세포 분열 횟수를 기록하고 있는 일종의 노화 시계인 셈이다.

프로그램 이론의 결점은 환경에 의해 생물의 수명이 변화될 수 있다는 사실을 설명할 수 없다는 점이다. 예를 들어 쥐와 초파리 등에게 영양 섭식을 제한하면 평균 수명이 연장된다는 연구 결과를 설명할 수 없으며, 동일한 꿀벌의 애벌레에서 태어났으나 로열젤리를 먹고 사는

단백질의 합성

단백질 합성은 먼저 디옥시리보뉴클레오티드 중합체로 이루어진 DNA가 리보뉴클레오티드의 중합체로 된 RNA를 합성하는 것으로 시작한다. 이렇게 만들어진 RNA에는 mRNA, rRNA, tRNA의 세 종류가 있으며, 이들은 단백질 합성 과정에서 서로 다른 역할을 한다.

다음 단계는 rRNA가 형성하는 리보솜 내에서 mRNA에게 복사된 염기 서열에 따라 tRNA가 운반해 온 아미노산이 차례로 연결되어 폴리펩티드라는 중합체가 형성되는 과정이다. 단백질은 폴리펩티드가 변화한 것이다.

단백질의 합성 | mRNA의 통제하에 tRNA가 필요한 아미노산을 리보솜으로 운반해 와서 단백질을 합성한다.

여왕벌의 평균 수명이 6년 정도임에 비해 일반 꿀을 먹고 사는 일벌의 평균 수명은 불과 몇 달밖에 되지 않는다는 점도 설명할 수 없다.

프로그램 이론과는 반대로 삶 자체가 인체를 소모시켜 노화가 일어난다는 소모 이론이 있다. 이에 적합한 증거로 노인에게 흔히 나타나는 퇴행성 관절염을 들 수 있다. 퇴행성 관절염은 관절을 사용함에 따라 연골이 닳아 없어져 뼈와 뼈가 맞닿아 마찰하기 때문에 발생하는 질병이다. 이 이론에 따르면 과도한 운동은 당연히 노화를 촉진시킨다. 그러나 소모 이론은 왜 손톱이 끊임없이 자라는지, 왜 포유류 사이에도 평균 수명의 차이가 크게 나는지 그 이유를 잘 설명하지 못하는 중대한 결점을 가지고 있다.

독성 물질과 스트레스와 같은 외부 환경에 의한 손상이 축적되어 노화가 일어난다고 보는 오류와 복구 이론이 있다. 실제로 모든 생물은 환경으로부터 받은 손상을 복구할 수 있는 능력을 가지고 있지만, 그러한 기능이 완벽하지는 않기 때문에 세포나 그 이하의 수준에서 피해를 받는 것이 사실이다. 예를 들어 DNA의 염기 서열에 변화가 발생하면 99 %는 복구되지만 나머지는 그대로 남게 된다. 이러한 DNA의 돌연변이는 단백질 합성 과정에서 오류율을 증가시키거나 불필요한 단백질의 합성으로 이어져 노화를 일으킬 수 있다. 그러나 노화의 한 증거로 지적되는 백내장 단백질과 같은 불필요한 단백질이 합성 과정의 오류로 인해 일어나는 것으로는 보이지 않을 뿐만 아니라 오류율도 나이에 따라 증가한다는 분명한 증거도 없다. 그보다는 손상을 받은 단백질이 제거되지 않고 새로이 보충되지도 않는 것이 오히려 더 큰 문제로 지적되고 있다. 이러한 문제점 때문에 오류와 복구 이론도 완전한 이론으로 인정받지 못하고 있다.

노화에 대한 또 다른 이론으로, 비교적 지지폭이 넓은 자유래디컬 이론이 있다. 사람은 산소 호흡을 하며 이 과정에서 자유래디컬이라고 하는, 화학적 활성이 강한 물질이 생성된다. 자유래디컬 이론은 자유래디컬이 조직에 심각한 피해를 주기 때문에 노화가 촉진된다고 본다. 간단한 계산에 의하면, 인체 세포는 매일 1,000번 이상 자유래디컬의 공격을 받는다고 한다. 다행히 체내에 있는 항산화제가 자유래디컬의 대부분을 제거하지만 제거되지 않은 자유래디컬은 세포에 피해를 줄

자유래디컬과 항산화제

여러 개의 원자들이 결합하여 유기물 분자를 형성할 때 각 원자에서 전자 하나씩을 내어 전자쌍을 형성하고 그 전자쌍을 서로 공유하는 방식을 취한다. 그런데 무슨 이유로 짝을 짓지 않은 전자를 가진 분자가 존재하는 경우가 있다. 이를 자유래디컬이라고 한다. 이 분자는 다른 전자를 취하거나 자신의 전자를 다른 분자에 주기가 쉽다. 이 과정 자체가 일종의 화학 반응이며 이 반응에 의해서 세포막, DNA, 단백질 등이 변형 혹은 파괴되고 유해 물질이 생성될 수 있다.

산화는 물질이 산소와 결합하는 현상, 즉 물질이 전자를 잃는 현상이다. 예를 들어 철이 산소와 결합하는 과정에서 철 원자는 산소 원자에 전자를 주기 때문에 철이 산화된다고 한다. 자유래디컬은 쌍을 이루지 못한 전자를 가지고 있고 그 전자를 다른 물질에게 쉽게 주는 경향이 있다. 만일 자유래디컬이 전자를 다른 물질에 주면 그 물질은 산화되는 것이다. 항산화제는 자유래디컬과 결합하여 자유래디컬이 산화되지 못하도록, 즉 전자를 다른 물질에 주지 못하도록 막는 역할을 한다. 항산화제로는 토코페롤 등이 있다.

수 있다. 이 과정은 아주 느리게 진행되지만 장기적으로 축적되면 가시적인 노화 현상을 일으킨다. 실제로 나이가 들면 세포막을 구성하고 있는 지질이 과산화[39]되는 현상을 나타내는데 이는 자유래디컬에 의한 것으로 보인다.

자유래디컬 이론도 완전한 것은 아니다. 예를 들어 항산화제의 방어 메커니즘이 나이에 따라 감소하거나 자유래디컬이 증가한다는 뚜렷한 증거가 없다.

---

39) 일반적인 화합물보다 많은 수의 산소와 결합하는 현상.

한없이 늙어 가는 연인 티토노스를 속절없이 바라만 보아야 했던 에오스가 안타깝다. 에오스는 제우스에게 티토노스의 무한 수명뿐만 아니라 영원한 젊음도 부탁했어야 했다.

새벽하늘이 붉은 이유는 무엇일까? | 새벽하늘뿐만 아니라 저녁 하늘도 붉다. 그러나 낮 하늘은 푸르다. 이러한 현상이 나타나는 것은 공기와 햇빛의 상호 작용 때문이다.

햇빛에는 여러 가지 파장의 가시광선이 섞여 있다. 그런데 공기는 파장이 짧은 전자기파일수록 더 많이 산란시킨다. '산란'은 입사하는 빛을 한 방향이 아니라 사방으로 흩어서 내보내는 현상을 말한다. 따라서 햇빛 속에 들어 있는 다양한 파장의 전자기파 중에서 파장이 짧은 푸른색이 더 많이 산란되어 사방으로 흩어지게 된다. 한 방향으로 진행하던 광선이 사방으로 퍼져 나가면 원래의 진행 방향으로는 일부만이 도달한다.

낮에 우리는 태양을 직접 보는 것이 아니라 태양이 없는 방향을 보게 되는데 그 빛은 태양으로부터 직접 오는 빛이 아니라 태양광이 공기에 의해 산란된 것이다. 산란의 정도는 푸른색 쪽이 많기 때문에 낮의 하늘이 푸른색으로 보이는 것이다.

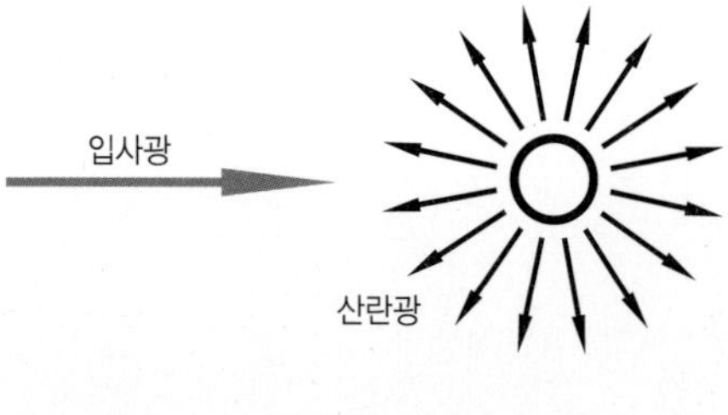

빛의 산란 공기 분자에 입사한 빛은 사방으로 퍼지는 산란을 하게 된다. 파장에 따라 산란 정도가 다르나 공기 분자들은 대체로 파란색의 빛을 잘 산란한다.

새벽하늘 새벽하늘이 붉은 것은, 태양광의 푸른빛은 산란되고 붉은색만이 남아 있기 때문이다.

이와는 달리 붉은색 쪽은 산란 정도가 작기 때문에 그 세기를 그대로 유지한 채 같은 방향으로 진행한다. 산란은 새벽이나 낮, 저녁의 구별 없이 동일하게 일어나고 있지만 새벽과 저녁에 하늘이 붉은 곳은 태양이 있는 곳이다. 즉 태양에서 오고 있는 가시광선 중에서 푸른색은 산란에 의해 그 양이 감소한 반면 붉은색은 처음 양 그대로 유지되기 때문에 새벽과 저녁 하늘이 붉게 보이는 것이다.

이슬이 새벽에 내리는 이유는 무엇일까? | 공기 중에는 수증기가 포함되어 있다. 그러나 공기 속에 무한정 많은 양의 수증기가 포함되어 있을 수는 없다. 즉 수증기가 포함된 공기의 전체 압력 중에서 수증기에 의한 압력을 증기압이라고 할 때 이 증기압에 한도가 있다는 것이다. 포화증기압이라고 하는 이 한계 증기압은 온도가 높아질수록 증가한다. 즉 높은 온도에서는 보다 많은 물이 수증기의 상태로 공기 중에 포함되어 존재할 수 있는 것이다.

만일 수증기를 포함하고 있는 높은 온도의 공기가 냉각되면 증기압이 포화증기압을 초과할 수 있다. 그러면 수증기의 일부는 물이 되고 증기압은 포화증기압을 유지하게 된다. 이때 만들어진 물이 바로 이슬이다. 즉 이슬은 공기 속에 더 이상 포함될 수 없는 수증기가 물로 변한 것이다. 기온은 새벽에 가장 낮고 기온이 낮을수록 포화증기압이 낮기 때문에 이슬은 새벽에 내리게 된다.

에오스는 한이 많은 여신이다. 영원한 생명을 가진 신이 생명이 유한한 인간을 사랑하는 바람에, 그 인간이 끝없이 늙어 가는 모습을 지켜보아야 했을 뿐 아니라 어렵게 낳은 자식마저도 전쟁터에서 잃어 버렸다. 에오스의 한은 그녀의 작은 가슴속에 묻어 두기에는 너무나 컸다. 더 이상 품을 수 없는 한이 아침 이슬로 변한 것이다.

자라는 간

제우스와 형제들은 삼촌들인 티탄 족을 물리치고 올림포스 산을 차지했다. 제우스에 대항한 티탄 족의 신들 대부분은 지하 감옥에 갇혔으나 우호적이었던 몇몇은 지상에서 자유로이 살도록 허락되었다. 그 중 한 명이 프로메테우스였는데, 그는 꼼꼼한 성격의 소유자로 인간을 사랑하여 도와주고 싶어했다. 그러한 프로메테우스에게 에피메테우스라고 하는 동생이 있었다. 그는 형과는 정반대로 덤벙대고 생각 없이 행동하는 자였다.

한때 제우스는 인간을 굶겨 죽이려고, 인간으로 하여금 음식 중에서 가장 좋은 부분을 제물로 바치도록 하는 계획을 구상했다. 그래서 인간이 생산한 음식 중에서 어떤 부분을 신들의 것으로 할지 결정하기 위해 프로메테우스에게 쇠고기를 보여 달라고 했다. 프로메테우스는 소를 잡아 두 개로 나누어서 포장했다. 하나는 쓸모없는 뼈를 비계로 싼 것이고 다른 하나는 살코기를 내장으로 덮은 것이었다. 프로메테우스는 이 중에서 하나를 선택하라고 했다.

"대왕께서 마음에 드는 것을 선택하시면 나머지를 인간에게 주도록 하겠습니다."

제우스가 보니 비계로 포장한 것이 훨씬 좋아 보였다. 그래서 그것을 선택하여 한 입 베어 물었는데, 당연히 그 안에는 뼈만 들어 있었다. 그러나 약속은 번복될 수 없었다. 그 후로부터 인간은 뼈와 비계를 신에게 바치고 자신들은 맛있는 고기를 먹게 되었다.

제우스는 은근히 화가 났다.

"프로메테우스, 날 속였겠다……. 살려 두었더니 기어오르는구나. 어디 두고 보자!"

인간에 대한 제우스의 미움은 계속되었다. 그는 인간에게서 불을 빼앗았다. 그에 따라 인간은 익히지 않은 날음식을 먹을 수밖에 없었다. 익히지 않은 음식은 소화가 잘되지도 않을 뿐더러 배탈을 일으키기 일쑤였다. 여기저기서 배가 아파 뒹구는 사람들이 속출했다.

"아이고 배야, 아이고 배야……."

고통받는 인간을 불쌍히 여긴 프로메테우스는 남몰래 헤파이스토스 신의 대장간에서 불을 훔쳐다가 가져다주었다. 이를 모르고 있던 제우스가 어느 날 밤 인간 세상에서 불을 발견했다.

"아니, 웬 불? 도대체 어떤 놈이 내 명령을 어기고 불을 훔쳐 간 것이냐!"

신들이 일제히 프로메테우스라고 말했다.

"또 그자야?"

제우스는 속이 부글부글 끓었으나 간신히 참았다.

"이번이 마지막이다. 다음에 걸리면 그땐 뭔가를 보여주마."

제우스는 인간에게 또 다른 재앙을 주기로 했다. 헤파이스토스를 시켜 흙과 물로 판도라라고 하는 절세미인을 만들게 했다. 여러 신들이 판도라에게 아름다움과 재능을 선물로 주었다. 제우스는 판도라에게 상자 하나를 주면서 말했다.

"무슨 일이 있어도 이 상자를 열어 보아서는 안 된다."

신화에서 '하면 안 된다'라는 것은 '해라'와 같은 의미다. 그러고는 제우스는 에피메테우스를 불렀다.

"자네가 우리에게 협조를 잘한다는 얘기를 많이 들었네. 그래서 판도라를 상으로 줄 것이니 아내로 삼게."

상자를 여는 판도라 판도라는 제우스가 인간을 파멸시키기 위해 만든 절세미인이다. 이 그림은 존 윌리엄 워터하우스(John William Waterhouse)의 유화로서 1896년 작품이다.

에피메테우스는 눈물을 글썽이기까지 하며 감사의 인사를 했다. 그러나 프로메테우스는 제우스의 의도가 의심스러웠다. 그래서 에피메테우스에게 절대로 판도라를 집에 들여놓아서는 안 된다고 충고했다. 하지만 에피메테우스는 판도라를 본 순간, 형의 충고 따위는 전혀 기억나지 않았다. 결국 판도라는 에피메테우스의 아내가 되었다.

어느 날, 판도라는 너무 무료한 나머지 호기심에 보물 상자를 열어 보았다. 여러 신들이 각자 하나씩 선물을 넣어 주며 절대로 열어서는 안 된다고 경고했던 상자였다. 각본대로 판도라가 뚜껑을 열자 슬픔, 질병, 질투 등이 빠져나갔다. 그러나 한 가지는 남아 있었는데 그것은 희망이었다.

고통받고 있는 아틀라스와 프로메테우스 제우스의 미움을 받은 아틀라스는 평생 하늘을 받치고 있어야 했고 프로메테우스는 매일 독수리에게 간을 쪼아 먹히는 형벌을 받게 되었다. B.C. 6세기경 도자기에 그려진 작품이다.

상자로부터 빠져나간 재앙으로 인간이 고통받고 있는 모습을 본 제우스는 흡족한 마음이 들었다. 그러나 프로메테우스가 자신의 지시에 반하여 판도라를 들이지 말라고 했다는 이야기를 듣고는 도저히 참을 수가 없어서 그를 붙잡아 오도록 했다.

"흥, 네가 끝까지 내게 반항을 하는구나. 저자를 바위산에 묶어 놓고 독수리가 그 간을 파먹도록 하라."

제우스가 프로메테우스에게 견디기 어려운 형벌을 준 것은 프로메테우스가 자신이 없애고 싶어하는 인간을 도와주었을 뿐만 아니라 그가 가진 예지 능력이 두려웠기 때문이다.

제우스의 명령으로 프로메테우스는 산에 묶였고 매일매일 큰 독수리가 나타나서 그의 간을 쪼아 먹기 시작했다. 그러나 간은 밤사이에 원 상태로 자라났다. 그래서 독수리도 매일 나타나서 간을 쪼았으며 프로메테우스의 고통은 매일 계속되었다. 그의 고통은 제우스의 아들 헤라클레스에 의해 끝이 났지만 그것은 한참 뒤의 일이다.

왜 하필 간일까?

사람의 조직 세포는 재생 능력에 따라 세 종류로 나뉜다. 먼저 파괴와 재생이 생리적으로 항상 이루어지는 세포가 있다. 몸의 외부나 내부를 덮고 있는 상피 세포가 이에 속한다. 몸에 있는 때를 밀어도 계속 때가 끼는 것을 보면 쉽게 이해할 수 있을 것이다. 때의 일부는 죽은 상피 세포다.

그리고 항상 파괴와 재생이 반복되지는 않지만 적당한 자극에 의해 재생이 개시되는 세포가 있는데, 간세포, 췌장 세포, 침샘 세포, 골아 세포(뼈를 만드는 세포) 등이 이에 속한다. 이러한 세포는 성장기가 지나면 재생 능력이 없어지지만 프로메테우스의 경우처럼 손상과 같은 자극을 받으면 정지되어 있던 세포의 재생 능력이 다시 부활하여 조직을 원 상태로 회복시킨다.

이들과는 달리 재생이 거의 불가능한 세포도 있다. 여기에 속한 신경 세포는 재생 능력이 전혀 없기 때문에 한번 손상되면 회복되지 않

조직과 장기

인체는 약 30조 개의 세포들로 구성되어 있다. 그런데 모든 세포가 동일한 기능을 하는 것은 아니다. 예를 들어 위 세포는 소화액을 분비하고 음식물을 소화 흡수하지만 뇌 세포는 기억을 한다. 이와 같이 특정한 기능을 수행할 수 있는 세포군을 조직이라고 한다.

조직 몇 개가 유기적으로 결합하여 어느 수준에서는 독립적인 기능을 할 수 있는 복합적인 시스템이 장기다. 예를 들어 뇌, 폐, 심장, 소장, 대장, 간, 피부 등은 장기다. 그중에서 간은 물질의 저장 및 합성, 노폐물의 해독, 소화액 분비 등의 기능을 하는 곳이다. 이러한 기능을 수행하기 위하여 간에는 몇 종류의 조직 세포가 존재한다.

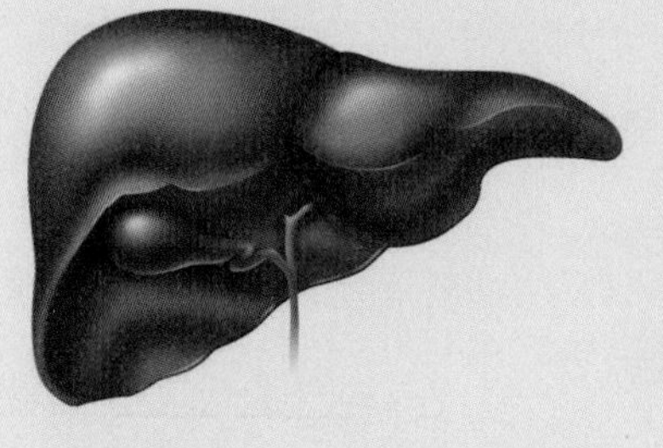

간 | 인체 장기 중 하나이며 해독 작용을 하고 소화액을 분비한다.

는다.

프로메테우스가 그런 형벌을 받은 것을 보면 제우스는 어느 정도 생물학 지식을 갖춘 것처럼 보인다. 즉 제우스는 간이 지속적으로 재생된다는 것을 알고 그것을 이용하여 프로메테우스에게 영원한 형벌을 내린 것이 아닐까?

손상된 조직은 어떻게 재생될까? | 피부에 상처가 생기면 새로운 살이 돋아 오른다. 이것은 피부에 있는 어떤 세포가 새로운 피부 세포를 만들어 내기 때문이다. 이와 같이 신체의 여러 곳에 존재하다가 정해진 신호에 따라 신체 각부에 필요한 기능과 형태를 가진 세포를 만들어 내는 특별한 세포가 바로 성체줄기세포다. 즉 성체줄기세포는 조직의 재생을 위해 인체의 곳곳에 존재하고 있는 것이다.

성체줄기세포는 인체 내 여러 곳에 존재하고 있다가 특정한 화학적 신호에 의해 지정된 조직 세포로 분열하기 시작한다. 또 성체줄기세포는 각자 특정한 조직만 만들어 낸다. 예를 들어 피부가 손상된 경우 혈액으로부터 공급된 성체줄기세포는 손상된 것과 동일한 피부 조직 세포를 만들어 낸다. 이와 마찬가지로 간의 조직 세포가 손상된 경우에도 성체줄기세포에 의해 동일한 조직 세포가 새로이 만들어진다.

사람은 흙과 물로 만들어졌을까? | 판도라의 출생 과정 이외에도 흙으로 사람을 만들었다는 신화는 여러 곳에서 발견된다. 예를 들어 중국의 신화에도 그런 대목이 나온다.

"세상이 온갖 생물로 가득 차 있는데도 이 외로움은 어디서 오는 것일까?"

이것은 여신 여와가 초목이 무성한 들을 거닐며 셀 수도 없이 많은 생물이 재미있게 살고 있는 모습을 보고 스스로에게 묻는 말이었다.

인간을 창조한 여와 여와는 진흙을 개어 사람을 만들었다고 한다. 사진은 쓰촨 성 더양 시에 있는 조각이다.

여와는 신통력이 뛰어난 여신이었지만 문득 이 세상에 자기 혼자뿐이라는 생각에 외로움을 느끼기 시작했다. 그녀는 천지간에 꼭 있어야 할 것이 빠진 것 같은 허전함을 느꼈다. 도대체 무엇이 더 있어야만 하는 것일까? 여와는 생각에 빠져 이리저리 거닐다가 어느 연못가에 앉아서 물속에 비친 자신의 모습을 보게 되었다. 그녀가 미소를 짓자 물속의 그녀도 미소를 지었고, 화난 표정을 짓자 물속의 그녀도 그대로 따라 했다. 그 순간 그녀의 머리에 무엇인가 떠올랐다. 그녀는 물에 비친 자기 모습대로 진흙으로 형상을 만들기 시작했다. 그녀는 영리하고 손재주가 있어 금방 자기를 닮은 인형을 만들었다. 그때 풀잎 하나가 진흙 인형의 얼굴에 달라붙어, 그녀는 풀잎을 날려 보내려고 "후―" 하고 불었다. 그러자 생각지도 않게 이 진흙 인형이 살아나서 여와의 손을 잡고 "엄마"라고 불렀다. 여와는 매우 기뻤고 그 진흙 인형을 사람이라고 부르기로 했다.

여와는 자신이 흙으로 빚어 만든 인간이 만족스러웠다. 그리하여 그녀는 흙으로 인간 만드는 일을 계속했고 이 땅을 인간으로 가득 채웠다.

분자 수준에서 보면 세포의 주요 구성물은 탄수화물, 단백질, 지질, 핵산(DNA와 RNA) 등 네 가지다. 이들 네 가지 주요 고분자 물질 이외에 세포에는 반드시 물이 존재한다. 물은 세포 전체 무게의 약 70%를 차지하며, 물질의 대사 과정에서 중요한 용매 역할을 한다. 세포에서 물이 차지하는 비중이 특별히 크다는 사실은 생명의 기원이 원시 해양이었음을 시사한다.

원자 수준에서 보면, 인체를 구성하는 원소로는 원자 수의 순서에 따라 수소, 산소, 탄소, 질소, 칼슘 등이 있으며, 지각을 이루고 있는 원소인 산소, 규소, 알루미늄, 철, 칼슘, 소디움(나트륨) 등의 순서와는 상당히 다르다. 그리고 생명체 속에는 양은 적으나 생명 유지에 반드시 필요한 원소들이 있다. 예를 들면, 황은 단백질 구성에 필요한 원소이며 인은 에너지 대사, 핵산과 세포막 조성에 필요하다.

사람이 만일 흙으로 만들어졌다면 인체에는 탄소보다는 규소가 더 많아야 하지만 실제로는 정반대이다. 따라서 사람을 만들기 위해서는 흙이 아닌 다른 원료를 고려해 보아야 할 듯하다.

생물의 핵심 원소가 탄소인 이유는 무엇일까? | 물을 제외하면 생명체를 구성하는 대부분의 물질은 유기물이고 유기물의 구성단위 중에서 가장 중요한 것이 탄소다. 원소 중에서 탄소의 다양한 성질이 생명체가 발생하고 진화하는 데 가장 큰 역할을 해 온 것이다. 지구

인체, 해수, 지각의 구성물의 비 인체를 구성하는 원소의 구성비는 지각이나 해수와는 다르다.

구성 원소	인체		바닷물	지각
	무게비	원자비	원자비	원자비
산소(O)	65	25.5	33	47
수소(H)	10	63	66	.22
탄소(C)	8	9.5	–	.19
질소(N)	3	1.4	–	–
칼슘(Ca)	2	.31	.01	3.5
인(P)	1	.22	–	–
염소(Cl)	.17	.03	.33	–
칼륨(K)	.37	.06	.01	2.5
황(S)	.25	.05	.02	–
소디움(Na)	.11	.03	.28	2.5
마그네슘(Mg)	.04	.01	.03	2.2
규소(Si)	–	–	–	28
알루미늄(Al)	–	–	–	7.9
철(Fe)	–	–	–	4.5
티타늄(Ti)	–	–	–	.46

상에 흔한 원소인 규소도 다른 결합을 할 수는 있으나 규소-산소의 결합이 가장 강하므로 다른 결합의 기회가 적다. 반면에 탄소는 다른 원소와 여러 가지 방법으로 결합을 하지만 결합 강도에서 큰 차이를 보이지 않는다. 따라서 탄소는 수소를 포함한 몇 가지 원소들과 결합하여 매우 다양한 유기물을 생성한다. 그중에서 가장 진화에 적합한 형

태의 물질이 선택되었을 것이다. 만일 융통성이 없는 규소가 탄소 대신에 사용되었더라면 환경에 잘 적응할 수 있는 형태의 생명체로는 발전할 수 없었을 것이다.

헤파이스토스나 여와처럼 만일 흙으로 사람을 빚었다면 인체에는 탄소 대신에 규소가 많이 포함되어 있어야 한다. 그러나 물을 제외하고 세포에 가장 많이 존재하는 원자는 탄소다. 그렇다면 사람이 탄소가 많이 들어 있는 재나 숯으로부터 만들어졌다는 신화는 없을까?

그리스 신화에서 신들의 왕인 제우스는 여자 관계에서도 제왕급이었다. 제우스가 관계한 여자는, 신과 인간을 불문하고 헤아릴 수 없을 정도였다. 심지어는 자신의 딸과 관계하기도 했다.

제우스는 누나 데메테르와 동침해서 코레라는 딸을 얻었다. 코레는 나중에 지하 세계의 왕인 하데스와 결혼해서 페르세포네라고 불리게 된다. 제우스는 자신의 딸인 코레에게도 연정을 느끼기 시작했다. 참을 수 없는 지경이 되자 차마 제 모습으로는 일을 저지를 수 없었던지 뱀으로 변신하여 코레를 임신하게 만들었다. 코레는 아들 자그레우스를 낳았는데 제우스는 아들인지 손자인지도 애매모호한 자그레우스를 무척 사랑하여 왕위까지 물려줄 생각을 하고 있었다. 이를 제우스의 부인인 헤라가 알고 분노했다.

"저 영감탱이가 하다하다 별 해괴망측한 짓을 다 하고 다니는구나. 족보에 올릴 수도 없는 자그레우스 저놈부터 죽여서 천륜의 기강을 바로 세워야겠다."

헤라의 심중을 간파한 제우스는 자그레우스를 동굴 속에 숨겨 두었다. 헤라는 제우스에게 복수하려고 호시탐탐 기회를 노리고 있던 티탄족의 신들을 불렀다.

"자그레우스를 처치해 주시오. 요정들이 지키고 있는 동굴 속에 있습니다."

티탄 족의 신들은 동굴까지는 갔으나 몸집이 커서 들어갈 수 없었다. 동굴 밖에서 온갖 것으로 유혹을 했으나 자그레우스는 나오지 않았다. 궁리 끝에 거울을 하나 넣어 주었더니 마침내 자그레우스는 제 모습을 보려고 동굴 밖으로 나왔다. 기다리고 있던 티탄 족의 신들은 자그레우스를 잡아 심장을 제외하고는 모두 먹어 버렸다. 이 소식을 들은 제우스는 비탄에 잠겼다가 곧 분노에 몸을 떨었다.

"티탄 놈들, 태워 버리겠다!"

제우스는 벼락을 던져 티탄 신들을 재로 만들어 버렸다. 재는 결국 티탄 족과 자그레우스의 육신이 혼합된 것이었다. 이때 발명왕 프로메테우스가 나타나 그 재를 빗물로 반죽하여 인간을 만들었다.

인체의 구성 성분을 고려하면 흙으로 인간을 만드는 것보다는 물과 탄소를 포함하고 있는 빗물과 재를 사용하는 것이 보다 그럴듯한 방법일 것이다. 즉 우리는 흙에서 와서 흙으로 가는 것이 아니라 재에서 와서 흙으로 간다. 인간을 만든 신들 중에서, 여와나 헤파이스토스와는 달리 프로메테우스는 인간을 과학적으로 창조했으며 자기가 만든 인간이 잘 살 수 있도록 불까지 선사한 진정한 창조주였다.

광우병의 역사

가족을 죽인 죄를 씻기 위해 에우리스테우스 왕에게 무료 봉사하고 있던 헤라클레스에게 여덟 번째 주문이 주어졌다. 그것은 트라키아(흑해 서쪽 연안 지방. 현재의 불가리아, 루마니아, 우크라이나)의 왕 디오메데스가 기르고 있는 말들을 잡아 오라는 것이었다. 디오메데스의 말들은 몸집이 크고 사나웠으며 때로는 미친 듯이 날뛰었는데, 그때마다 왕은 지나가는 나그네를 죽여서 그 고기를 청동제 구유에 담아 먹여 말들을 안정시켰다.

이아손이 황금 양가죽을 가지러 갈 때처럼 헤라클레스도 이 말들을 잡아 오기 위해 그리스 전역에 용사들을 모집하는 광고를 냈다. 그러자 전처럼 할 일 없는 건달들이 많이 모여들었다. 헤라클레스는 그들과 함께 배를 타고 트라키아로 몰려갔다.

헤라클레스와 디오메데스의 싸움 디오메데스가 자신의 말들을 빼앗으러 온 헤라클레스와 싸우고 있다.

목적지에 도착한 헤라클레스는 용사들의 도움으로 어렵지 않게 말들을 바닷가로 몰아넣어 생포할 수 있었다. 그러나 그 과정에서 용사 한 명이 말에게 잡아먹히고 말았다.

한편 미친 듯 사나운 말들을 키우는 것을 취미로 삼고 있던 디오메데스는 말들을 도둑맞았다는 소식에 깜짝 놀라 헤라클레스를 잡으러 득달같이 달려왔다.

"이 말도둑놈아! 겁도 없이 누구 말을 훔쳐가는 것이냐! 말도둑은 죽여도 좋다 했으니 살아서 돌아갈 생각은 추호도 하지 마라."

디오메데스는 헤라클레스에게 덤벼들었다. 헤라클레스 역시 동료의 죽음을 복수하고 싶던 차에 즉각 싸우기 시작했다. 그러나 디오메데스는 헤라클레스의 적수가 되지 못했다. 그는 헤라클레스가 휘두른 곤봉에 즉사하고 말았다.

싸움이 끝나자마자 헤라클레스 일행은 곧장 말들을 배에 태울 준비를 했다. 그러자 말들이 미친 듯이 날뛰기 시작했다. 일행은 말들을 진정시킬 방법을 찾다가 디오메데스의 시체를 청동 구유에 담아 주어 보았다. 말들은 그것을 먹은 후에 모두 잠잠해졌다.

헤라클레스로부터 말들을 건네받은 에우리스테우스는 말들이 무서워졌다. 특히 주인인 디오메데스까지 먹혔다는 말을 듣고는 간이 콩알만 해졌다. 결국 그는 말들을 모두 숲 속에 놓아주고 말았다. 그 말들은 후손을 낳으며 오래도록 이어졌는데, 후에 알렉산더 대왕이 탔던 명마도 그중 한 마리라고 한다.

말들은 어떤 병에 걸린 것일까?

말이나 소에게 고기를 주면 먹지 않는다. 원래 초식성이기 때문이다. 만일 초식성 동물에게 억지로 고기를 먹이면 어떻게 될까?

초식성 동물이 지속적으로 육류를 섭취하면 몸에 이상이 발생할 수 있다. 예를 들어 영국의 소 사육업자들이 1970년대부터 소에게 양고기를 재료로 한 사료를 먹인 결과, 일부 소들이 미친 듯이 포악해지고 불안 등의 정신 이상 증세를 보이다가 수개월 이내에 폐사한 일이 발생했다. 이러한 소의 질병을 '광우병' 이라고 한다.

광우병의 의학적 용어는 소 해면상 뇌증(Bovine Spongiform Encephalopathy)이며, 주로 4~5세 소의 뇌에 스펀지처럼 구멍이 생기고 이상 행동을 보이는 전염성 질환이다. 그러나 소들이 양고기를 먹었다고 해서 모두 광우병에 걸리는 것은 아니다. 일부 소가 광우병에 감염된 것은 스크래피(scrapie)라는 병에 걸린 양고기가 포함된 사료를 먹었기 때문으로 추정된다. 스크래피는 양들이 갑자기 불안해하며 털과 피부를 담장에 비비는 발작적인 증세를 말하는데, 1730년에 영국에서 최초로 관측되었다는 기록이 있다.

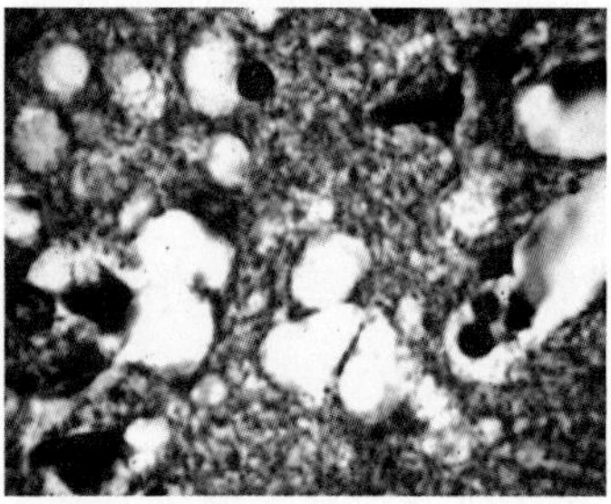

해면상 뇌 뇌에 빈 공간이 생긴 모습으로 스크래피나 광우병에 걸린 동물의 뇌에 나타나는 증상이다.

문제는 어떻게 해서 양의 병이 소에게로 전염되었는가 하는 것이다. 처음에는 바이러스로 생각되었으나 1982년 캘리포니아 대학교의 프루시너[40]가 전염 경로를 밝혀냈

40) Stanley Prusiner(1942~). 미국의 신경학자, 생화학자.

다. 그가 밝혀낸 바로는, 스크래피 등 전염성 해면상 뇌증(Transmissible Spongiform Encephalopathy)은 프리온이라는 단백질에 의해 발병하는 것이며, 한 동물에 있던 프리온은 그 동물을 섭취한 다른 동물의 뇌 등 조직에 존재하는 정상적인 프리온을 자신의 형태로 바꾸어 증식하고 뇌 신경 등 정상 세포의 손상을 초래한다고 한다. 프루시너는 이 업적으로 1997년에 노벨 의학상을 받았다.

말이 미친 듯이 날뛰는 데에는 여러 가지 원인이 있겠지만 디오메데스가 사람의 고기를 먹였다는 것과 연관시켜 생각해 보면 광우병일 가능성이 있다.

사람도 광우병에 걸릴까?

동물의 스크래피나 광우병과 유사한 질병으로 사람에게 발생하는 병을 크로츠펠트-야콥병(Creutzfeldt-Jakob Disease)[41]이라고 한다. 즉 크로츠펠트-야콥병은 사람의 뇌에 스펀지처럼 구멍이 생기는 전염성 해면상 뇌증이다. 1920년대에 처음 발견되었는데 이 질병에 걸린 사람들은 주로 60세 이상의 노인이었으며, 집중력과 기억력 감소, 시간과 장소의 혼동, 감정 장애 등 치매와 유사한 증상으로 시작하여 수개월 정도 손발을 제대로 움직이지 못하고 혼수상태에 빠졌다가 사망했다. 이 병은 백만 명 가운데 한 명꼴로 나타나는 희귀 질환이지만 우리나라를 포함한 전 세계에서 발견되고 있다. 그러나 크로츠펠트-야콥병은 증세만 비슷할 뿐 소의 광우병과는 무관하다.

---

41) 줄여서 CJD라고 한다.

광우병에 걸린 쇠고기를 섭취하면 감염되는 것으로 알려진 인간 광우병은 크로츠펠트-야콥병과 유사한 변종 크로츠펠트-야콥병[42]이다. 변종 크로츠펠트-야콥병이 광우병과 관련이 있다고 추측하는 것은 기존의 크로츠펠트-야콥병과 달리 변종 크로츠펠트-야콥병에 감염된 환자들이 20 · 30대의 젊은이였으며, 그들은 쇠고기를 장기간 섭취하고 있었을 뿐만 아니라 특히 그중 일부는 소를 기르는 농장의 농부였기 때문이다.

광우병에 걸린 쇠고기를 사람이 먹으면 오랜 잠복기를 거쳐 변종 크로츠펠트-야콥병의 증상이 나타나는 것으로 추정된다. 변종 크로츠펠트-야콥병은 일반 크로츠펠트-야콥병과는 달리 우울증, 불안감, 정신위축, 초조감, 공격성 등 정신 증상이 초기부터 지속적으로 나타나며, 증상 발현 후 평균 14개월 이내에 사망한다. 그리고 아직까지 이 병에 대한 치료제는 없다. 더구나 다른 감염병과는 달리 잠복기가 너무 길어서 5~40년이 지난 뒤에 증상이 나타나며 드물게는 유전도 된다고 한다.

지금까지 전 세계적으로 변종 크로츠펠트-야콥병에 걸린 것으로 추정되는 사람은 200여 명에 불과하다. 그러나 그들이 광우병에 걸린 쇠고기를 먹고 그 병에 걸렸다는 직접적인 증거는 없다. 다만 질병의 증상과 환자의 식습관 등과 같은 관련 정보를 종합해 본 결과, 소의 광우병이 사람에게 변종 크로츠펠트-야콥병을 일으킨 것이라고 추정할 수 있을 뿐이다.

42) 줄여서 vCJD라고 한다.

프리온은 어떻게 증식할까? 바이러스나 세균은 몸속에서 증식하여 그 수가 불어난다. 그렇게 증가한 병원체들이 세포를 파괴하거나 기능을 저하시켜 질병의 증세가 나타나는 것이다. 그러나 프리온과 같은 단백질 자체는 생물이 아니다. 그럼에도 불구하고 그들은 어떻게 증식할까?

프리온은 스스로 증식하는 것이 아니라 주위의 정상적인 프리온을 변형시키는 작용을 할 뿐이다. 즉 비정상적인 3차원 구조를 가진 프리온은 정상적인 프리온까지도 비정상적인 구조로 변화시키는 연쇄 반응을 일으켜 뇌세포를 손상시키는 것으로 보인다.

프리온은 쉽게 제거될 수 있을까? 프리온이 생물이 아닌 단백질이라는 사실은 인류에게 불행한 일이다. 항생제 등 지금까지 인류가 개발한 많은 의약품이 무용지물이 되기 때문이다. 뿐만 아니라 예방도 어렵다. 열에 약해 쉽게 변성이 일어나는 일반적인 단백질과 달리 프리온은 섭씨 100도 이상의 고열에서도 수십 분 이상 버틸 정도로 강하다. 따라서 끓는 물에 익히거나 살짝 굽는 정도로는 감염을 막을 수 없다. 또한 자외선이나 방사선, 화학 약품에도 잘 견뎌 쉽게 파괴되지 않는다.

설상가상으로 프리온에 대해서는 우리의 면역체계가 잘 작동하지 않는다. 일반적으로 외래 단백질이 체내로 들어오면 면역체계가 이를 감지해 파괴한다. 그러나 프리온은 침투 당시 마치 체내에서 만들어낸 단백질처럼 면역체계가 눈치채지 못하게 구조가 변형되었다가 시간이 지나면 마치 형상 기억 합금처럼 되살아나기 때문에 우리의 면역

형상 기억 합금

일반 금속에 힘을 가하면 변형, 즉 형태가 변화하는데 변형이 조금 되었을 때에는 힘을 제거하면 원 상태로 되돌아온다. 금속의 이러한 성질을 탄성이라고 한다. 그러나 변형이 너무 많이 되면 변형력을 제거하더라도 변형의 일부는 영구히 잔류한다. 이를 소성이라고 한다. 예를 들어 철사를 조금 구부렸다가 놓으면 원 상태로 다시 돌아오지만, 많이 구부렸다가 놓으면 원 상태로 완전히 돌아오지 않는다.

어떤 합금은 비록 소성 변형이 되었지만 열을 가하면 그 소성 변형이 사라지고 원 상태로 복구하는 성질을 가지고 있다. 이러한 금속을 형상 기억 합금이라고 한다. 즉 형상 기억 합금으로 한번 형상을 만들면 마치 그 형상을 기억하고 있는 듯 다른 형상으로 변형시켜도 가열만 하면 변형 전의 형상으로 돌아오는 것이다. 예를 들면 니켈과 티타늄의 합금을 적당한 온도로 열처리하면 그때의 형상을 영구적으로 기억하게 된다.

체계가 이를 감지해 내지 못한다고 한다.

사람들은 광우병을 두고 자연의 섭리에 역행하는 인간에게 내린 신의 징벌이라고도 한다. 그러나 광우병을 너무 감정적으로 해석하는 것도 금물이다. 생물의 역사에서 보면 식성의 변화는 진화의 한 과정이기 때문이다. 예를 들어 해부학적으로 개는 원래 육식성이었으나 사람과 지내면서 잡식성으로 바뀌었다. 사람과 개가 가까이 지낸 것은 길게 잡아야 수만 년에 불과하다. 그럼에도 불구하고 식성이 변화할 수 있다는 사실은, 현재 소나 말과 같은 초식 동물들도 어쩔 수 없는 환경의 변화가 오랫동안 지속된다면 육식 동물로 바뀔 수 있다는 사실을 의미한다. 결국 현재 우리가 두려워하고 있는 광우병은 진화의 시계를 인위적으로 급격하게 돌리려는 데서 발생한 문제인 것이다.

신의 연고

가족을 살해한 죄를 씻기 위해 에우리스테우스가 시키는 일을 하고 있던 헤라클레스에게 마지막으로 주어진 임무는 지하 세계를 지키는 무서운 개 케르베로스를 잡아 오는 것이었다. 지하 세계는 제우스의 형인 하데스가 지배하고 있었는데 그곳에는 머리가 셋이고 등에는 수많은 독사의 머리가 달려 있는 무시무시한 케르베로스라는 개가 있었다. 케르베로스가 하는 일은 죽어서 들어오는 자는 통과시켜 주고 도로 나가려는 자는 막는 것이었다.

그리스 신화에서 산 자가 지하 세계에 갔다가 돌아온 예는 드물다. 그러나 제우스의 아들 헤라클레스는 다짜고짜 지하 세계로 갔다. 그는 지하 세계의 입구에 가서 뱃사공 카론이 젓는 배가 너무 느리다고 노를 빼앗아 직접 젓는가 하면, 도착해서는 큰 소리로 하데스를 불렀다.

"나는 헤라클레스다. 큰아버지를 만나러 왔다."

헤라클레스가 제우스의 아들이니 하데스는 그의 큰아버지인 셈이다. 죽음과 같이 적막하던 지하 세계가 소란스러워지자 하데스가 나왔다.

"조카야, 여기는 죽은 자만이 오는 곳이다. 넌 아직 올 때가 아닌데 왜 벌써 와서 소란을 피우느냐?"

"큰아버지, 케르베로스를 주세요. 잠깐 데리고 나갔다가 돌려드리겠습니다."

"네 힘만 믿고 버릇없이 구는구나. 여기는 힘이나 용기가 통하는 세상이 아니다. 운명이 지배하는 곳이란 말이다."

헤라클레스에게 그런 철학적인 이야기는 먹히지 않았다.

"저는 바쁜 몸입니다. 빨리 케르베로스나 주시지요."

하데스는 어이가 없어서 말문이 막혔다. 철없는 조카에게 무시당한 것이다. 한동안 생각하던 하데스는, 결국 헤라클레스를 교육시키는 길은 싸워서 혼을 내 주는 방법 외에는 없다는 것을 알았다.

"좋다. 나와 싸워서 이기면 케르베로스를 데려가거라."

"듣던 중 반가운 말씀이군요. 저도 싸움에는 자신이 있거든요."

그렇게 해서 지하 세계의 지배자와 지상 최고의 영웅 사이에 싸움이 시작되었다. 지하에서는 하데스가 최고이므로 당연히 그가 이길 수밖에 없을 것 같았지만 싸움은 예상과는 다른 방향으로 끝났다. 헤라클레스가 쏜 화살이 하데스의 어깨에 박힌 것이다.

하데스와 페르세포네 하데스는 제우스의 형이며 지하 세계의 왕이다. 페르세포네는 그의 왕비다.

"대단하구나, 헤라클레스……. 내가 졌다. 약속대로 케르베로스를 가져가거라. 그러나 케르베로스가 오랫동안 없으면 아무나 이 지하 세계를 출입하게 되어 운명의 질서가 흐트러진다. 그러니 곧 반납하도록 해라."

헤라클레스는 대꾸도 않고 케르베로스를 끌고 지상 세계로 나가 버렸다. 의기양양하게 돌아가는 헤라클레스와는 달리 풀이 죽은 하데스는 올림포스 산으로 가서 신들만을 위한 신비한 연고로 어깨의 상처를 치료했다.

신비한 연고는 무엇일까?

상처는 신체를 구성하는 많은 세포들 중 일부가 손상된 것이다. 피부에 상처가 나면 세포가 증식하여 원 상태를 회복하려고 하며 새로운 상피가 덮이는 것으로 일차적인 치유가 끝난다. 이 과정에서 상피성장인자(epidermal growth factor)가 중요한 역할을 한다.

상피성장인자는 53개의 아미노산으로 구성된 단백질로서 침, 소변, 모유, 눈물, 혈액 등에 고농도로 존재하고, 상처가 났을 때 혈액으로부터 공급되어 세포 표면에 있는 상피성장인자의 수용체와 결합한다. 그 결과, 세포 내에서 해당작용, 단백질 합성 등이 증대되고 궁극적으로는 DNA의 합성과 세포의 분열이 활발히 일어난다. 상피성장인자는 상피 세포의 분열을 촉진함으로써 상처 치유 과정에 적극적으로 개입한다. 뿐만 아니라 상처 치유 과정에서 통증을 경감시키는 역할과 흉터 형성에 관여하는 물질의 분비를 억제하는 역할도 하는 것으로 알려져 있다. 따라서 상피성장인자는 피부 세포의 재생을 촉진하여 화상, 창상, 각막 손상, 수술 절개 부위의 치유는 물론 잔주름 제거, 피부 탄력 회복 등 미용 목적에도 탁월한 역할을 한다.

인체는 상피성장인자를 손상된 조직에 적절하게 공급하여 그 조직이 정상적으로 회복되도록 자율적으로 조절을 하지만, 상피성장인자가 만성적으로 부족하여 상처가 치유되지 않는 경우도 있다. 이 경우 상피성장인자를 외부에서 공급해 주어 상처를 치료하는 방법도 고려해 볼 수 있다. 예를 들어 당뇨성 족부 궤양, 정맥 궤양, 욕창, 위궤양 등의 만성 상처에 상피성장인자를 사용하여 효과를 얻었다는 보고가 있다. 이에 따라 상피성장인자의 사용 범위가 더욱 넓어질 것으로 보인다.

상피성장인자는 1962년에 미국의 코헨[43]이 발견했으며 그는 그 공로로 1986년에 노벨 의학상을 수상했다.

하데스가 헤라클레스와 싸우다 입은 상처를 치료하기 위해 지하 세계를 떠나 신들의 병원이 있는 올림포스 산으로 가서 연고를 바르고 치유되었다면 그 연고의 주성분은 상피성장인자였을 것이다.

해당작용

해당작용이란 글루코오스(포도당)가 분해되어 ATP라고 하는 물질이 생성되는 일련의 과정이다. 이 과정에서는 6개의 탄소 원자를 가진 글루코오스 분자가 3개의 탄소 원자를 가진 피루브산으로 분해된 다음, 산소의 유무에 따라서 서로 다른 반응 경로로 ATP를 생성한다.

산소가 없을 경우에는 발효가 일어난다. 이때 2~3개의 ATP 분자가 생성되며 부산물로 에탄올이나 젖산이 생성된다. 산소를 사용하면 38개의 ATP 분자가 생성되고 물과 이산화탄소가 발생한다. ATP는 생물이 에너지를 필요로 할 때 사용되는 물질이다. 따라서 산소 호흡이 무산소 호흡보다는 훨씬 효율적으로 에너지를 생산한다고 볼 수 있다.

43) Stanley Cohen(1922~). 미국의 생화학자.

상피성장인자는 어떻게 생산될까? | 지금은 상피성장인자를 유전자재조합의 방법으로 대량 생산하고 있다. 이를 재조합 인간 상피성장인자라고 하며, 인체 내에서 자연적으로 생산되는 것과 동일한 과정으로 유전 공학적 방법으로 생산하고 있다. 즉 상피성장인자를 생산하는 유전자를 미생물에 삽입하여 그 미생물이 상피성장인자를 생산

유전자재조합

좁은 의미의 유전자재조합은 DNA에서 특정한 유전자를 추출하여 복제할 수 있는 능력을 가진 다른 DNA 분자에 맞추어 넣는 기술을 의미한다. 넓은 의미로는 이렇게 만들어진 DNA를 생물학적 혹은 화학적 방법으로 복제시키는 기술까지도 포함한다.

1972년, 원숭이 바이러스의 DNA를 박테리오파지의 DNA에 맞추어 넣는 데 성공함으로써 시작된 유전자재조합은 DNA 재조합과 혼용되는 용어다. 유전자재조합은 다분히 인공적인 과정을 내포하나 자연적으로도 일어나고 있다. 예를 들면 생물의 생식세포의 분열 과정에서 두 성염색체의 DNA 일부가 이동한다. 새로이 태어나는 자손에게 양친이 가지고 있던 형질의 혼합이 나타나는 이유가 여기에 있다.

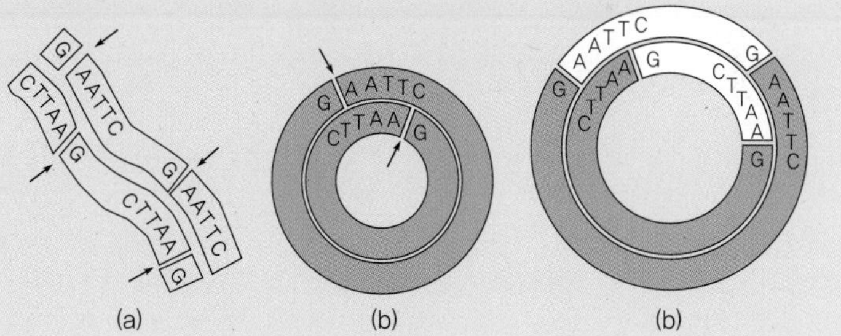

유전자재조합 | (a) 특별한 효소(제한효소)로 DNA의 특정한 염기 사이를 자른다. (b) 같은 효소로 플라스미드(박테리아의 DNA)를 자른다. (c) DNA 절편을 플라스미드에 맞추어 넣어 완전한 플라스미드가 되게 한다.

하게 한 후, 단백질 분리 정제 기술을 이용하여 상피성장인자만을 순수하게 분리하는 방법으로 대량 생산을 하는 것이다.

신탁의 진실

그리스 신화에서 아폴로는 제우스와 헤라의 아들이지만 삼촌이나 고모뻘의 신들을 제치고 제우스와 헤라 다음가는 권위를 가지고 있었다. 그런 이유로 사람들은 델포이에 있는 그의 신전에서 자신의 중대사를 고백하고 그에 대한 신의 대답을 받았는데, 이를 '신탁'이라고 한다. 평민은 여기에서 자신의 운명 등을 묻고 왕은 전쟁의 승패와 같은 국가의 중대사를 물었다.

그리스 신화에는 델포이의 신전에서 신탁을 받는 장면이 여러 번 나온다. 예를 들어 테베의 왕 라이오스는, 아들을 낳으면 그 아들이 왕인 자신을 죽이고 어머니인 왕비와 결혼할 것이라는 신탁을 받았다. 라이오스는 이를 막기 위해 아들 오이디푸스를 버렸으나 우여곡절 끝에 아들은 돌아와서 신의 예언대로 비극적인 일을 일으키고 만다. 이와 같이 인간이 운명에 대한 신탁을 듣고 아무리 그 일을 피하려고 노력해도 결국 모든 것이 예언대로 되어 버린다는 것이 신탁의 특징이다.

델포이 신전에서 신탁을 전해 주는 이는 무녀 피티아였다. 피티아가 신탁을 전해 주는 장면은 다음과 같다. 피티아는 월계수 관을 쓰고 월계수로 장식된 의자에 앉는다. 그 의자는 깊숙이 틈이 난 바닥 위에 놓여 있는데, 지하에서 방출된 특수한 증기가 이 틈에서 새어 나오고 있다. 피티아는 이 증기를 마시면서 무아지경에 빠져 영감을 얻고 신탁을 읊조린다. 그런데 대부분의 경우 이 신탁이 알 듯 모를 듯한 내용이었으므로 듣는 사람은 이를 잘 해석해야 했다.

정말 예언이었을까?

고대 그리스 인은 델포이의 신전 바닥에서 솟아오르는 정체 모를 증기가 피티아에게 영감을 준다고 믿었다. 실제로 한 연구[44]를 통해, 델포이 신전 지하에는 단층이 존재하며 이 때문에 상부의 석회암에 틈이 있음이 확인되었다. 지진 활동으로 만들어진 이 암석의 틈으로 에텐(C_2H_4), 메테인(CH_4) 등의 가스가 솟아나는 사실도 확인되었다. 이들 가스 중에서 에텐은 단맛이 나는 무색의 마취성 기체로서 시중에서는 에틸렌이라는 이름으로 더 잘 알려져 있다. 이 때문에 에텐은 한동안 병원에서 마취제로 사용된 적이 있다.

신탁을 내리고 있는 무녀 피티아 피티아는 아폴로 신전의 무녀다. 사람들은 그녀가 에텐 가스에 취해 횡설수설하는 말을 신탁으로 여겼다.

에텐의 대부분은 합성 섬유인 폴리에틸렌 생산에 사용되며 일부는 다른 유기화학 제품의 원료로 사용된다. 이러한 목적으로 사용되는 에텐의 대부분은 석유를 가공하여 얻어진다.

---

44) *Scientific American*의 2003년 8월 호.

단층

지각의 일부에 생긴 틈을 경계로 양측의 지층이 상대적으로 이동하여 서로 어긋나 있는 구조가 단층이다.

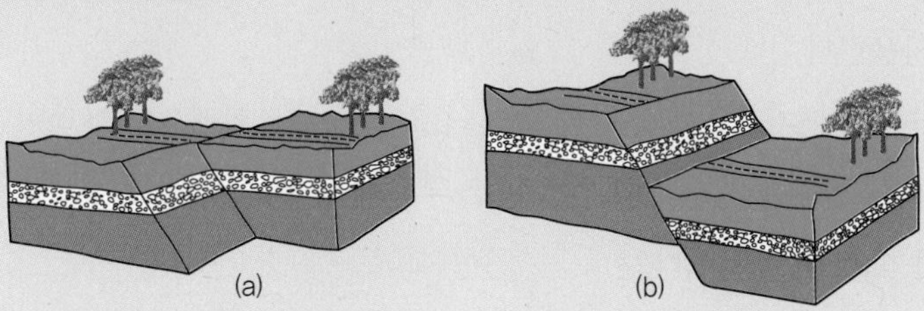

단층 | 지층이 끊어진 뒤 상대적으로 이동하여 만들어진다. 그림은 수평(a)과 수직(b) 방향으로 이동한 것이다.

에텐은 자연적으로도 발생한다. 즉 에텐은 식물 스스로가 생산하여 식물의 성장과 노화를 촉진하는 호르몬으로 작용한다. 낙엽이 지고 과일이 익는 것이 바로 에텐의 작용이다. 이러한 에텐의 성질을 이용해 설익은 과실을 수확한 뒤 판매 직전에 익게 할 수 있다. 예를 들어 설익은 바나나나 감, 귤을 에텐에 노출시키면 빨리 익는다. 과일에 따라 에텐의 방출량은 차이가 있으며 사과나 멜론이 비교적 많이 방출한다. 그러므로 사과나 멜론과 함께 다른 과일을 넣어 두면 쉽게 물러진다.

과거에는 과일을 인공적으로 숙성시키기 위해 흔히 카바이드가 물과 작용했을 때 발생하는 에타인을 에텐 대신 사용했다. 카바이드는 탄화칼슘(CaC_2)의 상용명이며, 물을 가하면 에타인(C_2H_2)이 발생한다. 에타인의 상용명이 아세틸렌이다. 그런데 시중에서 사용하는 공업용 카바이드는 순수한 것이 아니라 황, 인, 질소, 규소 등이 포함되어 있어 물과 반응할 때 에타인 외에도 황화수소(H_2S), 인화수소(PH_3),

암모니아(NH_3) 등이 발생하여 과일에 잔류할 가능성이 크다. 따라서 공업용 카바이드를 사용하여 과일을 숙성시키는 것은 좋지 않다. 보다 쉽게 구할 수 있는 이산화탄소, 알코올 등도 에텐과 유사한 과일 숙성 효과를 나타내며 독성이 적기 때문에 요즘은 과일을 숙성시킬 때 이들을 사용한다.

자동차 배기가스를 포함한 화석연료의 연소에 의해서도 에텐이 발생한다. 석유나 석탄을 태우는 난로 부근에 둔 과일이 빨리 상하는 이유가 바로 이 때문이다.

에텐은 많이 마시면 목숨이 위험하지만, 적은 양으로는 부양감이 들게 하거나 환각 상태에 빠지게 할 수 있다. 또한 메스꺼움과 함께 구토를 일으키기도 하는데, 이는 신탁을 내릴 때 피티아가 심하게 몸부림을 치면서 구토를 했다는 기록과 일치하는 내용이다. 아마도 피티아가 에텐에 취해 정신이 혼미한 환각 상태로 빠져들어 알아들을 수 없는 이상한 말들을 마구 내뱉으면, 곁에 있던 해설자가 자신이 알고 있는 의뢰인에 대한 온갖 정보를 참고해서 스스로 해석했을 것이다. 결국 델포이 신탁이란 에텐 가스에 취해 환각 상태에 빠진 무녀가 횡설수설하는 것을 해설자가 마음대로 해석한 것이다.

알렉산더 대왕도 이전의 그리스 영웅들처럼 델포이의 신전에 와서 자신이 계획하고 있던 동방 원정에 대해 신의 말씀을 듣고자 했다. 그는 쉬고 있던 피티아를 억지로 끌고 와 신탁을 내려줄 것을 요구했다. 그러자 그녀는 '당신은 천하무적이다.' 라고 했다고 한다. 알렉산더의 동방 원정은 칭기즈칸의 서방 원정과 함께 전 세계의 정치, 문화, 사회를 대규모로 뒤흔든 사건이었다. 만일 무녀로부터 실망스런 말을 들었다면 알렉산더 대왕은 어떤 결정을 내렸을까?

아폴로 신전 델포이에 있는 아폴로 신전은 신탁을 받는 장소로 유명하다. 아무 신이나 신탁을 내리는 것은 아니었던 만큼 아폴로는 지위가 높은 신이었다.

델포이 신전에서 신탁을 받는 일은 로마 시대에 오면서 쇠퇴했으며 신전은 마침내 393년에 기독교 신자인 테오도시우스 황제의 명령으로 공식적으로 폐쇄되었다. 고대 그리스의 신들이 유일신인 예수로 대체되었기 때문이었다. 예수는 무녀를 통해 신탁을 내리는 것이 아니라 예언자나 성경을 통해 내린다.

질투가 남긴 비극

헤라클레스가, 아켈로오스를 물리치고 얻은 아내 데이아네이라와 함께 강을 건너려 하고 있었다. 그 강에는 반인반마인 네소스가 삯을 받고 사람을 업어 건네 주고 있었다. 헤라클레스는 스스로 건너고 데이아네이라는 네소스에게 업혀 건너게 되었다. 헤라클레스가 성큼성큼 강을 건너고 있을 때, 강 저편에서 아내의 비명소리가 들렸다.

"여보! 네소스가 저를 납치하려고 해요!"

헤라클레스는 재빨리 네소스에게 활을 쏘았다. 화살은 네소스에게 명중했다. 천하의 영웅 헤라클레스의 화살을 맞았으니 네소스는 살아날 가망이 없었다. 그는 숨을 헐떡이며 귓속말로 데이아네이라에게 속삭였다.

"나는 평생 나쁜 짓만 하고 살았어……. 이제 죽기 전에 마지막으로 좋은 일 한 가지만 해 보려고 해……. 내 피를 남편의 옷에 묻혀 두었다가 남편의 사랑이 식으면 그 옷을 입혀. 그러면 남편이 돌아올 거야……."

네소스는 힘겹게 손을 들어 흐르고 있는 자신의 피를 가리켰다. 데이아네이라는 반신반의하면서도 여분으로 가지고 있던 헤라클레스의 옷에 그 피를 묻혀 두었다.

그 일이 있고 난 후 헤라클레스는 약속을 지키지 않는 에우리토스라는 왕을 무찌르고 공주 이올레를 포로로 잡게 되었다. 데이아네이라가 보니 이올레는 자기보다 젊고 예뻤다. 헤라클레스도 은근히 이올레를 좋아하는 것처럼 보였다. 순간 데이아네이라의 마음에 질투와 근심이 생겼다. 그녀는 며칠을 고민하다가 네소스의 피가 묻은 옷이 생각났다. 그리고 네소스가 한 말이 떠올라, 헤라클레스에게 그 옷을 주며 갈아입으라고 했다. 아내가 주는 옷을 기쁜 마음으로 입는 순간, 헤라클레스는 독사에 물린 것처럼 온몸에 경련을 일으키며 고통에 몸부림치기 시작했다. 옷을 벗으려고 했으나 몸에 달라붙어 떨어지지도 않았다.

"으악! 옷에 뭐가 묻은 거야?"

헤라클레스는 이리저리 뒹굴며 비명을 질렀다. 데이아네이라는 뜻하지 않은 결과에, 죄책감에 사로잡혀 결국 자살을 하고 말았다.

한편 고통에 신음하던 헤라클레스는 친지들에게 부탁하여 장작을 쌓게 하고 스스로 그 위에 누웠다.

"참을 수 없는 이 고통에서 벗어나고 싶다. 어서 불을 붙여라."

그러나 아무도 그 일을 하려 하지 않았다. 그때 포이아스라는 목동이 지나갔다. 헤라클레스는 그를 불러 세웠다.

"여보게, 부탁이니 장작에 불을 붙여 주게."

"불을 붙여 드리면 무엇을 주시겠습니까?"

헤라클레스자리 헤라클레스는 신과 인간의 잡종이며 죽어서 별자리가 되었다.

"내 활을 가지게."

"손해는 아니군요."

그리하여 헤라클레스는 타오르는 불길 속에서 숨을 거두었다. 제우스는 그를 별자리로 만들어 영원히 살게 해 주었다.

헤라클레스의 비극적인 죽음은 그의 계모 헤라의 계략이었다고도 한다. 그리고 헤라클레스의 활은 포이아스의 아들 필로크테테스에게 전해졌고 그는 그 활을 가지고 트로이 전쟁에 참가하여 그리스 연합군이 승리하는 데 큰 역할을 했다.

신성과 인간성, 어느 것이 더 우성일까? | 그리스 신화에 등장하는 신은 죽지 않고 영원히 살지만 인간의 수명은 유한하다. 이와 같이 신과 인간은 분명히 서로 다른 종족이지만 그들은 결혼해서 자식을 낳고 또 그 자식이 다음 세대를 낳기도 했다. 예를 들면 제우스와 인간 여성 사이에서 태어난 헤라클레스, 아폴로와 인간 여성 사이에서 태어난 파에톤, 테티스와 인간 남성 사이에서 태어난 아킬레우스 등이 모두 그러한 잡종이었다.

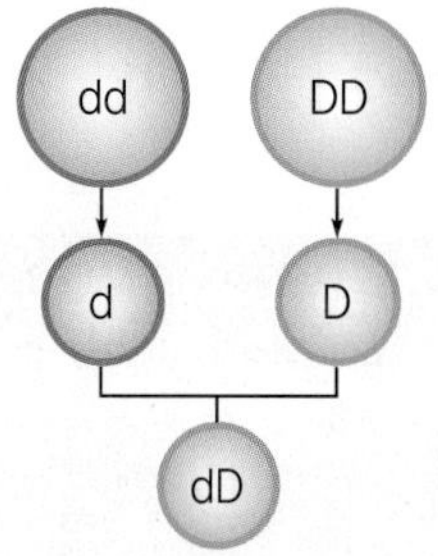

신과 인간의 혼혈 남신과 인간 여성이 결합할 때 남신의 유전자(dd) 중 1개(d)는 정자에 있고 인간 여성의 유전자(DD) 중 1개(D)는 난자에 있다. 수정을 통해 유전자가 합쳐지며 dD가 된다. 유전자로 말하자면 혼혈인 셈이다. 그러나 유전자 D가 d에 대해 우성이면 dD 유전자를 가진 자손은 인간성을 가진 것으로 나타난다.

헤라클레스와 같이 신과 인간 사이에서 태어난 잡종 제1세대는 모두 죽음에서 벗어나지 못하는 인간성을 가

대립형질

형질은 생물의 형태와 성질이다. 이 형질을 결정하는 것은 물론 유전자다. 형질 중에서 대립형질은 일반적으로 대립 관계에 있는 복수의 유전자에 의해 결정되는 형질을 말한다. 예를 들면 완두의 색상을 결정하는 유전자, 사람의 색맹 여부를 결정하는 유전자 등이 있다.

우열의 법칙

서로 다른 대립형질의 순종 양친 사이에서 출생한 잡종 제1대에 한 가지 형질만 나타나는 현상을 우열의 법칙이라 한다. 실제로 잡종에는 우성과 열성 유전자가 모두 있지만 둘 중에 한 가지로 표현되는 것이다. 잡종의 표현형을 우성, 그렇지 않은 형질을 열성이라고 한다. 예를 들어 완두는 황색이 우성, 녹색이 열성이며, 초파리의 눈은 붉은색이 우성, 흰색이 열성이다.

졌었다. 그런데 유전에 관한 멘델의 법칙 중에서 우열의 법칙에 따르면, 대립형질을 가진 암수 한 쌍 사이에서 태어난 잡종 제1세대는 모두 우성 형질을 나타낸다. 이 법칙에 비추어 볼 때 신성보다는 인간성이 더 우성이라는 사실을 알 수 있다. 즉 신성의 유전자를 dd, 인간성의 유전자를 DD라고 하자. 그러면 신과 인간의 결합으로 만들어질 수 있는 유전자 쌍은 dD밖에 없다. 그런데 인간성의 유전자 D가 우성이므로 비록 유전형은 dD로 신과 인간의 유전자가 혼합되어 있지만 표현형은 인간성으로 나타나는 것이다.

대립형질이 있는 유전에서 반드시 우열의 법칙이 적용되는 것은 아니다. 그 예를 스핑크스의 신화에서 찾아보기로 하자.

고대 그리스의 도시 국가 중 하나인 테베(그리스 남부, 아테네 북방의 도시)의 국민들은 괴물 때문에 괴로움을 당하고 있었다.

"뭐라고? 괴물이 그렇게 생겼단 말이야?"

"그럼 그렇게 생긴 것이 사람까지 잡아먹으니 정말 큰일이네."

"벌써 몇 명째야? 젊은이들만 골라 잡아먹는다던데."

"글쎄 말이야. 어쩌다 이 평화롭던 나라에 그런 괴물이 나타났을까?"

"우리가 신들에게 무례했기 때문이래."

"열심히 제사 지내고 있잖아?"

"마음이 더 중요하지. 어쨌든 그 괴물이 내는 수수께끼를 알아맞혀야 한다는데, 아직 그 수수께끼를 푼 사람이 없다는군."

그 괴물은 다름 아닌 스핑크스였다. 스핑크스의 생김새는 기묘하기 짝이 없었다. 인간 여자의 얼굴에, 몸은 사자처럼 생겼고, 꼬리와 날개가 있었다. 스핑크스는 포도주의 신 디오니소스의 명령을 받고 테베인을 괴롭히고 있었다. 그는 테베의 인적이 없는 곳에 숨어 있다가 젊은 사람이 지나가면 붙잡고 수수께끼를 냈다.

유전형과 표현형

유전자에 의해 결정되는 형질을 유전형이라고 하며, 생물이 실제로 나타내는 형질을 표현형이라고 한다. 유전형과 표현형이 반드시 일치하는 것은 아니다.

"만일 내가 내는 수수께끼를 맞히지 못할 경우엔 그대를 잡아먹을 것이다. 그러나 수수께끼를 맞히면 내가 바위산에 머리를 받고 죽을 것이다."

그러나 스핑크스의 수수께끼가 쉽게 풀릴 리가 없었다. 그렇게 하여 스핑크스는 많은 젊은이들을 잡아먹었다. 심지어 왕의 조카까지도 잡아먹었다. 마침내 왕은 스핑크스를 몰아내는 사람에게는 왕의 자리를 주겠다고 선언하기에 이르렀다. 하지만 왕위를 탐내 도전한 젊은이들 역시 한 사람도 그 문제를 풀지 못하고 모두 스핑크스에게 잡아먹히고 말았다. 그런데 우연히 그곳을 지나던 오이디푸스가 그 이야기를 듣게 되었다.

"흠, 수수께끼라면 자신 있지."

오이디푸스는 자신 있게 스핑크스를 찾아갔다. 스핑크스는 제 발로 찾아온 오이디푸스에게 수수께끼를 냈다.

"아침에는 네 발로 걷고, 낮에는 두 발로 걸으며, 저녁에는 세 발로 걷는 동물은 무엇인가?"

오이디푸스는 망설임 없이 대답했다.

"그것은 인간이다. 아기일 때는 손과 발로 기어 다니고, 어른이 되면 두 발로 걷다가, 늙으면 지팡이에 의지해 세 발로 다니기 때문이다."

스핑크스는 자신의 수수께끼가 너무도 쉽게 풀린 것에 굴욕감을 느끼고는 산 아래

스핑크스 괴물 신들의 잡종으로, 인간의 성장 과정에 대한 수수께끼로 유명하다.

로 몸을 던져 죽어 버렸다. 그렇게 하여 오이디푸스는 테베의 왕이 되었다.

스핑크스는 티폰과 에키드나 사이에서 태어난 딸로서, 아버지 티폰은 100개나 되는 뱀의 머리와 날개를 갖고 있고 검은 혀에서는 소름 끼치는 소리가 나는 끔찍하게 생긴 괴물이었으며, 어머니 에키드나도 상반신은 아주 아름다운 미인이지만 하반신은 징그러운 뱀이었다. 스핑크스는 양친의 모습이 조금씩 섞여 있는, 흉측한 괴물과도 같은 모습이었다.

스핑크스의 상반신은 어떤 유전의 결과일까? | 에키드나와 티폰 사이에서 태어난 스핑크스는 완전한 에키드나도, 완전한 티폰도 아니었다. 예를 들어 머리는 어머니를 닮아 여자 머리였고, 날개는 아버지로부터 물려받았다. 이와 같이 스핑크스는 아버지와 어머니의 모습을 부분적으로 조금씩 가져와 섞어 놓은 듯했다. 여기서 특히 우리가 주목하는 부분은 상반신이다. 티폰의 상반신에 대해 신화에서는 특별히 언급한 바가 없지만 도자기에 그려진 것을 보면 큰 날개를 움직일 수 있을 정도로 건장한 괴물의 모습이다. 반면 에키드나의 상반신은 인간 여자의 모습과 같다. 그리고 둘 사이에서 태어난 스핑크스의 상반신은 사자의 모습으로 괴물과 인간의 중간 정도라고 할 수 있다.

에키드나와 티폰 사이에서 태어난 잡종의 상반신은 에키드나의 상반신이 되게 하는 유전자와 티폰의 상반신이 되게 하는 유전자들의 조합으로 결정된다. 즉 에키드나와 티폰의 상반신이 두 대립형질이다. 만일 이들 대립형질을 규정하는 유전자 사이에 우열의 관계가 있다면 표현형은 우성인 쪽이다. 그렇다면 스핑크스의 상반신은 적어도 외부적으로는 완전한 인간 여성의 상반신이든지 아니면 괴물의 상반신이어야 한다. 그러나 스핑크스의 상반신은 둘을 섞어 놓은 것 같다. 이것은 상반신을 결정하는 유전자 사이에 우열의 관계가 불완전하기 때문이다.

에키드나 상반신의 유전자를 EE, 티폰의 유전자를 TT라고 하면, 이들 사이에서 나오는 잡종 제1세대의 유전형은 ET뿐이다.[45] 그런데 E와 T 사이에 우열 관계가 불완전하므로 완전한 에키드나의 상반신도 완전한 티폰의 상반신도 아닌 그 중간의 표현형으로 나타나는 것이다. 이와 같이 우열이 정해지지 않을 경우, 잡종 제1세대에서 양친의 중간적인 형질이 나타나는 유전을 '중간유전'이라고 한다. 중간유전은 대립형질 사이에 우열의 관계가 불완전하여 멘델의 우열의 법칙을 따르지 않는 것을 말한다.

붉은 분꽃과 흰 분꽃을 교배하는 경우, 잡종 제1세대에서 분홍 분꽃만 나타나는 것도 같은 이유다. 즉 두 유전자가 동시에 표현되기 때문에 붉은색과 흰색이 절반씩 섞인 분홍색으로 나타나는 것이다.

그리스 신화에서는 신과 동물, 신과 사람, 사람과 동물 사이에 잡종이 태어나서 그 잡종이 자손을 낳기까지 한다. 그러나 이것은 어디까지나 신화에 지나지 않으며 실제로는 일어날 수 없는 일이다. 원칙적으로 서로 다른 종의 생물 사이에서는 잡종이 태어날 수 없거나, 태어난다고 해도 대부분 생식 능력을 갖지 못한다.

---

45) 일반적으로 생물의 형질은 다수의 유전자에 의해 결정되는 것이지 한 개의 유전자로 결정되는 것은 아니다. 이 신화는 교육적인 목적으로 선택되었을 뿐 유전의 법칙으로 간단히 설명될 수 있는 것은 아니다.

난생의 추억

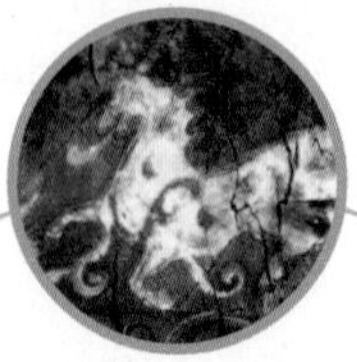

B.C. 69년, 경주 부근의 여섯 촌장들이 모여 회의를 하고 있었다.

"임금이 없으니 백성을 통솔할 수가 없소. 덕 있는 사람을 찾아 임금으로 삼고 나라를 세웁시다."

"옳습니다. 어서 빨리 임금님을 모셔 옵시다."

촌장들이 회의를 마치고 높은 곳에 올라 남쪽을 바라보니, 양산이라는 산에 상서로운 기운이 비치고 있었다.

"저곳으로 가 봅시다. 우리가 찾고 있는 분이 저기에 계시는 것 같소."

촌장들이 한달음에 가 보니, 한 개의 붉은 알 앞에서 천마 한 필이 꿇어앉아서 절을 하고 있다가 사람들을 보고는 하늘로 날아가 버리는 것이었다.

"다들 보셨지요? 하늘이 우리에게 임금님을 보내 주시는 것이오. 알 속에 임금님이 계시는 것 같으니 어서 알을 깨어 봅시다."

촌장들이 알을 깨어 보니 용모가 준수한 사내아이가 나왔다.

"그 참 신기한 일도 다 있네."

"천마가 가져온 알이니 이 아이는 하늘에서 보낸 것이 틀림없소."

"그런 것 같소이다. 목욕을 시키고 의관을 드리도록 합시다."

아이를 데려다가 냇가에서 목욕을 시켰더니 몸에서 광채가 나고 새와 짐승이 춤추며 천지가 진동하고 해와 달이 밝아졌다. 촌장들은 이구동성으로 외쳤다.

"바로 이분이시다! 우리가 모시려던 임금님이 바로 이분이시다!"

이렇게 알에서 나온 사내아이가 박혁거세이며 13세가 되던 해 신라의 시조 왕이 되었다. 백성들은 모두 기뻐했다.

"이제 하늘에서 내려온 분이 임금이 되셨으니 마땅히 덕 있는 왕후를 맞아야 할 것이오."

박혁거세가 알에서 태어난 날, 알영정이라고 하는 우물가에 계룡이 나타나 갈비뼈 사이로 계집아이 하나를 낳았고 사람들은 그 아이를 알영이라고 불렀다.

"여보게, 계룡이 계집아이를 낳았다는 소문은 들었겠지?"

"물론이지."

"그런데 그 계집아이의 입술이 닭의 부리처럼 생겼다는구먼. 그래서 사람들이 영험한 북천으로 데려가서 목욕을 시켰더니 신통하게도

오릉 박혁거세를 포함한 신라의 초기 5대 왕의 무덤으로 추정된다.

그 부리가 떨어지고, 자태가 어찌나 고운지 꼭 임금님 배필감이라고 하더라구."

"아무렴, 우리 임금님이 아무 배필을 맞을 수야 없지. 우리 임금님에게 꼭 맞는 배필을 하늘이 내리신 거야."

이렇게 해서 계룡이 낳은 알영은 박혁거세의 왕후가 되었고 두 사람은 61년 동안 나라를 다스렸다.

인간의 먼 조상은 알에서 태어났을까? | 사람이 알에서 태어난다는 난생 신화는 세계 여러 곳에서 나타난다. 우리 신화에서도 신라의 시조 박혁거세 외에 고구려의 시조 주몽이 하백의 딸인 유화가 낳은 알에서 태어났고, 신라의 탈해왕이 용성국의 왕비가 낳은 알에서 태어났으며, 가야의 시조 김수로왕은 하늘에서 보낸 알에서 태어났다. 이와 같은 난생 신화가 만들어진 것은, 일차적으로 고대인에게 조류 토템 사상이 있었기 때문으로 추측되지만, 그러한 사상의 근저에는 고대인이 알에서 동물이 태어나는 과정을 신비스럽게 생각했고, 왕이나 영웅이 태어나는 과정을 일반인과는 다른 것으로 묘사하고 싶어했다는 사실이 깔려 있다.

난생은 지금의 우리가 보기에는 너무나도 엉뚱한 발상이다. 알을 낳는 생물과 새끼를 바로 낳는 생물 사이의 거리가 너무 멀기 때문이다. 다시 말해 인간은 새끼를 바로 낳는 포유류로 분류되고, 알을 낳는 것은 파충류와 조류의 특성 중 하나다.

생물은 공통점이나 유사성을 기준으로 분류된다. 분류의 단계는 종에서 시작하여 계까지 7단계가 있다. 예를 들어 현대인은 동물계 척삭

동물문 포유류강 영장류목 인류과 인류속 사피엔스종으로 분류된다. 단계 중에서 종이 가장 하위이며 분류 기준을 정하기에 가장 까다로운 단계이기도 하다. 인간이 속한 척삭동물문은 척삭이라고 하는 척추뼈의 원형을 가지는 동물이다. 척삭동물문에는 인간을 포함한 포유류강 외에도 파충류강과 조류강 등이 있다. 포유류, 파충류, 조류는 아주 먼

포유류, 파충류, 조류

인간, 개, 고양이, 곰, 호랑이, 쥐, 토끼, 사자, 코끼리, 낙타, 고래 등의 동물은 포유류에 속한다. 포유류의 가장 큰 특징은 새끼가 태어나자마자 자연에 존재하는 거친 먹이를 주는 것이 아니라 젖으로 키우는 것이다. 뿐만 아니라 포유류의 피는 항상 따뜻하다. 포유류는 이빨이 앞니, 송곳니, 어금니 등으로 분화되어 있고 각각 먹이를 자르고, 찢고, 가는 기능이 있다.

파충류는 포유류와 같이 폐로 호흡하는 척추동물이지만 포유류와는 달리 냉혈이고 피부는 털이나 깃털 대신에 비늘로 덮여 있다. 뱀, 도마뱀, 악어, 거북, 자라, 이구아나, 카멜레온 등이 현존하고 있으며 공룡이라는 이름으로 대표되는 육상의 공룡, 하늘의 익룡, 바다의 어룡 등은 화석으로만 존재한다. 파충류의 대부분은 난생, 즉 알에서 태어난다. 파충류의 이빨은 한 종류로만 구성되어 있다. 예를 들어 파충류인 악어가 먹이를 먹는 광경을 보면 씹지 않는다는 것을 알 수 있다. 악어는 어금니가 없기 때문에 먹이를 뜯어서 그냥 삼켜 버린다.

젖을 먹는 아기 | 알이 아닌 새끼로 바로 태어나고 젖으로 성장하는 동물을 포유류라고 한다.

조류는 참새, 오리, 기러기, 닭 등과 같은 새를 말하며, 난생이지만 파충류와는 달리 온혈의 척추동물이며 피부는 깃털로 덮여 있다.

옛날 공통 조상에서 나왔지만 그 이후 긴 시간 동안 서로 다른 진화의 길을 걸어서 서로 다른 특성들을 가지게 되었다.

포유류는 언제 나타났을까? 한동안 바다에서만 살던 모든 동물의 조상은 육상으로 진출하여 개구리, 두꺼비와 같은 양서류의 조상이 되었다. 양서류는 약 3억 1,000만 년 전에 포유류, 파충류, 조류의 조상으로 분리되었다. 그러니까 3억 1,000만 년 전에는 인간, 악어, 닭의 조상이 형제 사이였던 것이다. 갓 분리되었을 때 세 종류의 동물 사이에는 공통점이 많았겠지만 그 후의 긴 세월 동안 독립적인 진화를 거치면서 현재와 같이 거리가 멀어졌다.

3억 1,000만 년 전까지 거슬러 올라가면 우리의 조상은 파충류나 조류의 조상과 많이 닮은 난생 동물이었다. 박혁거세와 같은 많은 영웅들이 알에서 태어났다고 한 것은 우리에게서 파충류와 조류가 분리되어 나가기 전의 추억이 아직까지 남아 있기 때문은 아닐까? 그러나

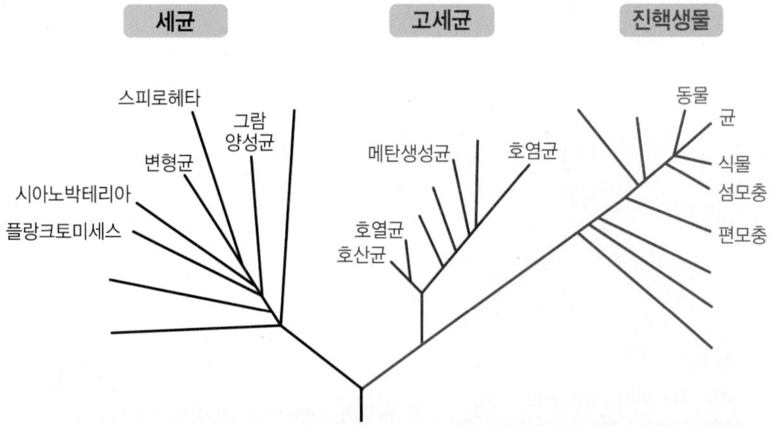

계통수 생물의 유연관계를 나뭇가지처럼 보여 주는 그림으로, 공통의 조상에서 다양한 종으로 퍼져 나가는 진화의 과정을 나타내는 것으로도 해석할 수 있다.

우리와 그들은 오래전에 분리되어 장시간 별도로 진화해 왔다. 예를 들어 새의 부리와 같은 특징은 분리된 후에 새에게만 나타난 형질이며 분리되기 전의 공통 조상에게는 없었던 것으로 추정된다.

알에서 태어나는 닭 닭과 같은 조류는 알에서 태어나는데 이것은 사람과 같은 포유류와는 구별되는 성질이다.

그런데 박혁거세 왕비의 입술이 닭의 부리처럼 생겼다는 것에는 의문이 들 것이다. 혹시 우리에게도 새의 특징인 부리와 알을 낳는 유전자가 존재하는 것은 아닐까? 여기에 부합하는 사실이 있다. 포유류에 속하는 동물 중 알을 낳았다가 부화하면 그때 비로소 젖으로 키우는 동물이 있다. 바로 오스트레일리아에서만 서식하는 오리너구리다. 이 동물의 입은 오리의 부리와 비슷하다. 오리너구리와 같은 난태생인 동물을 '단공류' 라고 하며 단공류는 1억 8,000만 년 전에 우리에게서 분리되어 나갔다. 물론 그보다 훨씬 이전에 파충류와 조류가 우리에게서 분리되어 나갔지만 오리너구리는 알 수 없는 이유로 새의 특징을 가지고 있는 것이다. 파충류와 조류에서 오래전에 분리된 포유류에도 새의 특징인 부리는 물론 알을 낳는 유전자가 존재하며 다만 그것이 발현하지 않고 있을 뿐이라고 생각해 볼 수 있다.[46]

46) 현대인과 2,000여 년 전의 사람 사이에는 유전적인 차이가 별로 없다. 따라서 사람이 알에서 태어나는 일은 그때나 지금이나 불가능하다. 이 신화는 일부 유전학적 이론을 설명하기 위해 차용한 것일 뿐이다.

두 부족의 결합

아주 먼 옛날, 환인의 아들 환웅이 인간 세상을 다스려 보고자 뜻을 품었다.

"인간들이 무지하여 고생하고 있는 것이 가련합니다. 소자는 하계로 내려가 뭇 인간들이 두루 잘 사는 세상을 만들어 보고자 하옵니다."

"그래, 네 뜻이 가상하구나. 뜻을 펴 보도록 하여라."

환인은 신의 표식인 천부인 세 개를 환웅에게 주었다. 환웅은 3,000명의 신하를 데리고 태백산 부근에 정착하여 그곳을 신시, 즉 신이 다스리는 도시라고 불렀다. 그의 신하 중에는 바람, 비, 구름을 다스리는 자도 있었다. 환웅은 농업, 수명, 질병, 형벌, 선악 문제 등 인간 세상에서 일어나는 여러 가지 문제를 잘 해결하고 인간을 교화시켜 인간답게 살 수 있도록 해 주었다.

그때 곰 한 마리와 호랑이 한 마리가 같은 굴에서 살았는데 늘 환웅에게 사람이 되게 해 달라고 간청했다.

"천왕님, 저희는 평생을 동물로 지내고 싶지 않습니다. 제발 저희를 불쌍히 여기시어 인간이 되도록 해 주시옵소서."

"너희들의 뜻이 그러하다면 여기 신령한 쑥 한 주머니와 마늘 스무 개가 있으니 이것을 모두 먹고 백 일 동안 햇빛을 보지 말거라."

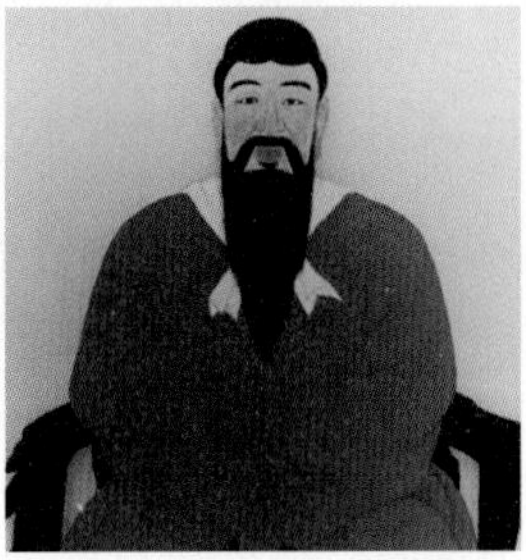

단군 영정 단군은 한민족의 시조로 숭상받고 있는 신화적인 인물이다.

환웅의 지시에 따라 두 동물은 쑥과 마늘을 먹으며 동굴 속에서 지내기 시작했다. 그러나 호랑이는 참을성이 부족해 중도에 포기하고 말았고, 곰은 끈기 있게 견뎌 내어 삼칠일, 즉 21일 만에 여자로 변했다. 여자로 변한 곰은 신성한 나무 아래에서 또다시 지성으로 빌었다.

"천왕님, 빌고 비나이다. 이제 여인이 되었으니 천왕님의 배필이 되게 해 주소서."

환웅은 여자로 변한 곰의 간청에 못 이겨 그녀를 배필로 맞아들였다. 그리고 아들을 낳았는데 그가 바로 우리 민족의 시조인 단군이다.

마늘과 쑥의 역할은 무엇일까?

단군 신화를, 환웅으로 대표되는 우수한 문화를 지닌 외래 부족과 곰 토템 사상을 지닌 토착 부족의 정치 및 사회적 결합으로 보는 것이 지배적인 견해다. 그러한 견해에 대한 근거 중 하나가 환웅이 하늘에서 내려온 것처럼 기술한 부분이다. 원시인들은 자기보다 우수한 문화를 가진 집단을 하늘에서 왔다고 하는 경향이 있다. 밀림 속의 원시인들이 총을 든 문명인을 신으로 여기는 것과 마찬가지다.

만일 환웅이 이끈 무리가 우수한 문화를 가진 외래 집단이라면 한반도 부근의 토착 부족을 정복하거나 회유하는 과정에서 자신들이 소유한 우수한 문명의 증거를 보여 주어야 한다. 환웅이 지니고 온 천부인이 바로 그러한 우수한 문명을 상징한다. 이 천부인을 거울, 칼, 방울로 추정하는 사람들이 있다. 만일 그것이 사실이라면 그것은 청동 제품인데, 중국에 청동기가 나타난 것이 약 4,000년 전이므로 같은 시기에 한반도에까지 청동 제품이 나타났을 것으로는 생각되지 않는다. 따라서 시대가 잘못되었을 가능성이 있다. 비슷한 시기에 이미 한반도에 청동기가 전래되었다고 보는 학자들이 있긴 하지만, 한반도에 청동기가 사용되기 시작한 시기를 3,000년 전 정도로 보는 것이 학계의 일반적인 견해다.

《삼국유사》에서는 환웅을 환인의 서자라고 했는데, 환웅은 환인이라고 하는 어느 부족장의 서출이거나 단순히 여러 아들 중 한 명이었을 것이다. 환웅은 분가하여 한반도 부근에 정착하려 했던 것 같다. 환웅 부족은 앞선 문명의 집단이었으므로 자신들보다 원시적인 생활을 하고 있던 토착민을 쉽게 교화하여 지배할 수 있으리라 생각했다. 이러한 과정을 《삼국유사》에서는 '하늘에 있던 환인과 환웅이 인간 세상을 내려다보고 인간에게 이익을 주려고 하강했다.'는 식으로 표현했다.

환웅 부족이 한반도 부근으로 이주했을 때 그곳에는 미개한 상태로 살고 있는 부족들이 있었다. 《삼국유사》에서는 그러한 원시적인 부족을 호랑이와 곰이라는 동물로 표현했다. 그러한 흔적은 메소포타미아의 고대 국가인 수메르의 신화에도 나타난다. 《길가메시 서사시》에서 도시 국가 우루크의 지배자 길가메시는 나중에 조력자가 되는 엔키두를 처음 보았을 때 그를 야수로 묘사했다. 엔키두는 미인계로 교

길가메시와 엔키두 엔키두(오른쪽)의 얼굴이 원숭이와 흡사하다. 미개한 인간을 의미한 것으로 추정된다.

화되어 문명인이 되었다.

결론적으로 단군 신화의 핵심은 북방에서 유래한 환웅 부족이 한반도 북부에 살고 있던 미개한 부족들을 지배하고 결국에는 두 부족이 융합된다는 것이다.

이 과정에서 쑥과 마늘이 등장한다. 쑥은 우리나라에 자생하는 강인한 생명력을 지닌 식물로, 지혈 효과가 있고 뜸으로 사용하면 신경통, 부인병 등에 효과가 있다. 마늘은 중앙아시아가 원산지이며 고대 이집트, 바빌로니아, 유대인의 기록에도 나타나는 강장제, 즉 정력을 증강시켜 주는 역할을 하는 것으로 알려졌다. 쑥은 옛날부터 우리나라에도 있었으나 마늘은 기원 전후에 서역에서 중국으로 수입되었다는 기록이 있는 만큼 4,000여 년 전은 마늘이 한반도에 전래되기 이전이다. 따라서 단군 신화의 마늘은 아마도 마늘과 비슷한 냄새를 내는 달래였을 가능성이 크다. 마늘과 같이 달래도 살균 및 강장제로 사용된다.

동물이 사람으로 변할 수는 없기 때문에 당시에도 그런 목적으로 쑥과 마늘을 사용하지는 않았을 것이다. 따라서 쑥과 마늘의 과학적 효능은 별 의미가 없고 의례나 예식에 사용되는 물품으로 보아야 할 것이다.

호랑이 부족은 누구를 상징할까? | 사람으로 변신하는 과정이 그렇게 어렵지 않아 보이는데도 호랑이가 견디지 못했다는 것은 호랑이 부족이 환웅의 교화와 지배에 불응했다는 것을 의미한다. 이와는 달리 곰 부족은 환웅의 교화와 지배에 순종했고 환웅과 그 부족의 한 여인 사이에서 단군이 태어나 고조선을 건국했다. 결국 우리의 조상은 북방으로부터 유래한 우수한 문명의 부족과 한반도 북부에 살고 있던 원시 부족이었던 것이다.

환웅의 지배를 거부한 호랑이 부족은 어디로 갔을까? 고조선을 건국한 것이 환웅이 아니라 그 아들인 단군이었다는 것은 건국이 그리 쉽게 진행되지 않았다는 것을 의미한다. 아마도 환웅에 반대하는 세력도 존재했을 것이다. 실제로 한반도 북부에서는 흉노, 선비, 돌궐, 거란, 여진, 몽골 등의 민족과 부족의 흥망성쇠가 교차되었다. 지금 그들은 유라시아 여러 곳으로 흩어졌지만, 한때는 한반도 부근에서 우리보다 더 큰 땅을 지배했던 적도 있었다.

7일이라는 시간 단위의 기원은 무엇일까? | 지금 우리는 주일이라고 하는 7일의 시간 단위에 익숙해 있다. 현재의 주일은 비교적 최근에 도입된 기독교의 관습에서 온 것이고, 기독교의 관습은 유대인의 율법에서 유래했다. 그런데 이 주일이라는 7일의 시간 단위는 수메르 인이 수천 년 전에 사용했던 것으로, 수성, 금성, 화성, 목성, 토성의 5개 행성과 해와 달을 상징하는 7일로 구성되어 있다. 이와는 달리 동양에서는 7일의 시간 단위가 특별히 사용될 이유가 없다. 물론 별자리와 같은 사물의 개수를 7개의 단위로 묶기는 했으나 일수까지 7개

로 묶어서 시간의 단위로 사용한 것은 설명이 어렵다.

만일 7일이 단군 시대에 사용된 시간의 단위가 아니라 《삼국유사》의 저자인 일연이 당시에 통용되고 있던 것을 사용한 것이라면 네스토리우스교의 영향을 의심해 볼 수 있다. 기독교의 일파인 네스토리우스교가 중국에 전래된 것이 당나라 때인 7세기경이므로, 13세기 고려시대에 《삼국유사》가 저술될 무렵에는 우리나라에서도 7일이라는 시간 단위를 사용했을 가능성이 있다.

죽은 자의 부활

무당들이 섬기는 귀신의 원조는 오구신이다. 무당들은 큰 칼과 부채를 들고 춤을 추는데 이것은 오구신을 흉내 낸 것이다. 오구신은 누구일까? 이 신화는 신이 된 인간에 대한 이야기다.

옛날에 인간 세상의 어느 나라를 다스리던 왕이 느지막이 혼인을 하였다. 모든 사람이 대를 이을 왕자를 기다렸지만 왕비는 딸만 여섯을 낳았다. 왕과 왕비는 아들을 낳게 해 달라고 삼신당을 찾아가 정성껏 빌었다. 지성이면 감천이라, 왕과 왕비는 어느 날 용꿈을 꾸었다. 두 사람은 이제 정말 아들을 낳게 될 것이라 생각하고 기뻐했다.

"부인, 이제 정말 아들을 낳으려나 보오."

"그런가 봅니다."

모든 이의 기대 속에 마침내 왕비가 출산을 하지만, 또 딸이었다. 왕과 왕비의 실망은 무척이나 컸다. 특히 기대를 잔뜩 하고 있던 왕은 너무 화가 난 나머지 갓 태어난 딸을 버리라고 명령했다.

왕비는 울면서 갓 태어난 딸을 함 속에 넣고 '바리데기'라고 하는 이름과 생년월일을 적은 비단을 같이 넣어서 강물에 버렸다. 함은 강을 따라 떠내려가다가 가난한 노부부에게 발견되었다. 노부부의 보살

핌 속에서 바리데기는 아름다운 처녀로 성장했다.

한편 세월의 무게를 이기지 못한 왕은 병에 걸렸고 어떤 약도 효험이 없어 병세가 점점 심해졌다. 답답해진 왕이 점쟁이를 불러 물었더니 다음과 같이 답했다.

"일곱 번째 공주님을 버린 탓에 하늘이 벌을 내리신 것입니다. 서역에서 나는 신비한 약수만이 병을 낫게 할 수 있는데 일곱 번째 공주님만이 그 약수를 가져올 수 있습니다."

혹시나 싶어 왕비는 여섯 공주들을 모아 놓고 물어보았으나 아무도 서역으로 가려고 하지 않았다. 낙담한 왕비는 신하에게 바리데기를 찾아보라고 했다.

강을 따라 멀리까지 내려간 신하가 마침내 바리데기를 찾아 궁으로 데리고 왔다. 왕비는 함에 넣었던, 바리데기의 이름이 적힌 비단을 보고 그 처녀가 자신이 버린 딸임을 확인했다. 두 모녀는 끌어안고 한참 동안 울었다. 그리고 정신을 차린 왕비가 바리데기에게 말했다.

"바리데기야, 네 아버지의 목숨이 위태롭단다. 서역의 약수만이 네 아버지를 살릴 수 있다는데 아무도 갈 사람이 없구나."

왕비의 간곡한 이야기를 듣고 바리데기는 기꺼이 서역으로 떠나겠다고 말했다.

바리데기는 다음 날 바로 행장을 꾸려 서역을 향해 출발했다. 그러나 서역이 수만 리 먼 곳에 있다는 것만 알 뿐 어디로 가야 하는지 몰랐다. 무작정 걷다가 숯을 씻고 있는 할아버지에게 길을 물었다.

"할아버지, 서역은 어디로 가야 하나요?"

"검은 숯이 희게 되면 가르쳐 주지."

할아버지의 말에, 바리데기는 정성을 다해 숯을 씻기 시작했다. 숯을 씻은 지 9일째, 마침내 검은 숯이 하얗게 변했다. 바리데기의 효심을 확인한 할아버지는 서역으로 가는 길을 가르쳐 주었다.

바리데기는 이러한 고초를 셀 수 없이 겪으면서 물어물어 서역을 찾아갔다. 그리고 몇 년이 걸려 마침내 서역에 도착하여 약수를 뜨고, 죽은 사람도 살려 낸다는 세 가지 꽃도 구했다.

또 다시 몇 년이 더 걸려 바리데기는 궁으로 돌아왔다. 하지만 아버지는 이미 3년 전에 돌아가셨고 바리데기가 도착한 날에 장례가 치러지고 있었다. 언니들은 바리데기를 구박했다.

"약수를 뜨러 간 지가 언젠데, 뭐하다가 이제야 오느냐! 아버님은 이미 돌아가셨는데!"

바리데기는 아무 대꾸도 하지 않고 상여를 세워 관을 열게 했다. 관 속에는 이미 허물어진 유골만이 남아 있었다. 바리데기는 서역에서 가져온 꽃들을 차례로 아버지의 시신에 올려놓았다.

"아버님, 뼈를 살리는 꽃입니다."

흰 꽃을 유골 위에 놓았더니 허물어진 뼈가 살아나서 제자리에 가 붙었다.

"아버님, 살을 살리는 꽃입니다."

노란 꽃을 놓았더니 새로운 살이 돋아났다.

"아버님, 피를 살리는 꽃입니다."

빨간 꽃을 놓았더니 핏줄과 피가 만들어지고 피가 돌기 시작했다. 마지막으로 약수를 왕의 입에 흘려 넣었더니 큰 숨을 내쉬면서 왕이 살아났다. 그 후 바리데기는 살아난 아버지와 어머니 그리고 여섯 언니와 함께 행복하게 살았다.

훗날 바리데기는 오구신이 되었다. 오구신은 큰 칼, 긴 창, 큰 부채를 들고 저승으로 가는 영혼이 엉뚱한 곳에서 방황하지 않도록 인도하는 신이다. 바리데기가 낳은 세 아들은 저승의 왕이 되었고 바리데기를 키워 준 노인들도 죽어서 저승길을 지키는 신이 되었다. 지금도 장례식 때 노제를 지내는데 이것은 바로 그들을 위한 제사라고 한다.

숯을 씻으면 희게 될까?

숯의 주성분은 탄소다. 물질로서의 탄소는 다이아몬드나 흑연과 같이 탄소 원자들이 규칙적으로 배열된, 이른바 결정 구조를 가지는 것도 있고, 숯이나 그을음과 같이 무질서하게 배열된 것도 있다. 탄소로 이루어진 대부분의 물질은 검은색, 즉 모든 빛을 흡수하는 성질이 있다. 따라서 숯을 아무리 씻는다고 해도 희어지지는 않는다.

숯 중에 백탄이라는 것이 있지만 그렇게 희지는 않다. 백탄은 일반 숯과는 약간 다른 과정으로 제조된다. 일반 숯은 목재를 공기 중에서 섭씨 400~700도의 온도로 가열하여 탄소를 제외한 다른 물질을 최대한 배출시킨 뒤 공기를 서서히 차단하여 만드는 반면, 백탄은 1,000도까지 온도를 올렸다가 젖은 재와 흙으로 덮어 급격히 공기를 차단하여 만든다. 이렇게 만들어진 백탄의 표면에는 재가 붙어 있어서 상대적으로 희게 보이는 것이다.

죽은 자의 부활은 가능할까?

죽은 자의 부활은 오로지 신의 영역에서나 가능하며 인간의 능력으로는 불가능하다. 그러나 현대 과학은 부활 대신에 복제라는 방법으로 신의 경지에 도전하고 있다.

살아 있는 생물의 복제는 이미 상당히 보편화된 유전공학 기술이다. 1962년에 개구리가 복제된 이후 1996년에 포유류로서는 최초로 양이 복제되어 복제 양 돌리가 탄생했다. 많은 사람들이 기억하고 있는 돌리는 복제하고자 하는 암양의 몸 세포에서 추출한 핵을 다른 암양의 난자에 있는 핵 대신에 넣고 대리모의 자궁을 이용하여 출생한 복제

핵치환을 통한 동물의 복제

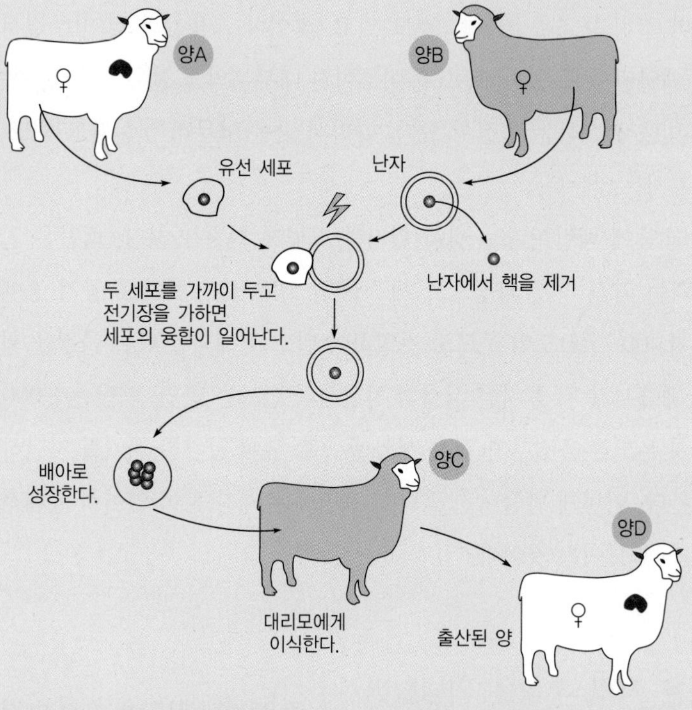

복제 생물의 출생 과정 | 돌리를 출생시킨 과정을 그림으로 나타낸 것이다. 암양의 난자에서 핵을 제거하고 복제할 다른 암양의 유선 세포의 핵을 넣어 대리모에게 출산시킨다.

양이다. 현재의 생물 복제는 대부분 이와 같은 핵치환으로 만들어진다. 핵치환에는 성체의 살아 있는 세포가 필요하다. 그러므로 죽은 지 오래된 생물의 복제는 불가능하다. 생물이 죽은 지 오래되면 세포가 변질되어 정상적인 기능을 하지 못하기 때문이다.

죽은 지 오래된 생물의 복제는 핵 수준이 아니라 그보다 미세한 DNA 수준에서 생각해 볼 수 있는 유전공학 기술이다. 영화 〈쥐라기 공원〉에서는 수천만 년 전에 멸종한 공룡을 되살린다. 즉 공룡의 피를 빨아 먹은 모기에서 공룡의 DNA를 추출하여 완전한 공룡을 만들어 낸다. 이론적으로는 DNA가 한 생물의 유전적 정보를 가지고 있으므로 그 정보에 따라 생물이 태어난다면 DNA를 제공한 생물과 동일한 생물이 될 것이다. 즉 복제 생물이 만들어지는 것이다. 그러나 복제가 되더라도 바로 성체가 만들어지는 것이 아니라 태아가 태어난다. 태어난 태아는 성장하는 과정에서 환경의 영향을 받아 DNA를 제공한 성체와 동일하지 않게 성장할 수 있다. 그 외에도 DNA 수준에서 출발하는 생물의 복제에는 몇 가지 해결해야 할 본질적인 문제가 있다.

첫 번째 문제는 이러한 복제에 완전한 DNA가 필요하다는 점이다. 생물은 많은 수의 세포로 구성되어 있으나 세포에는 동일한 염기 서열의 DNA가 있다. 그런데 DNA는 세포의 핵뿐만 아니라 미토콘드리아에도 있다. 미토콘드리아는 세포 내에서 에너지를 만들어 내는 작은 기관이다. 이렇게 핵과 미토콘드리아에 있는 DNA의 완전한 한 벌을 '유전체'라고 한다. 어떤 생물의 형태와 성질을 완전하게 규정하는 유전 정보를 얻기 위해서는 이 유전체가 필요하다. 그런데 DNA는 생물의 죽음과 함께 손상되기 시작한다. 따라서 오래된 세포에서는 온전한 유전체를 얻을 수 없다.

두 번째 문제는 비록 온전한 유전체를 얻었다고 하더라도 DNA가 단독으로 그 유전 정보에 따라 새로운 세포를 만들어 내고, 나아가 조직과 장기를 만들어 내는 것은 아니라는 데 있다. DNA 자체는 일종의 생물의 설계도일 뿐이며, 그 설계도를 따라 생물을 만들어 낼 수 있는 것은 바로 줄기세포만이 할 수 있는 기능이다. 즉 줄기세포는 내재된 DNA의 유전 정보에 따라 새로운 세포로 분열하여 다양한 조직과 장기를 형성할 수 있는 기능을 갖춘 종합적인 시스템인 것이다. 결국 어떤 생물의 유전체가 있다고 하더라도 줄기세포의 형태로 존재하지 않는다면 아무 소용이 없다. 자동차에서 가장 핵심적인 부품이 엔진이지만 엔진만 있다고 해서 자동차가 굴러가는 것은 아니다. 운전대, 바퀴, 브레이크 등, 보조적이지만 그래도 필수적인 많은 부품들의 종합적인 작용으로 엔진이 제대로 능력을 발휘하고 자동차라고 하는 복합체가 만들어진다. 생물의 복제도 이와 비슷하다.

생명의 설계도인 DNA에서 인공적으로 완전한 생물을 만들어 내기 위해서는 비록 줄기세포 자체는 아니더라도 줄기세포의 기능을 수행하는 유사한 장치가 필요하다. 그러나 우리는 아직까지 줄기세포의 기능을 완전하게 이해하지 못하고 있으므로 그러한 장치를 만들 수 없다. 따라서 바리데기가 아버지의 유골에서 설령 유전체를 추출할 수 있었다고 하더라도 현재의 우리가 가진 과학 수준으로는 새로운 생물이 태어나도록 할 수는 없다. 이런 점에서 보면 바리데기는 아버지의 유골에서 유전체를 추출하여 줄기세포의 기능을 수행할 수 있는 장치까지 소유한, 고도의 기술력을 가진 차세대 유전공학자였던 셈이다.

사자의 부활은 죽음을 두려워하고 돌아오지 않는 사람을 그리워하는 인간의 염원에서 만들어졌다. 그러한 염원을 비단 동양인만이 가졌던 것은 아니다. 고대 이집트 인이 미라를 만든 것도 사자의 부활을 믿고 원했기 때문이며 언젠가 부활하는 날 사자의 영혼이 정착할 수 있는 물질적 기초인 육체를 보존하기 위함이었다. 이와 같이 신화나 전설 속에서 사자는 죽은 육신이나 최소한 오래된 유골에서 부활한다. 현대 과학의 눈으로 보면 사자의 육신이나 유골은 사자의 유전체를 제공해 주는 것이다.

세 가지 꽃과 약수의 현대적인 의미는 무엇일까? | 태아가 되기 전 배아에 존재하는 줄기세포는 인체의 모든 조직과 장기로 분화할 수 있는 다양한 능력을 가지고 있다. '분화'란 줄기세포가 분열하여 다양한 조직 세포로 되는 과정을 말한다. 줄기세포는 장차 인체를 이루는 모든 종류의 세포로 분화할 수 있기 때문에 전능세포 혹은 만능세포로 불린다.

줄기세포를 근육 속에 넣으면 근육과 혈관을 만들고, 신경에 넣으면

배아

난자와 정자가 만난 수정란은 한 개의 세포에서 분열을 계속하여 태아가 된다. 이 과정 중에서 완전한 태아가 되기 전 생물의 발생 초기의 상태를 배아라고 한다.

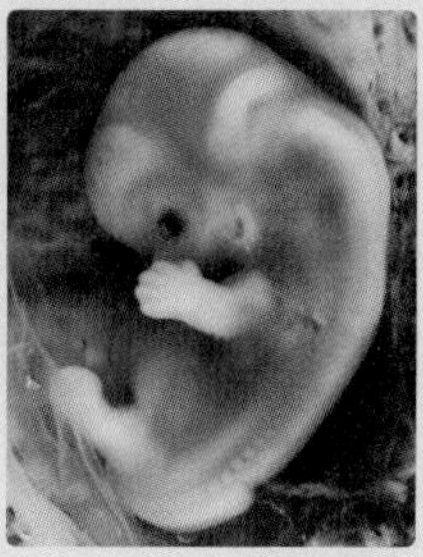

인간 배아 | 9주 된 인간 배아의 모습이다. 동물의 배아는 모두 유사하다.

신경 세포를 만든다. 이렇게 탁월한 능력이 있는 줄기세포이지만 무엇이 어떻게 줄기세포를 변화하도록 만드는지는 잘 모른다. 즉 어떤 메커니즘에 의해 줄기세포가 피부, 간, 뼈, 혈액, 인대, 심장, 근육, 신경 세포 등으로 분화하는지에 대해서는 알려진 것이 별로 없다. 다만, 단순히 분열만 하던 줄기세포가 어느 단계에서 특정한 구조를 가지게 되고, 구조 내 위치에 따라 서로 다른 물질을 합성하기 시작하며, 각 줄기세포가 특정한 조직으로 분화하기 시작한다는 정도만 알고 있을 뿐이다. 이와 같이 줄기세포는 물질로 표현된 신호에 의해 각 조직 세포로 분화되는 것으로 추정되지만, 어떤 물질이 어떻게 작용하여 분화가 일어나는지는 잘 알지 못한다.

바리데기는 몸의 뼈, 근육, 혈액이 서로 다른 종류의 조직이며 비록 동일한 줄기세포에서 분화되는 것이지만 서로 다른 신호에 의해 그렇게 된다는 사실을 알고 있었던 것으로 보인다. 즉 바리데기가 사용한 흰 꽃, 노란 꽃, 빨간 꽃은 각각 줄기세포가 뼈 세포, 근육 세포, 혈액 세포로 분화하게 만드는 물질이었던 것이다.

줄기세포도 단독으로 존재하면 그 능력을 발휘할 수 없다. 수정은 난자 속에서 일어나고, 수정된 난자 속에서 줄기세포가 성장한다. 난자는 우리가 잘 알지 못하는 어떤 과정으로 줄기세포가 자랄 수 있도록 각종 물질을 공급해 주는 환경을 마련해 준다. 난자는 자궁 속과 같이 각종 영양 물질과 효소가 제대로 공급되는 곳에서만 새로운 생명으로 태어날 수 있다. 바리데기가 가져온 서역의 약수는 줄기세포가 필요로 하는 그러한 물질이 아니었을까?

참고문헌

강성열, 《고대 근동의 신화와 종교》, 살림, 2006.

길희성 역, 《바가바드기타》, 서울대학교출판문화원, 2010.

김산해, 《길가메쉬 서사시》, 휴머니스트, 2005.

　　　《수메르, 최초의 사랑을 외치다》, 휴머니스트, 2007.

김선자, 《중국 신화 이야기》, 아카넷, 2004.

나카하라 히데오미 외, 《환경호르몬의 공포》, 손동헌 역, 종, 1998.

류경희, 《인도 신화의 계보》, 살림출판사, 2003.

마르크 반 드 미에룹, 《고대 근동 역사》, 김구원 역, 기독교문서선교회, 2010.

박영목, 《현대 과학의 이해》, 북스힐, 2008.

방현령, 《晋書 下》 108권, 경인문화사.

베로니카 이온스, 《이집트 신화》, 심재훈 역, 범우사, 2003.

　　　　　　　《인도 신화》, 임웅 역, 범우사, 2007.

사마천, 《사기 본기》, 김원중 역, 을유문화사, 2005.

새뮤얼 노아 크레이머, 《역사는 수메르에서 시작되었다》, 박성식 역, 가람기획, 2005.

서유원, 《중국창세신화》, 아세아문화사, 1998.

서정오, 《우리 신화》, 현암사, 2005.

손종흠, 《다시 읽는 한국 신화》, Human & Books, 2004.

스와미 치트아난다 사라스바티, 《인도 신화》, 김석진 역, 북하우스, 2002.

스티븐 로저, 《문자의 역사》, 박수철 역, 21세기북스, 2010.

스티븐 어스태드, 《인간은 왜 늙는가》, 최재천 외 역, 궁리, 1997.

신동흔, 《살아있는 우리 신화》, 한겨레신문사, 2005.

심괄, 《몽계필담》 제24권 잡지, 최병규 역, 범우사, 2003.

아폴로도로스, 《신화집》, 강대진 역, 민음사, 2005.

아폴로니오스 로디오스, 《아르고호의 모험》, 김원익 역, 바다출판사, 2005.

양병우 외, 《대세계의 역사 1》, 삼성출판사, 1971.
《대세계의 역사 2》, 삼성출판사, 1971.
버틴 가우어, 《문자의 역사》, 강동일 역, 새날, 1995.
오흥식, 《발굴과 해독》, 푸른 역사, 1999.
왕충, 《논형 제17권 시응 편》, 중국자학명저집성, 중국자학명저집성편인기금회.
〈논형 제2권 길험 편》, 중국자학명저집성, 중국자학명저집성편인기금회.
위앤커, 《중국신화전설》, 전인초 · 김선자 역, 민음사, 1999.
유안, 《회남자》, 이석명 역, 소명출판, 2010.
이윤기, 《그리스 로마 신화》, 웅진, 2006.
이은구, 《인도의 신화》, 세창미디어, 2003.
이재숙 · 이광수 역, 《마누법전》 한길그레이트북스 036, 한길사.
이진성, 《그리스 신화의 이해》, 아카넷, 2004.
이태진, 《새한국사》, 까치, 2012.
이희철, 《히타이트》, 리수, 2004.
일연, 《삼국유사》, 이재호 역, 솔출판사, 2006.
장영란, 《그리스 신화》, 살림, 2005.
정수일, 《씰크로드학》, 창비, 2001.
정승석 역, 《리그베다》, 김영사, 1984.
정재서 역주, 《산해경》, 민음사, 2006.
정재서, 《이야기 동양 신화》, 황금부엉이, 2004.
제카리아 시친, 《수메르, 혹은 신들의 고향》, 이근영 역, 이른아침, 2004.
조지 하트, 《이집트 신화》, 이응균 · 천경호 역, 범우사, 2007.
조철수, 《수메르 신화》, 서해문집, 2005.
증선지, 《십팔사략》, 임동석 역, 동서문화사, 2009.
케네스 C. 데이비스, 《세계의 모든 신화》, 이충호 역, 푸른숲, 2009.
토머스 불핀치, 《그리스 로마 신화》, 유혜자 역, 현암사, 현암사, 2002.
《그리스 로마 신화》, 김선영 역, 민중출판사, 2003.
테오 콜본 외, 《도둑 맞은 미래》, 권보규 역, 사이언스북스, 1999.
퍼거스 플레밍 외, 《영생에의 길》, 김석희 역, 이레, 2009.
한국지구과학회 편, 《지구과학 개론》, 교학연구사, 1997.

헤로도투스, 《역사》, 박광순 역, 범우사, 1987.
《역사》, 천병희 역, 숲, 2012.
헤시오도스, 《신들의 계보》, 천병희 역, 숲, 2009.
호머, 《일리아스 오딧세이아》, 정병조 · 김병익 역, 동화출판사, 1970.
Albert L. Lhetninger et. al., 《생화학》, 채범석 역, 서울외국서적, 1995.
H. Karttunen et. al., 《기본 천문학》, 민영기 등 역, 형설출판사, 2007.

Ctesias, *The complete fragments of Ctesias of Cnidus: Translation and Commentary with an introduction*, University of Florida, translated by Andrew Nichols, Thesis for the Ph.D., 2008.
Dapeng Zhao et. al., "Seismic image and origin of the Changbai intraplate volcano in East asia", *Physics of the Earth and planetary interiors*, 173(2009).
E.O. James, *Myth and ritual in the ancient near east*, *Frederick* A. Praeger, 1958.
Samuel Noah Kramer, *The Sumerians*, The University of Chicago Press, 1972.

Earth Impact Database,
http://www.passc.net/EarthImpactDatabase/AsiaRussia.html.
Plato, *Dialogues Timaeus*, translated by Benjamin Jowett,
http://classics.mit.edu/Plato/timaeus.html.
Plutarch, *Moralia Isis and Osiris*, translated by Frank Cole Babbitt,
http://penelope.uchicago.edu/Thayer/E/Roman/Texts/Plutarch/Moralia/Isis_and_Osiris*/home.html.
Plutarch, *Alexander*, translated by John Dryden,
http://classics.mit.edu/Plutarch/alexandr.html.
Strabo, *Geography*,
http://penelope.uchicago.edu/Thayer/E/Roman/Texts/Strabo/1C*.html.
구약성서, 예레미야 1:12, http://info.catholic.or.kr.

찾아보기